工业和信息化人才培养规划教材
高职高专计算机系列

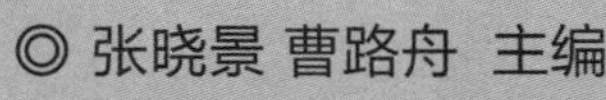

◎ 张晓景 曹路舟 主编

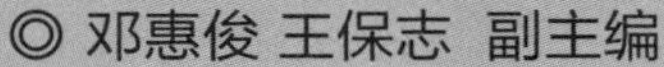

◎ 邓惠俊 王保志 副主编

Div+CSS 网站布局应用教程

人 民 邮 电 出 版 社
北 京

图书在版编目（CIP）数据

Div+CSS网站布局应用教程 / 张晓景，曹路舟主编
. -- 北京 : 人民邮电出版社，2016.8
工业和信息化人才培养规划教材. 高职高专计算机系列
ISBN 978-7-115-42317-7

Ⅰ. ①D… Ⅱ. ①张… ②曹… Ⅲ. ①网页制作工具－高等职业教育－教材 Ⅳ. ①TP393.092

中国版本图书馆CIP数据核字(2016)第105737号

内 容 提 要

本书共分 11 章，从初学者的角度出发，全面讲解 DIV+CSS 布局制作网页的相关知识，内容包括：网页和网站的基础知识，HTML 和 HTML 5 基础，CSS 样式基础，DIV+CSS 网页布局，使用 CSS 样式设置网页文本，设置页面背景图像，使用 CSS 样式设置图片效果，使用 CSS 样式设置列表效果，使用 CSS 样式设置超链接效果，使用 CSS 样式设置表单和表格效果，商业网站实战。

本书可作为高等职业院校计算机专业相关课程的教材也可作为计算机培训班和各院校相关专业理想的参考用书。

◆ 主　　编　张晓景　曹路舟
　副 主 编　邓惠俊　王保志
　责任编辑　刘盛平
　执行编辑　刘　佳
　责任印制　焦志炜

◆ 人民邮电出版社出版发行　　北京市丰台区成寿寺路 11 号
　邮编　100164　　电子邮件　315@ptpress.com.cn
　网址　http://www.ptpress.com.cn
　北京隆昌伟业印刷有限公司印刷

◆ 开本：787×1092　1/16
　印张：17　　　　　　2016 年 8 月第 1 版
　字数：436 千字　　　2016 年 8 月北京第 1 次印刷

定价：42.00 元

读者服务热线：(010) 81055256　印装质量热线：(010) 81055316
反盗版热线：(010) 81055315
广告经营许可证：京东工商广字第 8052 号

前言

DIV+CSS 的网页排版布局方法早已替代了早期的表格布局方式。使用 DIV+CSS 排版布局网页能够真正做到 Web 标准所要求的网页结构与表现相分离，从而使网站的维护更加方便和快捷。目前绝大多数的网站已经开始使用 DIV+CSS 布局制作。因此学习 DIV+CSS 布局制作网站已经成为网页设计制作人员的必修课。

本书讲解简单易懂，通过边学边练的方式与读者一起探讨使用 Web 标准进行网页设计制作的各方面知识。通过学习本书，读者能全面地掌握使用 DIV+CSS 布局制作网页的方法和技巧。

本书章节安排

本书全面讲解了使用 DIV+CSS 进行网页布局制作的方法和技巧，不仅应用了大量的实例对知识点进行深入的剖析，还结合作者多年的网页设计和教学经验进行点拨，使读者能够学以致用。本书内容安排如下。

第 1 章　网页和网站的基础知识，主要向读者介绍了网页与网站的相关基础知识，包括网页与网站的关系、网页的基本构成元素和网页设计的术语等内容，并且对表格布局和 DIV+CSS 布局的优缺点进行了介绍，使读者对 DIV+CSS 网站建设有更深入的了解。

第 2 章　HTML 和 HTML5 基础，重点介绍 HTML 和 HTML5 的相关基础知识，了解 HTML 和 HTML5 的区别，使读者对最新的 HTML5 有所了解。

第 3 章　CSS 样式基础，主要介绍有关 CSS 样式的基础知识，包括 CSS 样式的特点和构成、CSS 样式语法、CSS 选择器和应用 CSS 样式的 4 种方式等内容，使读者对 CSS 样式有全面的认识和理解。

第 4 章　DIV+CSS 网页布局，主要介绍了 DIV+CSS 的相关基础知识，包括 DIV 的定义、CSS 盒模型、网页元素定位和常用 DIV+CSS 布局方式；通过多个小案例来配合讲解知识点，使读者更加清楚地了解 DIV+CSS 网页布局相关知识。

第 5 章　使用 CSS 样式设置网页文本，介绍了 CSS 样式在文本和段落样式设置方面的相关属性，以及 CSS 类选区和在网页中实现特殊字体效果的方法，并通过实例练习的方法使读者更容易理解和应用。

第 6 章　设置页面背景效果，介绍了使用 CSS 样式对背景颜色、背景图像进行设置的属性和方法，并且介绍了使用 CSS 3.0 新增颜色设置方式和背景控制属性；通过实例练习的讲解使读者掌握对 CSS 样式设置页面背景的方法。

第 7 章　使用 CSS 样式设置图片效果，主要介绍了如何使用 CSS 样式设置图片效果，包括设置大小、对齐方式、边框效果，还有实现图文混排效果和 CSS 3.0 新增边框控制属性；通过案例的讲解，让读者更加容易掌握使用 CSS 样式设置图片的技巧。

第 8 章　使用 CSS 样式设置列表效果，介绍了网页中列表的相关标签和知识，并通过实例的方式讲解了使用 CSS 样式对有序列表、无序列表和定义列表进行设置的方法，还介绍了如何使用 CSS 样式对列表进行设置从而制作出横向和竖向的导航菜单效果。

第 9 章　使用 CSS 样式设置超链接效果，主要介绍了网页超链接的相关知识以及 CSS

超链接伪类，并通过实例的方法讲解了网页中多种超链接效果的CSS样式设置方法，还介绍了如何通过CSS样式对网页光标指针进行设置和CSS 3.0新增的多列布局属性。

第10章　使用CSS样式设置表单和表格效果，介绍了常用的表单元素和标签、表格模型和相关标签，重点讲解了如何使用CSS样式对网页中的表格和表单进行设置，从而使网页中的表单和表格更加美观。

第11章　商业网站实战，通过几个不同类型的商业网站案例设计制作，向读者全面介绍使用DIV+CSS布局制作网页的方法和技巧。

本书特点

本书内容丰富，条理清晰，通过11章的内容，为读者全面、系统地介绍了使用DIV+CSS布局制作网页的相关知识以及使用Dreamweaver CC进行网页制作的方法和技巧，采用理论知识和案例相结合的方法，使知识融会贯通。

- 语言通俗易懂，精美案例图文同步，涉及大量网页设计的丰富知识讲解，帮助读者深入了解DIV+CSS。

实例涉及面广，几乎涵盖了网页设计中所在的各个领域，每个领域下通过大量的设计讲解和案例制作帮助读者掌握领域中的专业知识点。

- 注重设计知识点和案例制作技巧的归纳总结，知识点和案例的讲解过程中穿插了大量的操作提示等，使读者更好地对知识点进行归纳吸收。
- 每一个案例的制作过程，都配有相关视频教程和素材，步骤详细，使读者轻松掌握。

本书读者对象

本书适合作为网页设计专业的大中专学生的教材，同时对专业设计人士也有很高的参考价值。本书配套云盘中提供了书中实例源文件、素材和相关的视频教程云盘地址为http://pan.baidu.com/s/19Y1SYLY，密码为60xx，请读者登陆下载查看。

本书由张晓景、曹路舟任主编，邓惠俊、王保志任副主编。张玲玲、曹梦珂、王坤、项辉、李晓斌、黄尚智、尚丹丹、解晓丽、程雪翩、刘明秀、陈燕、胡丹丹、张航、王巍、王素梅、王状、赵建新、赵为娟、张伟等也为本书编写提供了各种帮助。书中难免有错误和疏漏之处，希望广大读者朋友批评指正。

编者

2016年2月

目 录 CONTENTS

第 1 章　网页和网站的基础知识　1

1.1　认识网页　2
1.1.1　网页和网站　2
1.1.2　网页的基本构成元素　2
1.2　如何设计网页　3
1.2.1　什么是网页设计　3
1.2.2　网页设计的特点　4
1.2.3　网页设计的相关术语　5
1.3　表格布局与 Div+CSS 布局　8
1.3.1　表格布局的特点　8
1.3.2　冗余的嵌套表格和混乱的结构　9
1.3.3　Div+CSS 布局的特点　10
1.3.4　Div+CSS 布局的优势　11
1.4　了解 Web 标准　12
1.4.1　Web 标准是什么　12
1.4.2　什么是 W3C　12
1.4.3　结构、表现、行为和内容　12
1.4.4　遵循 Web 标准的好处　13
1.5　本章小结　14
1.6　课后测试题　14

第 2 章　HTML 和 HTML5 基础　15

2.1　HTML 基础　16
2.1.1　HTML 概述　16
2.1.2　HTML 的主要功能　17
2.1.3　HTML 的基本语法　17
2.1.4　HTML 中的 3 种标签形式　18
2.2　HTML 标签　19
2.2.1　基本标签　19
2.2.2　文本标签　20
2.2.3　格式标签　20
2.2.4　超链接标签　21
2.2.5　图像标签　22
2.2.6　表格标签　22
2.2.7　区块标签　23
2.3　HTML5 基础　23
2.3.1　了解 HTML5　23
2.3.2　HTML5 的简化操作　24
2.3.3　HTML5 中的新增标签　24
2.3.4　HTML5 中废弃的标签　27
2.3.5　HTML5 的优势　27
2.4　HTML5 的应用　28
2.4.1　<canvas>标签　28
2.4.2　<audio>标签　30
2.4.3　<video>标签　32
2.5　本章小结　34
2.6　课后测试题　34

第 3 章　CSS 样式基础　36

3.1　CSS 概述　37
3.1.1　CSS 的特点　37
3.1.2　CSS 的类型　37
3.1.3　CSS 的基本语法　38
3.1.4　CSS 样式的构成　39
3.2　4 种使用 CSS 样式的方法　40
3.2.1　内联样式　40
3.2.2　内部样式　41
3.2.3　外部样式表文件　43
3.2.4　导入样式表文件　46
3.3　CSS 选择器　48
3.3.1　通配符选择器　48
3.3.2　标签选择器　49
3.3.3　ID 选择器　50

3.3.4 类选择器 52
3.3.5 伪类和伪对象选择器 54
3.3.6 群选择器 56
3.3.7 派生选择器 57
3.4 CSS 样式中的颜色设置和单位 59
3.4.1 CSS 样式中的多种颜色设置方式 59
3.4.2 CSS 样式中的绝对单位 61
3.4.3 CSS 样式中的相对单位 62
3.5 本章小结 62
3.6 课后测试题 62

第 4 章 Div+CSS 网页布局 64

4.1 定义 Div 64
4.1.1 什么是 Div 65
4.1.2 插入 Div 65
4.2 id 与 class 66
4.2.1 什么是 id 66
4.2.2 什么时候使用 id 66
4.2.3 什么是 class 67
4.2.4 什么时候使用 class 67
4.3 CSS 盒模型 68
4.3.1 认识 CSS 盒模型 68
4.3.2 CSS 盒模型的要点 69
4.3.3 margin（边距）属性 69
4.3.4 border（边框）属性 70
4.3.5 padding（填充）属性 72
4.3.6 content（内容）部分 74
4.3.7 理解空白边叠加 74
4.4 网页元素定位 75
4.4.1 理解 position 属性 76
4.4.2 relative（相对）定位方式 76
4.4.3 absolute（绝对）定位方式 78
4.4.4 fixed（固定）定位方式 80
4.4.5 float（浮动）定位方式 81
4.5 常用 DIV+CSS 布局方式 84
4.5.1 居中的布局 85
4.5.2 浮动的布局 86
4.5.3 高度自适应的方法 91
4.6 本章小结 92
4.7 课后测试题 92

第 5 章 使用 CSS 样式设置网页文本 94

5.1 使用 CSS 样式控制文本 95
5.1.1 font-family 属性 95
5.1.2 font-size 属性 97
5.1.3 color 属性 98
5.1.4 font-weight 属性 100
5.1.5 font-style 属性 102
5.1.6 text-transform 属性 104
5.1.7 text-decoration 属性 106
5.2 使用 CSS 样式控制段落 108
5.2.1 letter-spacing 属性 109
5.2.2 line-height 属性 110
5.2.3 text-indent 属性 112
5.2.4 text-align 属性 113
5.2.5 vertical-align 属性 115
5.2.6 段落首字下沉 117
5.3 实现特殊的文本效果 118
5.3.1 Web 字体 118
5.3.2 CSS 类选区 122
5.4 CSS 3.0 新增文本控制属性 125
5.4.1 控制文本换行 word-wrap 属性 125
5.4.2 文本溢出处理 text-overflow 属性 125
5.4.3 文字阴影 text-shadow 属性 126
5.5 本章小结 127
5.6 课后测试题 127

第 6 章 设置页面背景效果 128

6.1 使用 CSS 样式设置背景颜色 129
6.1.1 background-color 属性 129
6.1.2 为网页元素设置不同的背景颜色 130
6.2 CSS3.0 新增颜色设置方式 132
6.2.1 HSL 颜色方式 132
6.2.2 HSLA 颜色方式 133

6.2.3 RGBA 颜色方式 133
6.3 使用 CSS 样式设置背景图像 134
6.3.1 background-image 属性 134
6.3.2 background-repeat 属性 135
6.3.3 background-attachment 属性 137
6.3.4 background-position 属性 139
6.4 CSS 3.0 新增背景控制属性 141
6.4.1 背景图像显示区域
background-origin 属性 141
6.4.2 背景图像裁剪区域
background-clip 属性 141
6.4.3 背景图像大小
background-size 属性 141
6.5 本章小结 143
6.6 课后测试题 143

第 7 章 使用 CSS 样式设置图片效果 145

7.1 使用 CSS 样式设置图片 146
7.1.1 控制图片缩放 146
7.1.2 图片水平对齐 148
7.1.3 图片垂直对齐 150
7.1.4 图片边框效果 152
7.2 实现图文混排效果 155
7.2.1 使用 CSS 样式实现图文混排效果 156
7.2.2 控制文本绕图间距 157
7.3 CSS 3.0 新增边框控制属性 158
7.3.1 多重边框颜色 border-colors 属性 158
7.3.2 图像边框 border-image 属性 159
7.3.3 圆角边框 border-radius 属性 160
7.4 本章小结 162
7.5 课后测试题 162

第 8 章 使用 CSS 样式设置列表效果 163

8.1 认识网页中的列表 164
8.2 使用 CSS 样式控制列表 164
8.2.1 ul 无序列表 164
8.2.2 list-style-type 属性 167
8.2.3 list-style-image 属性 167
8.2.4 ol 有序列表 169
8.2.5 dl 定义列表 172
8.3 使用列表制作网页导航 173
8.3.1 横向网页导航 173
8.3.2 垂直网页导航 176
8.4 CSS 3.0 新增内容和透明度属性 178
8.4.1 内容 content 属性 178
8.4.2 透明度 opacity 属性 180
8.5 本章小结 181
8.6 课后测试题 181

第 9 章 使用 CSS 样式设置超链接效果 183

9.1 了解网页超链接 184
9.1.1 什么是超链接 184
9.1.2 关于链接路径 184
9.1.3 超链接对象 185
9.2 CSS 样式伪类 185
9.2.1 :link 伪类 185
9.2.2 :hover 伪类 186
9.2.3 :active 伪类 187
9.2.4 :visited 伪类 187
9.3 使用 CSS 样式实现网页中超链接效果 187
9.3.1 设置网页中链接文字效果 188
9.3.2 按钮式超链接 191
9.3.3 为超链接添加背景 193
9.4 设置网页中的光标效果 195
9.5 CSS3.0 新增的多列布局属性 198
9.5.1 列宽度 column-width 属性 198
9.5.2 列数 column-count 属性 198
9.5.3 列间距 column-gap 属性 198
9.5.4 列边框 column-rule 属性 199
9.6 本章小结 201
9.7 课后测试题 201

第10章　使用CSS样式设置表单和表格效果　203

10.1　认识表单标签　204
10.1.1　表单标签<form>　204
10.1.2　输入标签<input>　205
10.1.3　文本区域标签<textarea>　205
10.1.4　选择域标签<select>和<option>　206
10.1.5　其他表单元素　206
10.1.6　<label>、<legend>和<fieldest>标签　208
10.2　使用CSS样式设置表单元素　208
10.2.1　设置表单元素的背景颜色和边框　208
10.2.2　圆角文本域　209
10.2.3　美化下拉列表　211
10.3　认识表格　212
10.3.1　认识表格标签和结构　212
10.3.2　表格标题<captain>标签　214
10.3.3　表格列<colgroup>和<col>标签　215
10.3.4　水平对齐和垂直对齐　216
10.4　使用CSS样式设置表格效果　218
10.4.1　设置表格边框　218
10.4.2　设置表格背景颜色　220
10.4.3　设置表格背景图像　221
10.5　使用CSS样式实现常见表格效果　222
10.5.1　设置单元行背景颜色　222
10.5.2　使用:hover伪类实现表格特效　224
10.6　CSS3.0新增其他属性　225
10.6.1　内容溢出处理overflow属性　225
10.6.2　轮廓外边框outline属性　225
10.6.3　区域缩放调节resize属性　226
10.6.4　元素阴影box-shadow属性　226
10.7　本章小结　227
10.8　课后测试题　228

第11章　商业网站实战　229

11.1　制作设计工作室网站页面　230
11.1.1　设计分析　230
11.1.2　布局分析　230
11.1.3　制作步骤　230
11.1.4　案例小结　239
11.2　制作餐饮网站页面　240
11.2.1　设计分析　240
11.2.2　布局分析　240
11.2.3　制作步骤　240
11.2.4　案例小结　249
11.3　制作游戏网站页面　249
11.3.1　设计分析　250
11.3.2　布局分析　250
11.3.3　制作步骤　250
11.3.4　案例小结　263
11.4　本章小结　263
11.5　课后测试题　263

PART 1

第1章 网页和网站的基础知识

本章简介：

随着互联网技术的日益成熟，越来越多的企业和组织都拥有自己的网站，本章介绍有关网页和网站的相关基础知识，以及使用 Div+CSS 布局制作网页的特点和优势，使读者对网页制作有更深入的认识。

本章重点：

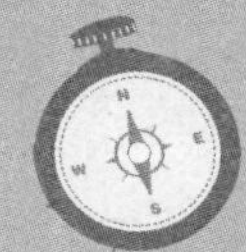

- 了解网页的构成元素
- 理解网页设计的特点和相关术语
- 了解表格布局与 Div+CSS 布局的特点
- 理解 Div+CSS 布局的优势
- 了解 Web 标准中的结构、表现、行为和内容

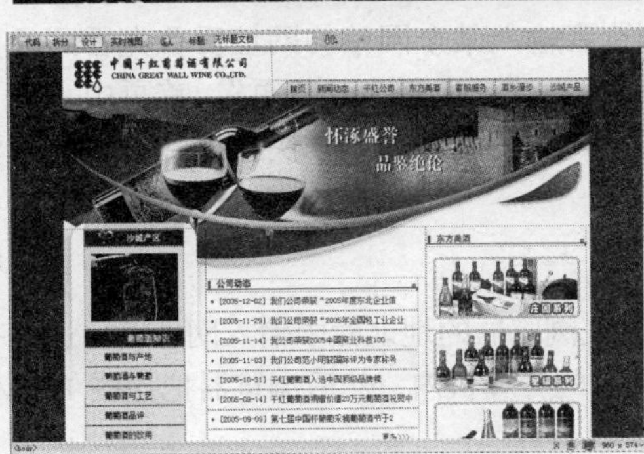

1.1 认识网页

作为上网的主要依托，网页由于人们频繁地使用网络而变得越来越重要，网页设计也得到了发展。网页讲究的是排版布局，其目的就是提供一种布局更合理、功能更强大、使用更方便的形式给每一个浏览者，使他们能够愉快、轻松、快捷地了解网页所提供的信息。

1.1.1 网页和网站

进入网站首先看到的是网站的主页，主页集成了指向二级页面及其他网站的链接，浏览者进入主页后可以浏览最新的信息，找到感兴趣的主题，通过单击超链接跳转到其他网页，如图 1-1 所示。

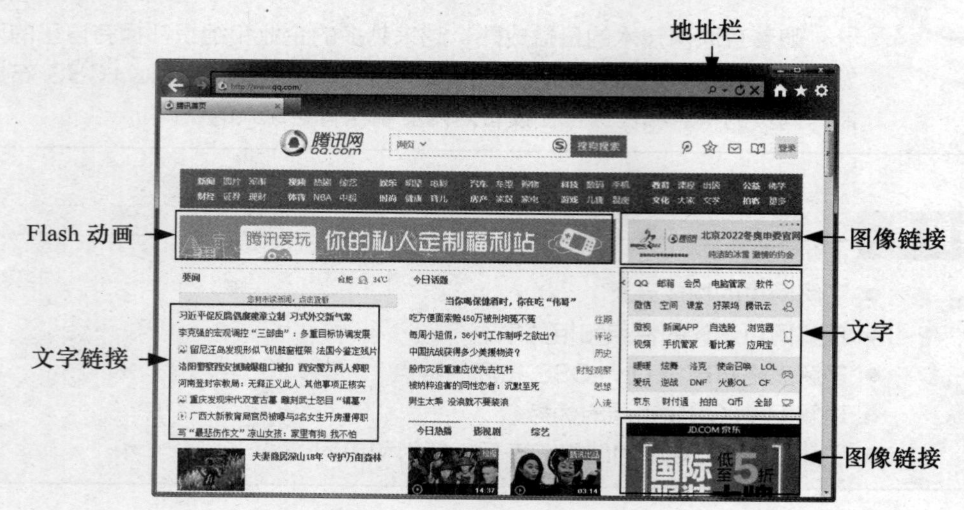

图 1-1

当浏览者输入一个网址或者单击了某个链接，在浏览器中看到的文字、图像、动画、视频和音频等内容时，能够承载这些内容的被称为网页。网页的浏览是互联网应用最广的功能，网页是网络的基本组成部分。

网站则是各种内容网页的集合，按照其功能和大小来分，目前主要有门户类网站和企业网站两种。门户类网站内容庞大而又复杂，例如新浪、搜狐、网易等门户网站。企业网站一般只有几个页面，例如小型公司的网站。但是不管哪种类型的网站，页面都是由最基本的网页元素组合到一起的。

在这些网站中，有一个特殊的页面，它是浏览者输入某个网站的网址后首先看到的页面，因此这样的一个页面通常称为“主页（Homepage）”，也称为“首页”。首页中承载了一个网站中所有的主要内容，访问者可按照首页中的分类，来精确、快速地找到自己想要的信息内容。

1.1.2 网页的基本构成元素

网页由网址（URL）来识别与存取，当访问者在浏览器的地址栏中输入网址后，通过一段复杂而又快速的程序，网页文件会被传送到访问者的计算机内，然后浏览器把这些 HTML 代码“翻译”成图文并茂的网页。如图 1-2 所示。

虽然网页的形式与内容不相同，但是组成网页的基本元素是大体相同的，一般包含文本和图像、超链接、动画、表单、音频和视频等内容。

图 1-2

● 文本和图像

是网页中两个基本构成元素，目前所有的网页中都有它们的身影。

● 超链接

网页中的链接又可分为文字链接和图像链接两种，只要访问者用鼠标单击带有链接的文字或者图像，就可自动链接到对应的其他文件，这样才能让网页链接成为一个整体。超链接也是整个网络的基础。

● 动画

网页中的动画也可以分为 GIF 动画和 Flash 动画两种。动态的内容总是要比静止的内容能够吸引人们的注意力，因此精彩的动画能够让网页更加丰富。

● 表单

是一种可在访问者和服务器之间进行信息交互的技术，使用表单可以完成搜索、登录、发送邮件等交互功能。

● 音频、视频

随着网络技术的不断发展，网站上已经不再是单调的图像和文字内容，越来越多的设计人员会在网页中加入视频、背景音乐等，让网站更加富有个性和魅力，更具时尚感。

1.2 如何设计网页

每天无数的信息在网络上传播，而形态各异、内容繁杂的网页就是这些信息的载体。如何设计网站页面，对于每一个网站来说都是至关重要的。

1.2.1 什么是网页设计

随着时代的发展、科学的进步、需求的不断提高，网页设计已经在短短数年内跃升成为一个新的艺术门类，而不再仅仅是一门技术。相比其他传统的艺术设计门类而言，它更突出艺术与技术的结合、形式与内容的统一、交互与情感的诉求。

在这种时代背景的要求下，人们对网页设计产生了更深层次的审美需求。网页不仅是把各种信息简单地堆积起来，能看或者表达清楚就行，更要考虑通过各种设计手段与技术技巧，让受众能更多、更有效地接收网页上的各种信息，从而对网站留下深刻的印象，催生消费行为，提升企业品牌形象。

随着互联网技术的进一步发展与普及，当今时代的网站，更注重审美的要求和个性化的视觉表达，这也对网页设计师这一职业提出了更高层次的要求。平面设计中的审美观点都可以套用到网页设计上。

但网页设计也有自己的独特性。在颜色的使用上，它有自己的标准色——“安全色”；在界面设计上，它要充分考虑到浏览者使用的不同浏览器、不同分辨率的各种情况；在元素的使用上，它可以充分利用多媒体的长处，选择最恰当的音频与视频相结合的表达方式，给用户以身临其境的感觉和比较直观的印象。说到底，这还只是一个比较模糊抽象的概念，在网络世界中，有许许多多设计精美的网页值得去学习欣赏和借鉴，如图 1-3 所示。

图 1-3

以上的网页，仅仅是互联网海洋中众多优秀网页作品的两个例子，但从以上作品不难看出，好的网站应该给人有这样的感觉：干净整洁、条理清晰、专业水准、引人入胜。优秀的网页设计作品是艺术与技术的高度统一，它应该包含视听元素与版式设计两项内容；以主题鲜明、形式与内容相统一、强调整体为设计原则；具有交互性与持续性、多维性、综合性、版式的不可控性、艺术与技术结合的紧密性 5 个特点。

1.2.2 网页设计的特点

与当初的纯文字和数字的网页相比，现在的网页无论是在内容上，还是在形式上都已经得到了极大的丰富。现在的网页设计主要具有以下特点。

- 交互性

网页设计不同于传统媒体的地方就在于信息的动态更新和即时交互性。即时的交互是网络媒体成为热点媒体的主要原因，也是网页设计时必须考虑的问题。网页设计人员可以根据网站各个阶段的经营目标，配合网站不同时期的经营策略，以及用户的反馈信息，经常对网页进行调整和修改。

- 设计的不可控性

网页的设计并没有固定的或统一的标准，其具体表现为：一是网页页面会根据当前浏览器窗口大小自动格式化输出；二是网页的浏览者可以控制网页页面在浏览器中的显示方式；三是不同种类、不同版本的浏览器观察同一网页页面时效果会有所不同；四是浏览者的浏览器工作环境不同，显示效果也会有所不同。把所有这些问题归结为一点，即网页设计者无法控制页面在用户端的最终显示效果，这正是网页设计的不可控性。

● 技术与艺术结合的紧密性

设计是主观和客观共同作用的结果，设计者不能超越自身已有经验和所处环境提供的客观条件来进行设计。优秀的设计者正是在掌握客观规律的基础上，进行自由的想象和创造。网络技术主要表现为客观因素，艺术创意主要表现为主观因素，网页设计者应该积极主动地掌握现有的各种网络技术规律，注重技术和艺术的紧密结合，这样才能穷尽技术之长，实现艺术想象，满足浏览者对网页的高质量需求。

● 多媒体的综合性

目前网页中使用的多媒体视听元素主要有文字、图像、声音、动画和视频等。网络带宽的增加、芯片处理速度的提高以及跨平台的多媒体文件格式的推广，必将促使设计者综合运用多种媒体元素来设计网页，以满足和丰富浏览者对网页不断提高的要求。多种媒体的综合运用已经成为网页设计的特点之一，也是网页设计未来的发展方向之一。

● 多维性

多维性源于超链接，主要体现在网页设计中导航的设计上。由于超链接的出现，网页的组织结构更加丰富，浏览者可以在各种主题之间自由跳转，从而打破了以前人们接收信息的线性方式。例如，可以将页面的组织结构分为序列结构、层次结构、网状结构和复合结构等。但页面之间的关系过于复杂，不仅增加了浏览者检索和查找信息的难度，也会给设计者带来更大的挑战。为了让浏览者在网页上迅速找到所需要的信息，设计者必须考虑快捷而完善的导航以及超链接设计，如图 1-4 所示。

图 1-4

1.2.3 网页设计的相关术语

在相同的条件下，有些网页不仅美观，打开的速度也非常快，而有些网页却要等很久，这就说明网页设计不仅仅是需要页面精美、布局整洁，很大程度上还要依赖于网络技术。因此，网站不仅仅是设计者审美观和阅历的体现，更是设计者知识面和技术等综合素质的展示。

为了便于读者学习网页设计相关知识，本节介绍一些与网页设计相关的术语。

- 因特网

因特网（Internet）是由许许多多遍布全世界的计算机组织而成的，一台计算机在连接上网的一瞬间，就已经是因特网的一部分了。网络是没有国界的，通过因特网，浏览者可以随时传递文件信息到世界上因特网能覆盖的任何角落，当然也可以接收来自世界各地的实时信息。

在因特网上查找信息，“搜索”是最好的办法。例如可以使用搜索引擎，搜索引擎提供了强大的搜索能力，用户只需要在文本框中输入几个查找内容的关键字，就可以找到成千上万条与之相关的信息，如图 1-5 所示。

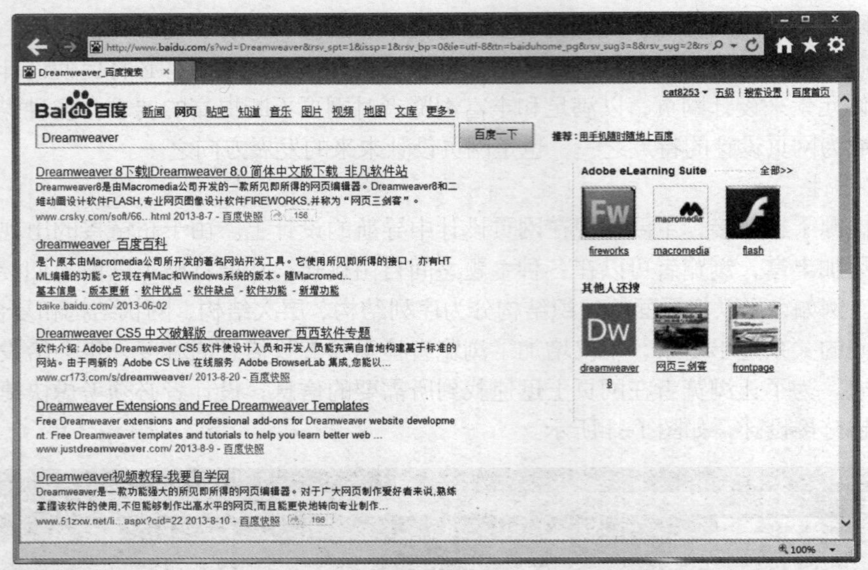

图 1-5

- 浏览器

浏览器是安装在计算机中用于查看因特网中网页的一种工具，每一个用户都要在计算机上安装浏览器来“阅读”网页中的信息，这是使用因特网的最基本的条件，就好像要用电视机来收看电视节目一样。目前大多数用户所用的 Windows 操作系统中已经内置了浏览器。

- 静态网页

静态网页是相对于动态网页而言的，并不是说网页中的元素都是静止不动的。静态网页是指浏览器与服务器端不发生交互的网页，网页中的 GIF 动画、Flash 动画等都会发生变化。静态网页的执行过程大致如下。

（1）浏览器向网络中的服务器发出请求，指向某个静态网页。

（2）服务器接到请求后将传输给浏览器，此时传送的只是文本文件。

（3）浏览器接到服务器传输的文件后解析 HTML 标签，将结果显示出来。

- 动态网页

动态网页除了静态网页中的元素外，还包括一些应用程序，这些程序需要浏览器与服务器之间发生交互行为，而且应用程序的执行需要服务器中的应用程序服务器才能完成。目前的动态网页主要使用 ASP、PHP、JSP 和.NET 等程序。

- URL

URL 是 Uniform Resource Locator 的缩写，中文为“统一资源定位器”。它就是网页在因特网中的地址，如果要访问某网站是需要通过 URL 才能够找到某网页的具体地址。例如“网易”的 URL 是 www.163.com，也就是它的网址，如图 1-6 所示。

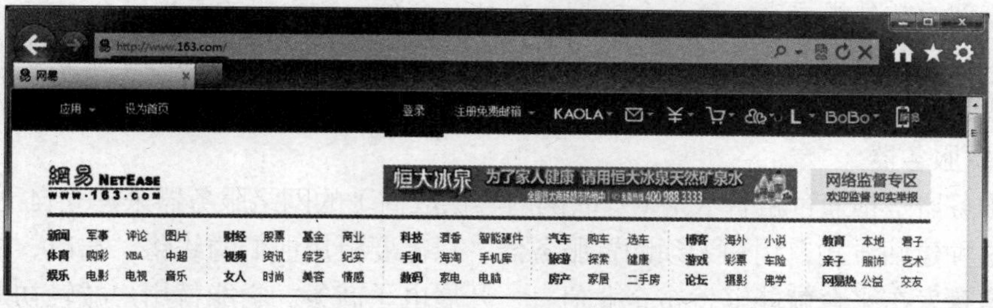

图 1-6

● HTTP

HTTP 是 Hypertext Transfer Protocol 的缩写，中文为“超文本传输协议”，它是一种最常用的网络通信协议。如果想链接到某一特定的网页时，就必须通过 HTTP 协议，不论是用哪一种网页编辑软件，在网页中加入什么资料，或是使用哪一种浏览器，利用 HTTP 协议都可以看到正确的网页效果。

● TCP/IP

TCP/IP 是 Transmission Control Protocol/Internet Protocol 的缩写，中文为“传输控制协议/网络协议”。它是因特网所采用的标准协议，因此只要遵循 TCP/IP 协议，不管计算机是什么系统或平台，均可以在因特网的世界中畅行无阻。

● FTP

FTP 是 File Transfer Protocol 的缩写，中文为“文件传输协议”。与 HTTP 协议相同，它也是 URL 地址使用的一种协议名称，以指定传输某一种因特网资源，HTTP 协议用于链接到某一网页，而 FTP 协议则是用于上传或是下载文件。

● IP 地址

IP 地址是分配给网络上计算机的一组由 32 位二进制数组成的编号，用于对网络中的计算机进行标识。为了方便记忆地址，采用了十进制标记法，每个数值小于等于 225，数值中间用“.”隔开，一个 IP 地址对应一台计算机并且是唯一的。这里提醒读者注意的是所谓的唯一是指在某一时间内唯一，如果使用动态 IP，那么每一次分配的 IP 地址是不同的，这就是动态 IP，在使用网络的这一时段内，这个 IP 是唯一指向正在使用的计算机的；另一种是静态 IP，它是固定将这个 IP 地址分配给某计算机使用的。网络中的服务器就是使用的静态 IP。

● 域名

IP 地址是一组数字，人们记忆起来不够方便，因此人们给每台计算机赋予了一个具有代表性的名字，这就是主机名。主机名由英文字母或数字组成，将主机名和 IP 地址对应起来，这就是域名，方便读者的记忆。

域名和IP地址是可以交替使用的，但一般域名还是要转换成IP地址才能找到相应的主机，这就是上网的时候经常用到的 DNS 域名解析服务。

● 虚拟主机

虚拟主机（Virtual Host/Virtual Server）是使用特殊的软硬件技术，把一台计算机主机分成一台台“虚拟”的主机，每一台虚拟主机都具有独立的域名和 IP 地址（或共享的 IP 地址），有完整的 Internet 服务器（WWW、FTP、E-mail 等）功能。在同一台硬件、同一个操作系统上，运行着为多个用户打开的不同的服务器程序，互不干扰；而各个用户拥有自己的一部分系统资源（IP 地址、文件存储空间、内存、CPU 时间等）。虚拟主机之间完全独立，并可由用户自行管理。在外界看来，每一台虚拟主机和一台独立的主机的表现完全一样。

虚拟主机属于企业在网络营销中比较简单的应用，适合初级建站的小型企事业单位。这种建站方式，适合用于企业宣传、发布比较简单的产品和经营信息。

● 租赁服务器

租赁服务器是指通过租赁 ICP（互联网内容供应商）的网络服务器来建立自己的网站。

使用这种建站方式，用户无须购置服务器，只需要租用他们的线路、端口、机器设备和所提供的信息发布平台就能够发布企业信息，开展电子商务。它能替用户减轻初期投资的压力，减少对硬件长期维护所带来的人员及机房设备投入，使用户既不必承担硬件升级负担又同样可以建立一个功能齐全的网站。

● 主机托管

主机托管是企业将自己的服务器放在 ICP 的专用托管服务器机房，利用他们的线路、端口、机房设备为信息平台建立自己的宣传基地和窗口。使用独立主机是企业开展电子商务的基础。虚拟主机会被共享环境下的操作系统资源所限，因此，当用户的站点需要满足日益发展的要求时，虚拟主机将不再满足用户的需要，这时候用户需要选择使用独立的主机。

1.3 表格布局与 Div+CSS 布局

传统表格布局方式实际上是利用了 HTML 中的表格元素<table>具有的无边框特性。由于表格元素可以在显示时使单元格的边框和间距设置为 0，所以可以将网页中的各个元素按版式划分放入表格的各单元格中，从而实现复杂的排版组合。

1.3.1 表格布局的特点

表格布局使用简单，制作者只要将内容按照行和列拆分，用表格组装起来即可实现设计版面布局。

由于对网站外观"美化"要求的不断提高，设计者开始用各种图片来装饰网页。由于大的图片下载速度缓慢，一般制作者会将大图片切分成若干个小图片，这样浏览器会同时下载这些小图片，这样就可以在浏览器上尽快地将大图片打开。因此表格成为了把这些小图片组装成一张完整图片的有力工具。图 1-7 所示为使用表格布局的页面和该页面的 HTML 代码。

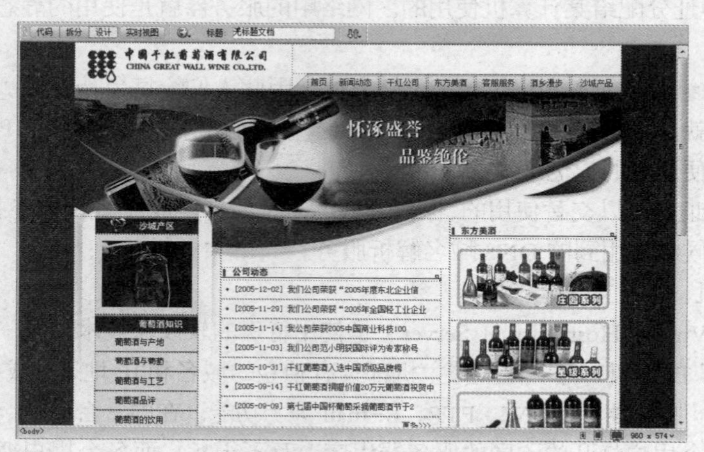

图 1-7

```
代码 拆分 设计 实时视图  标题: 无标题文档
1  <!DOCTYPE html PUBLIC "-//W3C//DTD XHTML 1.0 Transitional//EN"
   "http://www.w3.org/TR/xhtml1/DTD/xhtml1-transitional.dtd">
2  <html xmlns="http://www.w3.org/1999/xhtml">
3  <head>
4  <meta http-equiv="Content-Type" content="text/html; charset=utf-8" />
5  <title>无标题文档</title>
6  <link href="style/style.css" rel="stylesheet" type="text/css" />
7  </head>
8  <body>
9  <table width="800" border="0" align="center" cellpadding="0" cellspacing="0">
10   <tr>
11     <td><table width="100%" border="0" cellspacing="0" cellpadding="0">
12       <tr>
13         <td width="318"><img src="images/7402.gif" width="318" height="71" /></td>
14         <td valign="bottom" bgcolor="#FFFFFF"><table width="100%" border="0" cellspacing="0" cellpadding="0">
15           <tr>
16             <td width="23"><img src="images/7403.gif" width="23" height="27" /></td>
17             <td class="bg7403"><table width="100%" border="0" cellspacing="0" cellpadding="0">
18               <tr>
19                 <td align="center" class="font01">首页</td>
20                 <td width="2"><img src="images/7405.gif" width="2" height="27" /></td>
21                 <td align="center" class="font01">新闻动态</td>
22                 <td width="2"><img src="images/7405.gif" width="2" height="27" /></td>
23                 <td align="center" class="font01">干红公司</td>
24                 <td width="2"><img src="images/7405.gif" width="2" height="27" /></td>
25                 <td align="center" class="font01">东方美酒</td>
26                 <td width="2"><img src="images/7405.gif" width="2" height="27" /></td>
27                 <td align="center" class="font01">客服服务</td>
28                 <td width="2"><img src="images/7405.gif" width="2" height="27" /></td>
29                 <td align="center" class="font01">酒乡漫步</td>
30                 <td width="2"><img src="images/7405.gif" width="2" height="27" /></td>
```

图 1-7（续）

1.3.2 冗余的嵌套表格和混乱的结构

采用表格布局的页面，为了实现设计的布局，制作者往往在单元格标签<td>内设置高度、宽度和对齐等属性，有时还要加入装饰性的图片。图片和内容混杂在一起，使代码视图显得非常臃肿。

因此当页面布局需要调整时，往往都要重新制作表格。尤其当有很多页面需要修改时，工作量之大将变得难以想象。

表格在版面布局上很容易掌控，通过表格的嵌套可以很轻易地实现各种版式布局，但是即使是一个 1 行 1 列的表格，也需要<table>、<tr>和<td>这 3 个标签，最简单的表格代码如下所示。

```
<table>
  <tr>
    <td>这里是内容</td>
  </tr>
</table>
```

如果需要完成一个比较复杂的页面，HTML 文档内将充满了<tr>和<td>标签。同时，由于浏览器需要把整个表格下载完成后才会显示，因此如果一个表格过长、内容过多的话，那么访问者往往需要等很长时间才能看到页面中的内容。

同时，由于浏览器对于 HTML 的兼容，因此就算嵌套错误甚至不完整的标签都能显示出来。有时仅仅为了实现一条细线而插入一个表格，表格充斥着文档，使得 HTML 文档的字节数直线上升。对于使用宽带或专线来浏览页面的访问者来说，这些字节也许不算什么，但是当访问者使用手持设备（如手机）浏览网面时，这些代码往往会占据很多的流量和等待时间。

如此多的冗余代码，对于服务器端也是一个不小的压力，也许一个只有几个页面、每天只有十几个人访问的个人站点对流量不会太在意，但是对于一个每天都有几千人甚至上万人在线的大型网站来说，服务器的流量就是一个必须关注的问题了。

一方面，浏览器各自开发属于自己的标签和标准，使得制作者常常要针对不同的浏览器开发不同的版本，这无疑增加了开发的难度和成本。

另一方面，在不支持图片的浏览设备（如屏幕阅读机）上，这种表格布局的页面将变得一团糟。正是由于上述的种种弊病，制作者们开始关注 Web 标准。

1.3.3 Div+CSS 布局的特点

复杂的表格使得网页布局极为困难，修改更加烦琐，最后生成的网页代码除了表格本身的代码，还有许多没有意义的图像占位符及其他元素，文件量庞大，最终导致浏览器下载解析速度变慢。W3C 组织早在几年前就开始推荐使用 Div+CSS 布局网站页面，这种布局方式可以大大地减少网页代码，并且将网页结构与表现相互分离。

Div+CSS 布局又可以称为 CSS 布局，重点在于使用 CSS 样式对网页中元素的位置和外观进行控制。Div+CSS 布局的重点不再放在表格元素的设计中，取而代之的是 HTML 中的另一个元素——Div。Div 可以理解为“图层”或是一个“块”，是一种比表格简单的元素，语法上只有从<Div>开始和</Div>结束，Div 的功能仅仅是将一段信息标记出来用于后期的 CSS 样式定义。

Div 在使用时不需要像表格一样通过其内部的单元格来组织版式，通过 CSS 强大的样式定义功能可以比表格更简单、更自由地控制页面版式及样式。图 1-8 所示为使用 Div+CSS 布局的页面和该页面的 HTML 代码。

W3C 组织是制定网络标准的一个非营利组织。W3C 是 World Wide Web Consortium（万维网联盟）的缩写，像 HTML、XHTML、CSS、XML 的标准就是由 W3C 来定制的。它创建于 1994 年，研究 Web 规范和指导方针，致力于推动 Web 发展，保证各种 Web 技术能很好地协同工作。

图 1-8

代码 拆分 设计 实时视图 标题: 制作社区生活网站页面

```
2  <html xmlns="http://www.w3.org/1999/xhtml">
3  <head>
4  <meta http-equiv="Content-Type" content="text/html; charset=utf-8" />
5  <title>制作社区生活网站页面</title>
6  <link href="style/18-3.css" rel="stylesheet" type="text/css" />
7  </head>
8  
9  <body >
10 <div id="box">
11   <div id="menu"><img src="images/18302.jpg" width="129" height="56" /><img src="images/18304.jpg" width="94"
   height="56" /><img src="images/18306.jpg" width="81" height="56" /><img src="images/18308.jpg" width="117"
   height="56" /><img src="images/18310.jpg" width="84" height="56" /><img src="images/18312.jpg" width="101"
   height="56" /><img src="images/18314.jpg" width="124" height="56" /></div>
12   <div id="active">
13     <div id="text01"><img src="images/18317.JPG" width="166" height="130" /><span class="font01">美化社区环境
     共享文明成果</span><br />
14     为巩固创建文明城市成果，美化社区环境，怡心庄园社区组织志愿服务队投入到文明创建行动中来。通过入户宣传的方式
   ，进一步提高了社区居民对文明城区创建的知晓率和支持率以及对文明创建活动的参与度和满意度。希望大家共同努力，携手共进！ </div>
15     <div id="text02"><img src="images/18318.gif" width="6" height="5" />查看详情</div>
16   </div>
17   <div id="text03">
18     <div id="news">
19       <ul>
20         <li>社区开展道德讲堂活动</li>
21         <li>工作人员现场为居民解疑答惑</li>
22         <li>工作人员上门服务</li>
23         <li>关于“社会主义道德建设”活动</li>
24         <li>养老保险返还相关问题</li>
25         <li>美化社区环境，巩固文明成果</li>
26       </ul>
27     </div>
```

图 1-8（续）

1.3.4 Div+CSS 布局的优势

CSS 样式是控制页面布局样式的基础，并真正能够做到网页表现与内容分离的一种样式设计语言。相对传统 HTML 的简单样式控制而言，CSS 能够对网页中对象的位置排版进行像素级的精确控制，支持几乎所有的字体字号样式以及拥有对网页对象盒模型样式的控制能力，并能够进行初步页面交互设计，是目前基于文本展示的最优秀的表现设计语言。归纳起来，使用 Div+CSS 布局的优势主要有以下几点。

● 完善的浏览器支持

目前 CSS 2.0 样式是众多浏览器支持最完善的版本，最新的浏览器均以 CSS 2.0 为 CSS 支持原型进行设计，使用 CSS 样式设计的网页在众多平台及浏览器下样式表最为接近。

● 分离网页表现与结构

CSS 真正意义上实现了设计代码与内容分离，而在 CSS 的设计代码中通过 CSS 的内容导入特性，又可以使设计代码根据设计需要进行二次分离。如为字体专门设计一套样式，为版式等设计一套样式，根据页面显示的需要重新组织，使得设计代码本身也便于维护与修改。

● 功能强大的样式控制

对网页对象的位置排版能够进行像素级的精确控制，支持所有字体字号样式，优秀的盒模型控制能力，简单的交互设计能力。

● 优越的继承性

CSS 的语言在浏览器的解析顺序上，具有类似面向对象的基本功能，浏览器能够根据 CSS 的级别先后应用多个 CSS 样式定义。良好的 CSS 代码设计可以使得代码之间产生继承及重载关系，能够达到最大限度的代码重用，降低代码量及维护成本。

1.4 了解 Web 标准

在学习使用 Div+CSS 对网页进行布局制作之前，还需要清楚什么是 Web 标准。

1.4.1 Web 标准是什么

Web 标准，即网站标准。目前通常所说的 Web 标准一般指进行网站建设所采用的基于 XHTML 语言的网站设计语言。Web 标准中典型的应用模式是 Div+CSS。实际上，Web 标准并不是某一个标准，而是一系列标准的集合。

Web 标准由一系列规范组成。由于 Web 设计越来越趋向于整体与结构化，对于网页设计制作者来说，理解 Web 标准首先要理解结构和表现分离的意义。刚开始的时候理解结构和表现的不同之处可能很困难，特别是如果不习惯思考文档的语义结构的话。但是，理解这点是很重要的，因为，当结构和表现分离后，用 CSS 样式表来控制表现就是很容易的一件事了。

网站标准的目的是：提供最多利益给最多的网站用户；确保任何网站文档都能够长期有效；简化代码、降低建设成本；让网站更容易使用，能适应更多不同用户和更多网络设备；当浏览器版本更新，或者出现新的网络交互设备时，确保所有应用能够继续正确执行。

1.4.2 什么是 W3C

W3C 组织是制定网络标准的一个非营利组织。W3C 是 World Wide Web Consortium（万维网联盟）的缩写，像 HTML、XHTML、CSS、XML 的标准就是由 W3C 制定的。它创建于 1994 年，研究 Web 规范和指导方针，致力于推动 Web 发展，保证各种 Web 技术能很好地协同工作。

根据 W3C 官方网站的介绍，W3C 会员包括生产技术产品及服务的厂商、内容供应商、团体用户、研究实验室、标准制定机构和政府部门，大家一起协同工作，致力在万维网发展方向上达成共识。自 1998 年开始，“Web 标准组织”将 W3C 的“推荐”重新定义为“Web 标准”，这是一种商业手法，目的是让制造商重视并重新定位规范，在新的浏览器和网络设备中完全支持那些规范。

1.4.3 结构、表现、行为和内容

Web 标准是由 W3C 和其他标准化组织制定的一套规范集合，包含一系列标准，包含人们所熟悉的 HTML、XHTML、JavaScript 以及 CSS 等。Web 标准的目的在于创建一个统一的用于 Web 表现层的技术标准，以便于通过不同浏览器或终端设备向最终用户展示信息内容。

- 结构

（1）XML

XML 的英文全称是 The Extensible Markup Language。目前推荐遵循的是 W3C 于 2000 年 10 月 6 日发布的 XML 1.0。和 HTML 一样，XML 同样来源于 SGML，但 XML 是一种能定义其他语言的语言。XML 最初的设计目的是弥补 HTML 的不足，以强大的扩展性满足网络信息发布的需要，后来逐渐用于网络数据的转换和描述。

（2）HTML

HTML 的英文全称是 HyperText Markup Language，中文称为超文本标识语言，广泛应用于现在的网页，HTML 的目的是为文档增加结构信息，例如表示标题、表示段落。浏览器可以解析这些文档的结构，并用相应的表现形式表现出来。例如：浏览器会将<strong></strong>之间的内容用粗体显示。并且设计师也可以通过 CSS 样式来定义某种结构以什么形式表现出来。

HTML 元素构成了 HTML 文件，这些元素是由 HTML 标签（tags）所定义的。HTML 文件是一种包含了很多标签的纯文本文件，标签告诉浏览器如何去显示页面。

（3）XHTML

XHTML 称为可扩展标识语言，英文全称为 The Extensible HyperText Markup Language。XML 虽然数据转换能力非常强大，完全可以替换 HTML，但面对成千上万已经存在的网站，直接采用 XML 还为时尚早。因此，在 HTML 4.0 的基础上，用 XML 的规则对其进行扩展，得到了 XHTML。简单地说，建立 XHTML 的目的就是实现 HTML 向 XML 的过渡。

● 表现

CSS 称为层叠样式表，英文全称是 Cascading Style Sheets。目前推荐遵循的是 W3C 于 1998 年 5 月 12 日发布的 CSS 2.0。W3C 创建 CSS 标准的目的是以 CSS 取代 HTML 表格式布局和其他表现的语言。纯 CSS 布局与结构化的 XHTML 相结合能够帮助网页设计师分离结构和外观，使站点的访问和维护更加容易。

随着互联网的发展，网页的表现方式更加多样化，需要新的 CSS 规则来适应网页的发展，所以在最近几年 W3C 已经开始着手 CSS 3.0 标准的制定，目前 CSS 3.0 还处于草案阶段，但已经可以领略到 CSS 3.0 的特殊效果，本书也将对 CSS 3.0 的相关内容进行介绍。

● 行为

（1）DOM

DOM 称为文档对象模型，英文全称是 Document Object Model，是一种 W3C 颁布的标准，用于对结构化文档建立对象模型，从而使得用户可以通过程序语言（包括脚本）来控制其内部结构。可以简单地理解为，DOM 解决了 Netscape 的 JavaScript 和 Microsoft 的 Jscript 之间的冲突，给网页设计师和网页开发人员一个标准的方法，来访问他们站点中的数据、脚本和表现层对象。

（2）ECMAScript

ECMAScript 是 ECMA（European Computer Manufacturers Association）制定的标准脚本语言（JavaScript），目前遵循的是 ECMAScript-262 标准。

● 内容

内容就是制作者放在页面内真正想要访问者浏览的信息，可以包含数据、文档或者图片等。注意这里强调的“真正”，是指纯粹的数据信息本身，而不包含辅助的信息，如导航菜单、装饰性图片等，内容是网页的基础，在网页中具有重要的地位。

1.4.4 遵循 Web 标准的好处

首先最为明显的好处就是用 Web 标准制作的页面代码量小，可以节省带宽。这只是 Web 标准附带的好处，因为 DIV 的结构本身就比 Table 简单，Table 布局的层层嵌套造成代码臃肿，文件尺寸膨胀。在通常情况下，相同表现的页面用 DIV+CSS 比用 Table 布局节省 2/3 的代码，这是 Web 标准直接的好处。

一些测试表明，通过内容和设计分离的结构进行页面设计，浏览器对网页的解析速度大大提高，相对老式的内容和设计混合编码而言，浏览器在解析过程中可以更好地分析结构元素和设计元素，良好的网页浏览速度使来访者更容易接受。

提示

由于 Web 标准页面的清晰结构、语义完整，利用一些相关设备能很容易地正确提取信息给残障人士。因此，方便盲人阅读信息也成为 Web 标准的好处之一。

1.5 本章小结

本章主要介绍了有关网页和网站开发的相关基础知识，包括网页与网站的关系、网页的基本构成元素、网页设计的特点和网页设计相关类型等相关内容，使读者对网页与网站有更深入的了解和认识。本章还介绍了有关 Web 标准的相关知识，表格布局的特点和 Div+CSS 布局的特点，以及为什么要使用 Div+CSS 布局。本章所介绍的基础概念较多，读者需要认真理解。

1.6 课后测试题

一、选择题

1. 遵循 Web 标准的网页特点，下列说明正确的是（ ）。

   A. 用 Web 标准制作的页面代码量大，可以节省带宽。

   B. 用 Web 标准制作的页面代码量小，不可以节省带宽。

   C. 用 Web 标准制作的页面代码量大，不可以节省带宽。

   D. 用 Web 标准制作的页面代码量小，可以节省带宽。

2. 网页的基本构成元素有哪些？（ ）（多选）

   A. 文本和图像　B. 表单和超链接　C. 动画　D. 音频/视频

3. 超文本传输协议的英文缩写是（ ）。

   A. HTTP　B. TCP/IP　C. URL　D. FTP

二、填空题

1. 静态网页是指网页中元素都是静止不动的。（ ）

解答：静态网页是相对动态网页而言的，并不是说网页中的元素都是静止不动的，而是指网页中的内容并未与用户或服务器发生交互操作，网页中的动画等多媒体内容还是动态的。

2. 优越的继承性是 Div+CSS 布局的优势之一。（ ）。

3. 在通常情况下，相同表现的页面用 DIV+CSS 比用 Table 布局节省 2/3 的代码，这是 Web 标准直接的好处。（ ）

三、简答题

1. Div+CSS 布局的主要优势有哪些？

2. 简单介绍网站标准的目的。

PART 2 第 2 章 HTML 和 HTML5 基础

本章简介：

网页中包括文本、图像、动画、多媒体和表单等多种复杂的元素，但是其基础架构仍然是 HTML 语言。本章介绍有关 HTML 和 HTML5 的相关基础知识，想要熟练掌握网页的设计制作，就必须对 HTML 有较深入的了解和认识。

本章重点：

- 了解什么是 HTML 语言
- 理解并掌握 HTML 语法
- 理解 HTML 中的 3 处标签形式以及常用标签
- 了解关于 HTML5 的相关知识
- 掌握 HTML5 中<canvas>、<audio>和<video>标签的应用

2.1 HTML 基础

对于网页设计人员来讲，在制作网页的时候，不涉及 HTML 语言几乎是不可能的，无论你是一个初学者，还是一个高级的网页制作人员，都需要或多或少地接触 HTML 语言。虽然 Dreamweaver 提供可视化的方式来创建和编辑 HTML 文件，但是对于一个希望深入掌握网页制作、对代码严格控制的用户来讲，直接书写 HTML 源代码仍然是需要掌握的。

2.1.1 HTML 概述

在介绍 HTML 语言之前，先要了解 World Wide Web（万维网）。万维网是一种建立在因特网上的、全球性的、交互的、多平台的和分布式的信息资源网络。它采用 HTML 语法描述超文本（Hypertext）文件。Hypertext 一词有两个含义：一个是链接相关联的文件；另一个是内含多媒体对象的文件。

从技术上讲，万维网有 3 个基本组成，分别是 URL（统一资源定位器）、HTTP（超文本传输协议）和 HTML（超文本标记语言）。

- URL（统一资源定位器）

其英文全称为 Uniform Resource Locator，提供在 Web 上进入资源的统一方法和路径，使得用户所要访问的站点具有唯一性，相当于实际生活中的门牌号。

- HTTP（超文本传输协议）

是英文 Hypertext Transfer Protocol 的缩写，是一种网络上传输数据的协议，专门用于传输万维网上的信息资源。

- HTML（超文本标记语言）

是英文 Hypertext Markup Language 的缩写，它是一种文本类、解释执行的标记语言，是在标准一般化的标记语言（SGML）的基础上建立的。SGML 仅描述了定义一套标记语言的方法，而没有定义一套实际的标记语言。而 HTML 就是根据 SGML 制定的特殊应用。

HTML 语言是一种简易的文件交换标准，有别于物理的文件结构，它旨在定义文件内的对象的描述文件的逻辑结构，而并不是定义文件的显示。由于 HTML 所描述的文件具有极高的适应性，所以特别适合万维网的环境。

HTML 于 1990 年被万维网所采用，至今经历了众多版本，主要由万维网国际协会（W3C）主导其发展。而很多编写浏览器的软件公司也根据自己的需要定义 HTML 标签或属性，所以导致现在的 HTML 标准较为混乱。

由于 HTML 编写的文件是标准的 ASCII 文本文件，所以可以使用任何文本编辑器打开 HTML 文件。

HTML 文件可以直接由浏览器解释执行，而无须编译。当用浏览器打开网页时，浏览器读取网页中的 HTML 代码，分析其语法结构，然后根据解释的结果显示网页内容。正是因为如此，网页显示的速度同网页代码的质量有很大的关系，保持精简和高效的 HTML 源代码是十分重要的。

2.1.2 HTML 的主要功能

HTML 语言作为一种网页编辑语言，易学易懂，能制作出精美的网页效果，在网页中实现的主要功能如下。

- 格式化文本

使用 HTML 语言格式化文本，例如设置标题、字体、字号、颜色；设置文本的段落、对齐方式等。

- 插入图像

使用 HTML 语言可以在页面中插入图像，使网页图文并茂，还可以设置图像的各种属性，例如大小、边框、布局等。

- 创建列表

HTML 语言可以创建列表，把信息用一种易读的方式表现出来。

- 创建表格

使用 HTML 语言可以创建表格。表格为浏览者提供了快速找到需要信息的显示方式。

- 插入多媒体

使用 HTML 语言可以在页面中加入多媒体，可以在网页中加入音频、视频和动画，还能设定播放的时间和次数。

- 创建超链接

HTML 语言可以在网页中创建超链接，通过超链接检索在线的信息，只需用鼠标单击，就可以链接到任何一处。

- 创建表单

使用 HTML 语言还可以实现交互式表单和计数器等网页元素。

2.1.3 HTML 的基本语法

一个完整的 HTML 文件由标题、段落、列表和 Div 等，即嵌入的各种对象组成。这些逻辑上统一的对象称为 Element（元素），HTML 使用 Tag（标签）来分割并描述这些元素。实际上整个 HTML 文件就是由元素与标签组成的。

标签的功能是逻辑性地描述文件的结构。早期的 HTML 已经定义了许多基本的标签，现在也有浏览器厂商经常为自己的浏览器添加新的 HTML 标签。但是，并非所有的浏览器都支持所有的标签，如果希望所设计制作的网页在大多数浏览器上能够正常显示，建议最好采用不新不旧的标签编写，太新或者太旧的标签可能不能被所有的浏览器支持。

HTML 的文件规格沿用 SGML 的格式，采用“<”与“>”作为分割字符，起始标签的一般形式如下。

```
<tag_name [ [attr_name[=attr_value] ]…]>
 标签名      属性名称    对应选择性值
```

其中，tag_name 是标签名称，attr_name 是可选择的属性名称，attr_value 是该属性名称对应的属性值，可以存在多个属性。

一般情况下，一个属性名称可以存在多个属性，每个起始标签都对应一个结束标签，如下所示。

```
</tag_name>
```

包含在两个标签之间的就是“对象”，标签及属性没有大小写区别，并且对于浏览器不能分辨的标签可以忽略，不显示其中的对象。

从结构上分，HTML 文件内容也分为 head（表头）和 body（主体）两大部分，这两部分各有其特定的标签及功能。下面列出了一个 HTML 文件的最基本的结构，<title>与</title>标签用于定义文件的标题，它一般都放在 HTML 文件的表头部分，即<head>与</head>标签之间。而大部分的文件内容都是在<body>与</body>标签间写入的，例如文本、图像和超链接等。

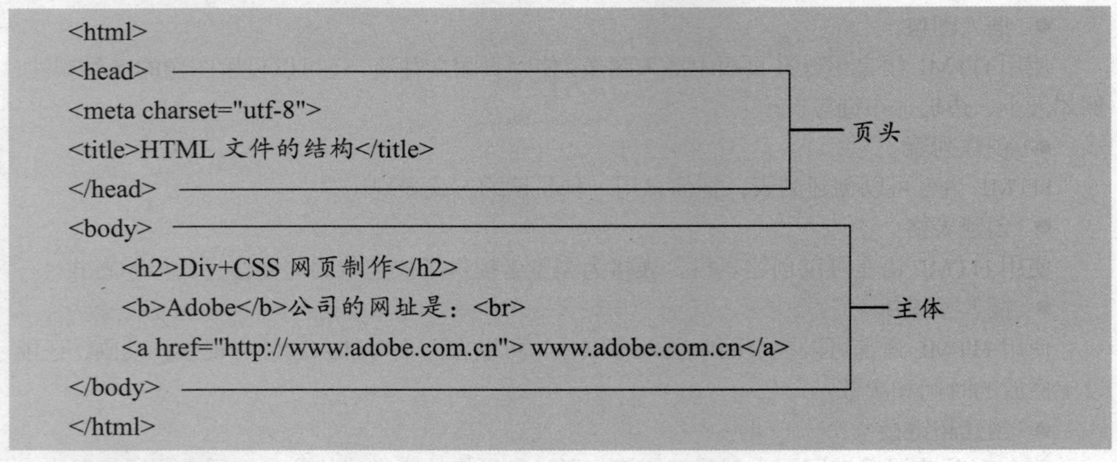

```
<html>
<head>
<meta charset="utf-8">
<title>HTML 文件的结构</title>
</head>
<body>
    <h2>Div+CSS 网页制作</h2>
    <b>Adobe</b>公司的网址是：<br>
    <a href="http://www.adobe.com.cn"> www.adobe.com.cn</a>
</body>
</html>
```


该段 HTML 代码在浏览器中显示的效果如图 2-1 所示。

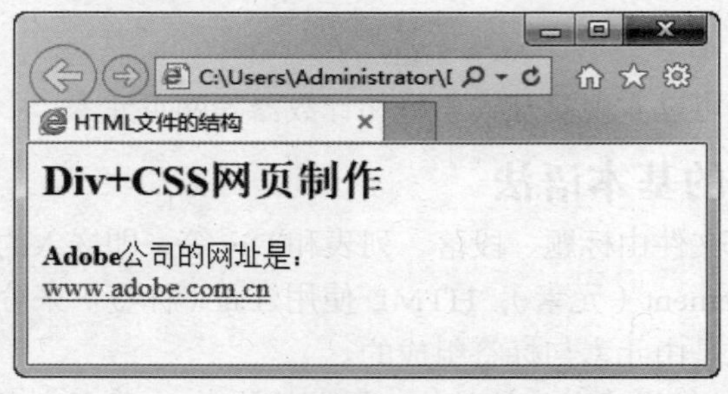

图 2-1

2.1.4 HTML 中的 3 种标签形式

在查看 HTML 源代码或者编写网页时，可能会经常遇到 3 种格式的 HTML 标签。第 1 种标签形式如下。

```
<tag_name>对象</tag_name>
```

这种标签形式是最常见的标签形式，例如文字的粗体、文字标题格式、文字段落等都是这种形式，例如下面的 HTML 代码。

```
<h2>Div+CSS 网页制作</h2>
```

提示　在书写或修改 HTML 代码时需要注意，千万不要随便省略结束标签，如果省略了结束标记可能会使页面产生一些意想不到的错误，并且省略结束标签也不符合规范的要求。

第 2 种标签形式如下。

```
<tag_name [ [attr_name[=attr_value] ]…]>对象</tag_name>
```

这种形式的标签也是在 HTML 代码中非常常见的标签形式，它与第 1 种标签形式相比，只是在标签中加入了一些属性设置，使得标签的功能更加强大，常见的标签有表格、图像、超链接等，例如下面的 HTML 代码。

```
<a href="http://www.adobe.com.cn"> www.adobe.com.cn</a>
```

其中，href 是超链接标签<a>的属性之一，用于设置超链接所指向的 URL，在“=”后面的就是 href 属性的参数值。需要注意的是，引号中的网址 http://www.adobe.com.cn 才是 href 属性的参数值，而第 2 个网址 www.adobe.com.cn 是在浏览器中显示的文本。

第 3 种标签的形式如下。

```
<tag_name>
```

这种标签只有起始标签，没有结束标签。这种标签形式在 HTML 代码中并不多见，常见的是换行标签
。使用该标签的目的是对文本进行换行，使换行后的文本还是位于同一个段落中。

提示

HTML 还有许多比较复杂的语法，作为一种语言，它有很多编写规则，并不断地在快速发展，有很多专门的书对 HTML 进行详细的讲解，想要深入掌握网页制作技术的读者，还需要对 HTML 语言进行一些深入的学习。

2.2 HTML 标签

HTML 语言中的标签较多，在本节中主要对一些常用的标签进行介绍，读者需要对这些常用标签有一个基本的了解，这样在后面的学习过程中才能够事半功倍。

2.2.1 基本标签

此类标签的目的是标示出网页文件的结构。一个完整的 HTML 文件由标题、段落、列表、表格、单词和嵌入的各种对象组成。这些逻辑上统一的对象统称为元素，HTML 使用标签来分割并描述这些元素。实际上整个 HTML 文件就是由元素与标签组成的。HTML 文件基础结构标签如下。

```
<html>                              <!--HTML 文件开始-->
  <head>                            <!--HTML 文件的头部开始-->
  </head>                           <!--HTML 文件的头部结束-->
  <body>                            <!--HTML 文件的主体开始-->
  </body>                           <!--HTML 文件的主体结束-->
</html>                             <!--HTML 文件结束-->
```

表 2-1 为各基本结构标签的介绍。

表 2-1　基本结构标签

标　　签	说　　明
<html>…</html>	<html>标签出现在 HTML 文档的第一行，用于表示 HTML 文档的开始。</html>标签出现在 HTML 文档的最后一行，用于表示 HTML 文档的结束。两个标签一定要一起使用，网页中的所有其他内容都需要放在<html>与</html>之间
<head>…</head>	<head>与</head>标签是网页的头标签，用于定义 HTML 文档的头部信息。该标签也是成对使用的
<body>…</body>	在<head>标签之后就是<body>与</body>标签了，该标签也是成对出现的。<body>与</body>标签之间为网页主体内容和其他用于控制内容显示的标签

2.2.2　文本标签

文本标签主要用于设置网页中的文字效果，例如文字的大小、文字的加粗等显示方式。文本标签也是写在<body>标签内部的，其基本应用格式如下。

```
<body>
  <h1>这里将显示为标题 1 的格式</h1>
  <b>这里将显示为加粗的文字</b>
</body>
```

文本标签在页面中虽然不起眼，但应用还是比较广泛的，它们主要是将一些比较重要的文本内容用醒目的方式显示出来，从而吸引浏览者的目光，让浏览者能够注意到这些重要的文字内容。表 2–2 为常用文本标签的介绍。

表 2-2　常用文本标签

标　　签	说　　明
<h1>至<h6>	这 6 个标签为文本的标题标签，该标签是成对使用的。<h1></h1>标签是显示字号最大的标题，而<h6></h6>标签则是显示字号最小的标题
<font>	该标签用于设置文本的字体、字号和颜色，分别对应的属性为 face、size 和 color。该标签也是成对使用的
<b>	文本加粗标签，用于显示需要加粗的文字。该标签也是成对使用的
<strong>	该标签用于显示加重的文本，即粗体的另一种方式，与使用<b>标签的效果是相同的。该标签也是成对使用的
<i>	文本斜体标签，用于显示需要显示为斜体的文字。该标签也是成对使用的
<em>	文本强调标签，用于显示需要强调的文本，强调的文本会显示为斜体的效果。该标签也是成对使用的

2.2.3　格式标签

格式标签主要用于对网页中的各种元素进行排版布局，格式标签放置在 HTML 文档中的<body>与</body>标签之间，通过格式标签可以定义文字段落、对齐方式等，其基本应用格式如下。

```
<body>
  <center>这里显示的文字将会居中</center>
  <p>这里显示的是一个文本段落</p>
</body>
```

表 2-3 为常用格式标签的介绍。

表 2-3 常用格式标签

标　　签	说　　明
 	该标签是换行标签，用于强制文本换行显示。该标签是空标题，单独出现
<p>	该标签用于定义一个段落，是成对使用的。在<p>与</p>标签之间的文本将以段落的格式在网页中显示
<center>	该标签是居中标签，可以使页面元素居中显示。该标签是成对使用的
<ul>	<ul>和</ul>标签用于在网页中创建项目列表，在<ul>和</ul>标签之间使用<li>和</li>标签创建列表项
<ol>	<ol>和</ol>标签用于在网页中创建有序列表，在<ol>和</ol>标签之间使用<li>和</li>标签创建列表项
<dl>	<dl>和</dl>标签是在网页中创建定义列表；<dt>和</dt>标签则是创建列表中的上层项目；<dd>和</dd>标签则是创建列表中的下层项目。其中<dt></dt>标签和<dd></dd>标签一定要放在<dl></dl>标签中才可以使用

2.2.4 超链接标签

链接可以说是 HTML 超文本文件的命脉，HTML 通过链接标签来整合分散在世界各地的图像、文字、影像和音乐等信息，此类标记的主要用途为标示超文本文件链接。<a></a>是超链接标签，其基本应用格式如下。

```
<a href="http://www.sohu.com">搜狐首页</a>
```

超链接一般是设置在文字或图像上的，通过单击设置超链接的文字或图像，可以跳转到所链接的页面。

表 2-4 为超链接标签<a>的主要属性介绍。

表 2-4 超链接标签<a>主要属性

属　　性	说　　明
href	该属性在超链接指定目标页面的地址，如果不想链接到任何位置则可以设置为空链接，即 href="#"
target	该属性用于设置链接的打开方式，有 4 个可选值，分别是_blank、_parent、_self 和_top。"_blank"打开方式将链接地址在新的浏览器窗口中打开；"_parent"打开方式将链接地址在父框架页面中打开，如果该网页并不是框架页面，则在当前浏览器窗口中打开；"_self"打开方式将链接地址在当前的浏览器窗口中打开；"_top"打开方式将链接地址在整个浏览器窗口中打开，并删除所有框架
name	该属性用于创建锚记链接

2.2.5 图像标签

图像是网页中不可缺少的重要元素之一，在 HTML 中使用<img />标签对图像进行处理。在<img />标签中，src 属性是不可缺少的，该属性用于设置图像的路径，设置图像路径后，在<img />标签所在的位置，在网页中就能够显示出路径所链接的图像，其基本应用格式如下。

```
<img src="images/banner.jpg" />
```

<img />标签除了有 src 属性以外，还包含其他的一些属性，如表 2-5 所示。

表 2-5　图像标签<img>主要属性

属　性	说　明
width	该属性用于设置图像的宽度
height	该属性用于设置图像的高度
border	该属性用于设置图像边框的宽度，该属性的取值为大于或等于 0 的整数，它以像素为单位
align	该属性用于设置图像与它周围文本的对齐方式，共有 4 个属性值，分别为 top、right、bottom 和 left
alt	该属性用于设置该图像的提示性文字

2.2.6 表格标签

在 HTML 中表格标签是开发人员常用的标签，尤其是在 Div+CSS 布局还没有兴起的时候，它是在表格中网页布局的主要方法。表格的标签是<table></table>，在表格中可以放入任何元素，其基本应用格式如下。

```
<table>
  <tr>
    <td>这是一个一行一列的表格</td>
  </tr>
</table>
```

表 2-6 为表格主要标签和属性介绍。

表 2-6　表格主要标签和属性

标签和属性	说　明
<table>	该标签为表格标签，在<table>与</table>标签之间必须由<tr></tr>单元行标签和<td></td>单元格标签组成
<caption>	该标签为表格标题标签，用于设置表格的标题，该标签是成对使用的
width	该属性用于设置表格的宽度
height	该属性用于设置表格的高度
border	该属性用于设置表格的边框
bgcolor	该属性用于设置表格的背景颜色
align	该属性用于设置表格的水平对齐方式

续表

标签和属性	说　明
cellpadding	该属性用于设置表格中单元格边框与其内部内容之间的间距
cellspacing	该属性用于设置表格中单元格之间的间距

2.2.7 区块标签

在 HTML 文档中常用的分区标签有两个，分别是<div>标签和<span>标签。

其中，<div>标签称为区域标签（又称为容器标签），用于作为多种 HTML 标签组合的容器，对该区域进行操作和设置，就可以完成对区域中元素的操作和设置。

Div 是本书的重点，在后面的章节中会进行详细的介绍。通过使用<div>标签，能让网页代码具有很高的可扩展性，其基本应用格式如下。

```
<body>
  <div>这里是第一个区块的内容</div>
  <div>这里是第二个区块的内容</div>
</body>
```

在<div>标签中可以包含文字、图像、表格等元素，但需要注意的是，<div>标签不能嵌套在<p>标签中使用。

<span>标签用于作为片段文字、图像等简短内容的容器标签，其意义与<div>标签类似，但是和<div>标签是不一样的：<span>标签是文本级元素，在默认情况下是不会占用整行的，可以在一行中显示多个<span>标签；<span>标签常用于段落、列表等项目中。

2.3 HTML5 基础

HTML5 是下一代 HTML 的标准，尽管 HTML5 的实现还有很长的路要走，但 HTML5 正在改变 Web，与 HTML4 相比，HTML5 基于良好的设计理念使得其有着革命性的进步，HTML5 不但增加了许多新的功能，而且对于涉及的每一个细节都有着明确的规定。本节将介绍有关 HTML5 的相关基础知识。

2.3.1 了解 HTML5

W3C 在 2010 年 1 月 22 日发布了最新的 HTML5 工作草案。HTML5 的工作组包括 AOL、Apple、Google、IBM、Microsoft、Mozilla、Nokia、Opera 以及数百个其他的开发商。制定 HTML5 的目的是取代 1999 年 W3C 所制定的 HTML 4.01 和 XHTML 1.0 标准，希望能够在网络应用迅速发展的同时，网页语言能够符合网络发展的需求。

HTML5 实际上指的是包括 HTML、CSS 样式和 JavaScript 脚本在内的一整套技术的组合，希望通过 HTML5 能够轻松地实现许多丰富的网络应用需求，而减少浏览器对插件的依赖，并且提供更多能有效增强网络应用的标准集。

在 HTML5 中添加了许多新的应用标签，其中包括<video>、<audio>和<canvas>等标签，添加这些标签是为了设计者能够更轻松地在网页中添加或处理图像和多媒体内容。其他新的标签还有<section>、<article>、<header>和<nav>，这些新添加的标签是为了能够更加丰富网页中的数据内容。除了添加了许多功能强大的新标签和属性，同样也还有一些标签进行了修改，以方便适应快速发展的网络应用。同时也有一些标签和属性在 HTML5 标准中已经被去除。

2.3.2 HTML5 的简化操作

在 HTML5 中对 HTML 代码的一些声明进行了简化操作，避免了不必要的复杂性，DOCTYPE 和字符集都进行了极大的简化，使设计者在编写网页代码时更加轻松和方便。

● 简化的 DOCTYPE 声明

DOCTYPE 声明是 HTML 文档中必不可少的内容，DOCTYPE 声明位于 HTML 文档的第一行，声明了 HTML 文档遵循的规范。声明 XHTML 1.0 Transitional 的 DOCTYPE 代码如下。

```
<!DOCTYPE html PUBLIC "-//W3C//DTD XHTML 1.0 Transitional//EN" "http://www.w3.org/TR/xhtml1/DTD/xhtml1-transitional.dtd">
```

在 HTML5 中对 DOCTYPE 声明代码进行了简化，代码如下。

```
<! DOCTYPE html>
```

如果使用了 HTML5 的 DOCTYPE 声明，则会触发浏览器以标准兼容的模式来显示页面。HTML5 中的 DOCTYPE 声明标志性地让人感觉到这是符合 HTML5 规范的页面。

● 简化的字符集声明

字符集的声明也是非常重要的，它决定了网页文件的编码方式。在以前的 HTML 页面中，都是使用如下的方式来指定字符集的。

```
<meta http-equiv="Content-Type" content="text/html; charset=utf-8" />
```

在 HTML5 中，对字符集声明代码进行了简化，代码如下。

```
<meta charset="utf-8">
```

在 HTML5 中，以上两种方式都可以使用，这是由 HTML5 的向下兼容原则决定的。

2.3.3 HTML5 中的新增标签

在 HTML5 中新增了许多新的有意义的标签，为了方便学习和记忆，本节将对 HTML5 中新增的标签进行分类介绍。

1. 结构片断标签

HTML5 中新增的结构片断标签如表 2-7 所示。

表 2-7 结构片断标签

标 签	说 明
<article>	<article>标签用于在网页中标识独立的主体内容区域，可用于论坛帖子、报纸文章、博客条目和用户评论等

续表

标　签	说　明
<aside>	<aside>标签用于在网页中标识非主体内容区域，该区域中的内容应该与附近的主体内容相关
<section>	<section>标签用于在网页中标识文档的小节或部分
<footer>	<footer>标签用于在网页中标识页脚部分，或者内容区块的脚注
<header>	<header>标签用于在网页中标识页首部分，或者内容区块的标头
<nav>	<nav>标签用于在网页中标识导航部分

2．文本标签

HTML5 中新增的文本标签如表 2-8 所示。

表 2-8　文本标签

标　签	说　明
<bdi>	<bdi>标签在网页中允许设置一段文本，使其脱离其父元素的文本方向设置
<mark>	<mark>标签在网页中用于标识需要高亮显示的文本
<time>	<time>标签在网页中用于标识日期或时间
<output>	<output>标签在网页中用于标识一个输出的结果

3．应用和辅助标签

HTML5 中新增的应用和辅助标签如表 2-9 所示。

表 2-9　应用和辅助标签

标　签	说　明
<audio>	<audio>标签用于在网页中定义声音，如背景音乐或其他音频流
<video>	<video>标签用于在网页中定义视频，如电影片段或其他视频流
<source>	<source>标签为媒介标签（如 video 和 audio），在网页中用于定义媒介资源
<track>	<track>标签在网页中为例如 video 元素之类的媒介规定外部文本轨道
<canvas>	<canvas>标签在网页中用于定义图形，例如图标和其他图像。该标签只是图形容器，必须使用脚本绘制图形
<embed>	<embed>标签在网页中用于标识来自外部的互动内容或插件

4．进度标签

HTML5 中新增的进度标签如表 2-10 所示。

表 2-10　进度标签

标　签	说　明
<progress>	<progress>标签用于在网页中标识任务进度显示的进度条
<meter>	在网页中使用<meter>标签，可以根据 value 属性赋值和最大、最小值的度量进行显示的进度条

5．交互性标签

HTML5 中新增的交互性标签如表 2-11 所示。

表 2-11　交互性标签

标　　签	说　　明
<command>	<command>标签用于在网页中标识一个命令元素（单选、复选或者按钮）；当且仅当这个元素出现在<menu>标签里面时才会被显示，否则将只能作为键盘快捷方式的一个载体
<datalist>	<datalist>标签用于在网页中标识一个选项组，与<input>标签配合使用该标签，来定义 input 元素可能的值

6．在文档和应用中使用的标签

HTML5 中新增的在文档和应用中使用的标签如表 2-12 所示。

表 2-12　文档和应用中使用的标签

标　　签	说　　明
<details>	<details>标签在网页中用于标识描述文档或者文档某个部分的细节
<summary>	<summary>标签在网页中用于标识<details>标签内容的标题
<figcaption>	<figcaption>标签在网页中用于标识<figure>标签内容的标题
<figure>	<figure>标签用于在网页中标识一块独立的流内容（图像、图表、照片和代码等）
<hgroup>	<hgroup>标签在网页中用于标识文档或内容的多个标题。用于将 h1 至 h6 元素打包，优化页面结构在 SEO 中的表现

7．<ruby>标签

HTML5 中新增的<ruby>标签如表 2-13 所示。

表 2-13　<ruby>标签

标　　签	说　　明
<ruby>	<ruby>标签在网页中用于标识 ruby 注释（中文注音或字符）
<rp>	<rp>标签在 ruby 注释中使用，以定义不支持<ruby>标签的浏览器所显示的内容
<rt>	<rt>标签在网页中用于标识字符（中文注音或字符）的解释或发音

8．其他标签

HTML5 中新增的其他标签如表 2-14 所示。

表 2-14　其他标签

标　　签	说　　明
<keygen>	<keygen>标签用于标识表单密钥生成器元素。当提交表单时，私密钥存储在本地，公密钥发送到服务器
<wbr>	<wbr>标签用于标识单词中适当的换行位置；可以用该标签为一个长单词指定合适的换行位置

2.3.4 HTML5中废弃的标签

在HTML5中也废弃了一些以前HTML中的标签，主要是以下几个方面的标签。

- 可以使用CSS样式替代的标签

在HTML5之前的一些标签中，有一部分是纯粹用作显示效果的标签。而HTML5延续了内容与表现分离，对于显示效果更多地交给CSS样式去完成。所以，在这方面废弃的标签有<basefont>、<big>、<center>、<font>、<s>、<strike>、<tt>和<u>。

- 不再支持frame框架

由于frame框架对网页可用性存在负面影响，因此在HTML5中已经不再支持frame框架，但是支持iframe框架。所以HTML5中废弃了frame框架的<frameset>、<frame>和<noframes>标签。

- 其他废弃标签

在HTML5中废弃其他标签主要是因为有了更好的替代方案。

废弃<bgsound>标签，可以使用HTML5中的<audio>标签替代。

废弃<marquee>标签，可以在HTML5中使用JavaScript程序代码来实现。

废弃<applet>标签，可以使用HTML5中的<embed>和<object>标签替代。

废弃<rb>标签，可以使用HTML5中的<ruby>标签替代。

废弃<acronym>标签，可以使用HTML5中的<abbr>标签替代。

废弃<dir>标签，可以使用HTML5中的<ul>标签替代。

废弃<isindex>标签，可以使用HTML5中的<form>标签和<input>标签结合的方式替代。

废弃<listing>标签，可以使用HTML5中的<pre>标签替代。

废弃<xmp>标签，可以使用HTML5中的<code>标签替代。

废弃<nextid>标签，可以使用HTML5中的GUIDS替代。

废弃<plaintext>标签，可以使用HTML5中的“text/plain”MIME类型替代。

2.3.5 HTML5的优势

对于用户和网站开发者而言，HTML5的出现意义非常重大，因为HTML5解决了Web页面存在的诸多问题。HTML5的优势主要表现在以下几个方面。

- 化繁为简

HTML5为了做到尽可能简化，避免了一些不必要的复杂设计。例如，DOCTYPE声明的简化处理，在过去的HTML版本中，第一行的DOCTYPE过于冗长，在实际的Web开发中也没有什么意义，而在HTML5中DOCTYPE声明就非常简洁。

为了让一切变得简单，HTML5下了很大的功夫。为了避免造成误解，HTML5对每一个细节都有着非常明确的规范说明，不允许有任何的歧义和模糊出现。

- 向下兼容

HTML5有着很强的兼容能力。在这方面，HTML5没有颠覆性的革新，允许存在不严谨的写法，例如，一些标签的属性值没有使用英文引号括起来；标签属性中包含大写字母；有的标签没有闭合等。然而这些不严谨的错误的处理方案，在HTML5的规范中都有着明确的规定，也希望未来在浏览器中有一致的支持。当然对于Web开发者来说，还是遵循严谨的代码编写规范比较好。

对于HTML5的一些新特性，如果旧的浏览器不支持，也不会影响页面的显示。在HTML规范中，也考虑了这方面的内容，如在HTML5中<input>标签的type属性增加了很多新的类型，当浏览器不支持这些类型时，默认会将其视为text。

● 支持合理

HTML5 的设计者们花费了大量的精力来研究通用的行为。例如，Google 分析了上百万个网页，从中提取了<div>标签的 ID 名称，很多网页开发人员都这样标记导航区域。

```
<div id="nav">
  //导航区域内容
</div>
```

既然该行为已经大量存在，HTML5 就会想办法去改进，所以就直接增加了一个<nav>标签，用于网页导航区域。

● 实用性

对于 HTML 无法实现的一些功能，用户会寻求其他方法来实现，如对于绘图、多媒体、地理位置和实时获取信息等应用，通常会开发一些相应的插件间接地去实现。HTML5 的设计者们研究了这些需求，开发了一系列用于 Web 应用的接口。

HTML5 规范的制定是非常开放的，所有人都可以获取草案的内容，也可以参与进来提出宝贵的意见。因为开放，所以可以得到更加全面的发展。一切以用户需求为最终目的。当用户在使用 HTML5 的新功能时，会发现正是期待已久的功能。

● 用户优先

在遇到无法解决的冲突时，HTML5 规范会把最终用户的诉求放在第一位。因此，HTML5 的绝大部分功能都是非常实用的。用户与开发者的重要性远远高于规范和理论。例如，有很多用户都需要实现一个新的功能，HTML5 规范设计者们会研究这种需求，并纳入规范；HTML5 规范了一套错误处理机制，以便当 Web 开发者写了不够严谨的代码时，接纳这种不严谨的写法。HTML5 比以前版本的 HTML 更加友好。

2.4 HTML5 的应用

HTML5 的出现使得网页制作水平更进一步，例如在网页中不需要借助 Flash 或其他插件即可以实现视频或音频的播放，甚至可以在网页中绘制图形，本节将通过几个 HTML5 中新增的标签在网页中实现一些强大的功能。

2.4.1 <canvas>标签

<canvas>是 HTML5 中新增的图形定义标签，通过该标签可以实现在网页中自动绘制出一些常见的图形，例如矩形、椭圆形等，并且能够添加一些图像。<canvas>标签的基本应用格式如下。

```
<canvas id="myCanvas" width="600" height="200"></canvas>
```

HTML5 中的<canvas>标签本身并不能绘制图形，必须与 JavaScript 脚本结合使用，才能够在网页中绘制出图形。

01

自测 1

在网页中实现圆形图像效果

最终文件：云盘\最终文件\第 2 章\2-4-1.html

视　　频：云盘\视频\第 2 章\2-4-1.swf

STEP 1 执行“文件>打开”命令，打开页面“云盘\源文件\第 2 章\2-4-1.html”，效果如

图 2–2 所示。转换到该网页的 HTML 代码中，可以看到该页面的 HTML5 代码，如图 2–3 所示。

图 2–2

```
1  <!doctype html>
2  <html>
3  <head>
4  <meta charset="utf-8">
5  <title>在网页中实现圆形图像效果</title>
6  <link href="style/2-4-1.css" rel="stylesheet" type="text/css">
7  </head>
8
9  <body>
10 <div id="box"><img src="images/24101.jpg"  alt=""/></div>
11 </body>
12 </html>
```

图 2–3

STEP 2 在<body>标签之间输入<canvas>标签，并在该标签中添加相应的属性设置，如图 2–4 所示。切换到该网页所链接的外部 CSS 样式表文件中，创建名为#canvas 的 CSS 样式，如图 2–5 所示。

```
<body>
<div id="box"><img src="images/24101.jpg"  alt=""/></div>
<canvas id="canvas" width="600" height="500"></canvas>
</body>
</html>
```

图 2–4

```
#canvas{
    position: absolute;
    top: 100px;
    left: 100px;
    z-index:2;
}
```

图 2–5

STEP 3 返回到网页设计视图中，可以看到<canvas>标签区域显示为灰色区域，如图 2–6 所示。切换到网页的 HTML 代码中，再次输入<canvas>标签，并在该标签中添加相应的属性设置，如图 2–7 所示。

图 2–6

```
<body>
<div id="box"><img src="images/24101.jpg"  alt=""/></div>
<canvas id="canvas" width="600" height="500"></canvas>
<canvas id="canvas2" width="700" height="600"></canvas>
</body>
</html>
```

图 2–7

STEP 4 切换到该网页所链接的外部 CSS 样式表文件中，创建名为#canvas2 的 CSS 样式，如图 2–8 所示。返回到网页设计视图中，可以看到两个<canvas>标签显示为相互叠加的效果，如图 2–9 所示。

STEP 5 切换到网页的 HTML 代码中，在页面中添加绘制圆形的 JavaScript 脚本代码，如图 2–10 所示。保存页面，在浏览器中预览页面，可以看到绘制的圆形效果，如图 2–11 所示。

提示

在 JavaScript 脚本中，getContext 是内置的 HTML5 对象，拥有多种绘制路径、矩形、圆形、字符以及添加图像的方法，fillStyle 方法是控制绘制图形的填充颜色，strokeStyle 是控制绘制图形边的颜色。

```
#canvas2{
    position: absolute;
    top: 50px;
    left: 100px;
    z-index: 1;
}
```

图 2-8

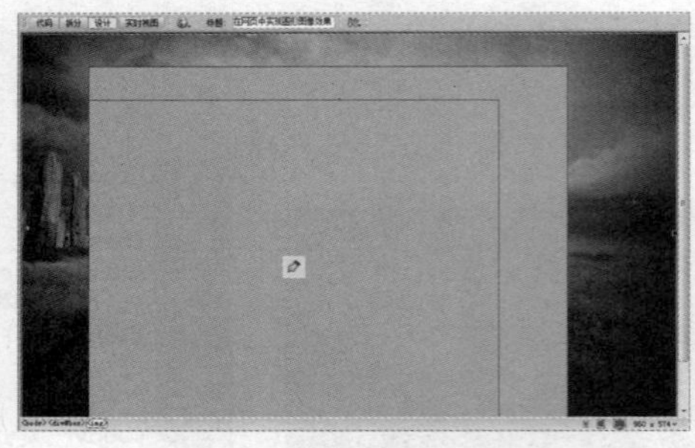

图 2-9

```
<body>
<div id="box"><img src="images/24101.jpg"  alt=""/></div>
<canvas id="canvas" width="600" height="500"></canvas>
<canvas id="canvas2" width="700" height="600"></canvas>
<script type="text/javascript">
var canvas=document.getElementById("canvas2");
var context=canvas.getContext("2d");
context.arc(300,200,160,0,Math.PI*2,true);
context.fillStyle="#fff";
context.fill();
</script>
</body>
</html>
```

图 2-10

图 2-11

STEP 6 切换到 HTML 代码视图，在页面中添加在画布中裁切图形的 JavaScript 脚本代码，如图 2-12 所示。保存页面，在浏览器中预览页面，可以看到实现的裁剪图像的效果，如图 2-13 所示。

```
<script type="text/javascript">
var canvas=document.getElementById("canvas2");
var context=canvas.getContext("2d");
context.arc(300,200,160,0,Math.PI*2,true);
context.fillStyle="#fff";
context.fill();
function Draw(){
    var canvas=document.getElementById("canvas");
    var context=canvas.getContext("2d");
    var newImg=new Image();
    newImg.src="images/24102.jpg";
    newImg.onload=function(){
        ArcClip(context);
        context.drawImage(newImg,0,0);
        }
}
function ArcClip(context){
    context.beginPath();
    context.arc(300,150,150,0,Math.PI*2,true);
    context.clip();
    }
window.addEventListener("load",Draw,true);
</script>
```

图 2-12

图 2-13

2.4.2 <audio>标签

网络上有许多不同格式的音频文件，但 HTML 标签所支持的音乐格式并不是很多，并且不同的浏览器支持的格式也不相同。HTML5 针对这种情况，新增了<audio>标签来统一网页音频格式，可以直接使用该标签在网页中添加相应格式的音乐。

<audio>标签的基本应用格式如下。

```
<audio src="song.wav" controls="controls"></audio>
```

<audio>标签中可以设置的属性如下所示。

表 2-15 所示为<audio>标签中的相关属性介绍。

表 2-15 <audio>标签中的相关属性

属性	说明
autoplay	设置该属性，可以在打开网页的同时自动播放音乐
controls	设置该属性，可以在网页中显示音频播放控件
loop	设置该属性，可以设置音频重复播放
preload	设置该属性，则音频在加载页面时进行加载，并预备播放。如果设置 autoplay 属性，则忽略该属性
src	该属性用于设置音频文件的地址

02

自测 2

在网页中嵌入音频播放

最终文件：云盘\最终文件\第 2 章\2-4-2.html

视　　频：云盘\视频\第 2 章\2-4-2.swf

STEP 1 执行“文件>打开”命令，打开页面“云盘\源文件\第 2 章\2-4-2.html”，效果如图 2-14 所示。转换到该网页的 HTML 代码中，可以看到该页面的 HTML5 代码，如图 2-15 所示。

图 2-14

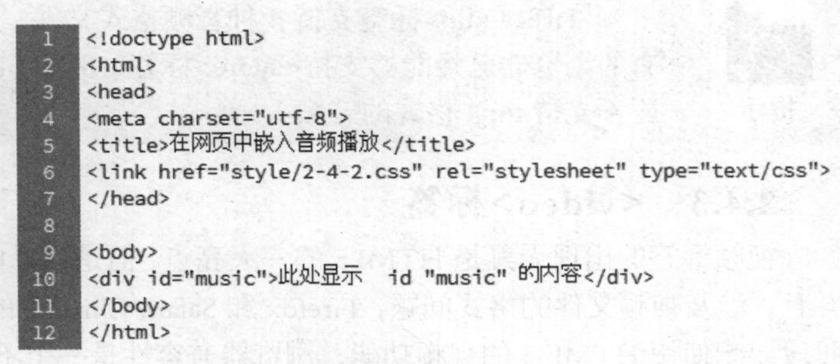

```
1  <!doctype html>
2  <html>
3  <head>
4  <meta charset="utf-8">
5  <title>在网页中嵌入音频播放</title>
6  <link href="style/2-4-2.css" rel="stylesheet" type="text/css">
7  </head>
8  
9  <body>
10 <div id="music">此处显示  id "music" 的内容</div>
11 </body>
12 </html>
```

图 2-15

STEP 2 光标移至 ID 名称为 music 的 Div 中，将多余文字删除，输入<audio>标签，并在<audio>标签中添加 controls 属性，如图 2-16 所示。在<audio>与</audio>标签之间添加<source>标签，添加相应的属性设置，如图 2-17 所示。

STEP 3 在<audio>标签中添加 autoplay 和 loop 属性，使嵌入的音乐能够在打开网页中自动播放，并且循环播放，如图 2-18 所示。返回网页设计视图中，可以看到<audio>标签在网页中显示为一个灰色的图标，如图 2-19 所示。

STEP 4 保存页面，在浏览器中预览页面，可以看到使用 HTML5 所实现的嵌入音频播放的效果，如图 2-20 所示。

```
<body>
<div id="music">
  <audio controls></audio>
</div>
</body>
</html>
```

图 2-16

```
<body>
<div id="music">
  <audio controls>
    <source src="images/music.mp3" type="audio/mp3">
  </audio>
</div>
</body>
</html>
```

图 2-17

```
<body>
<div id="music">
  <audio controls autoplay loop>
    <source src="images/music.mp3" type="audio/mp3">
  </audio>
</div>
</body>
</html>
```

图 2-18

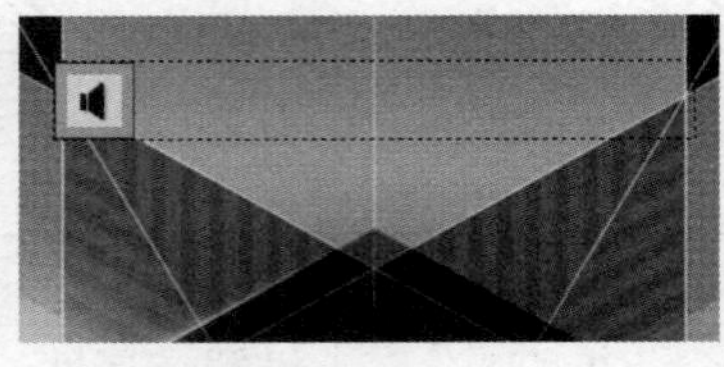

图 2-19

图 2-20

提示

目前<audio>标签支持 3 种音频格式文件，分别是.ogg、.mp3 和.wav 格式，有的浏览器已经能够支持<audio>标签，例如 Firefox 浏览器（但该浏览器目前还不支持.mp3 格式的音频）。

2.4.3 <video>标签

视频标签的出现无疑是 HTML5 的一大亮点，但是 IE 11 以下浏览器不支持<video>标签，并且，涉及视频文件的格式问题，Firefox 和 Safari/Chrome 的支持方式并不相同，所以，在现阶段要想使用 HTML 5 的视频功能，浏览器兼容性是一个不得不考虑的问题。

<video>标签的基本应用格式如下：

```
<video src="movie.mp4" controls="controls"></audio>
```

<video>标签中可以设置的属性如表 2-16 所示。

表 2-16 <video>标签中的相关属性

属　性	说　明
autoplay	设置该属性，可以在打开网页的同时自动播放视频
controls	设置该属性，可以在网页中显示视频播放控件

续表

属　　性	说　　明
width	该属性用于设置视频的宽度，默认的单位为像素
height	该属性用于设置视频的高度，默认的单位为像素
loop	设置该属性，可以设置视频重复播放
preload	设置该属性，则视频在加载页面时进行加载，并预备播放。如果设置 autoplay 属性，则忽略该属性
src	该属性用于设置视频文件的地址

03

自测 3

在网页中嵌入视频播放

最终文件：云盘\最终文件\第 2 章\2-4-3.html

视　　频：云盘\视频\第 2 章\2-4-3.swf

STEP 1 执行“文件>打开”命令，打开页面“云盘\源文件\第 2 章\2-4-3.html”，效果如图 2-21 所示。转换到该网页的 HTML 代码中，可以看到该页面的 HTML5 代码，如图 2-22 所示。

图 2-21

```
1  <!doctype html>
2  <html>
3  <head>
4  <meta charset="utf-8">
5  <title>在网页中嵌入视频播放</title>
6  <link href="style/2-4-3.css" rel="stylesheet" type="text/css">
7  </head>
8
9  <body>
10 <div id="box"><img src="images/24301.jpg"  alt=""/></div>
11 <div id="movie">此处显示  id "movie" 的内容</div>
12 </body>
13 </html>
```

图 2-22

STEP 2 光标移至 ID 名称为 movie 的 Div 中，将多余文字删除，输入<video>标签，并在<video>标签中添加相应的属性，如图 2-23 所示。在<video>与</video>标签之间添加<source>标签，添加相应的属性设置，如图 2-24 所示。

```
<div id="movie">
  <video width="483" height="273" controls autoplay>

  </video>
</div>
</body>
```

图 2-23

```
<div id="movie">
  <video width="483" height="273" controls autoplay>
    <source src="images/movie.mp4" type="video/mp4">
  </video>
</div>
```

图 2-24

STEP 3 返回网页设计视图中，可以看到<video>标签在网页中显示为一个灰色区域，如图 2-25 所示。保存页面，在浏览器中预览页面，可以看到使用 HTML5 所实现的嵌入视频播放的效果，如图 2-26 所示。

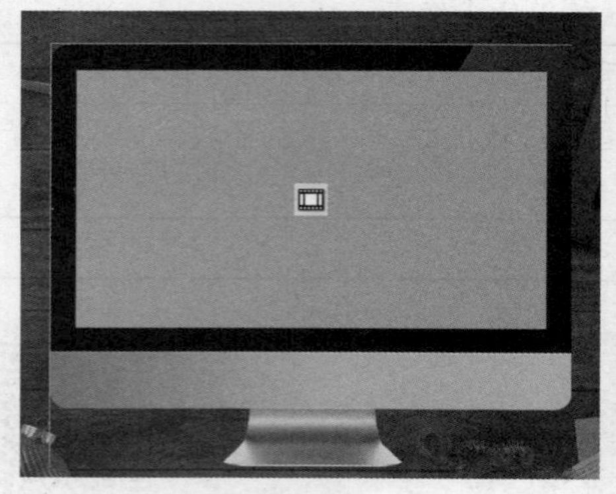

图 2-25

图 2-26

提示

HTML5 的<video>标签，每个浏览器的支持情况不同，Firefox 浏览器只支持.ogg 格式的视频文件，Safari 和 Chrome 浏览器只支持.mp4 格式的视频文件，而 IE 11 以下版本不支持<video>标签，IE 11 版本浏览器可以支持<video>标签，所以在使用该标签时一定要注意。

2.5 本章小结

HTML 代码是所有网站页面的根本，本章主要介绍了 HTML 语言的相关基础知识，并且还对最新的 HTML5 的基础进行了介绍，了解了 HTML5 的新增标签和强大的新功能。完成本章的学习，需要掌握 HTML 的相关知识，对 HTML 标签有基本的了解，为后面的学习打下良好的基础。

2.6 课后测试题

一、选择题

1. 下列哪个 HTML 标签是用于定义标题的？（　　）

   A. <h1>　　B. <hr>　　C. <hw>　　D. <p>

2. HTML 中的注释标签是什么？（　　）

   A. <-- 注释内容 -->　　B. <--! 注释内容 -->

   C. <!-- 注释内容 -->　　D. <-- 注释内容 --!>

3. <strong>…</strong>标签的作用是（　　）。

   A. 斜体　　B. 下画线　　C. 顶画线　　D. 加粗

4. HTML 中的区块标签主要是什么？（　　）

   A. <p>　　B. <img>　　C. <font>　　D. <div>和<span>

二、判断题

1. 在 HTML 代码中，所有的标签都是成对出现的，有开始标签就会有结束标签。(　　)

2. HTML5 中新增的<audio>标签支持 3 种音频格式文件，分别是.ogg、.mp3 和.wav 格式。(　　)

3. 使用 HTML5 中新增的<canvas>标签，必须与 JavaScript 脚本代码相结合，才能够在网页中实现绘图的效果。(　　)

三、简答题

1. 简单介绍 HTML 中的文本标签。

2. HTML 的主要功能有哪些？

PART 3 第 3 章 CSS 样式基础

本章简介：

对于网页设计制作而言，任何网页其基础的源代码都是 HTML 代码，但是没有 CSS 样式的辅助是做不出优秀的网页，所以还需要熟练地掌握 CSS 样式。CSS 样式控制着网页的外观，是网页制作过程中不可缺少的重要内容。

本章重点：

- 了解什么是 CSS
- 常用在网页中使用 4 种 CSS 样式的方法
- 理解各种类型的 CSS 选择器
- 掌握各种类型 CSS 选择器样式的创建和应用方法
- 理解 CSS 样式中的颜色设置和单位

3.1 CSS 概述

层叠样式表（Cascading Style Sheets，简称 CSS）是一种对 Web 文档添加样式的简单机制，是一种表现 HTML 或 XML 等文件外观样式的计算机语言，是由 W3C 来定义的。CSS 用于作为网页的排版与布局设计，在网页设计制作中无疑是非常重要的一环。

CSS 是由 W3C 发布的，用于取代基于表格布局、框架布局以及其他非标准的表现方法。CSS 是一组格式设置规则，用于控制 Web 页面的外观。使用 CSS 样式设置页面的格式，可以将页面的内容与表现形式分离。页面内容存储在 HTML 文档中，而用于定义表现形式的 CSS 样式存储在另一个文件中。将内容与表现形式分离，不仅可以使维护站点的外观更加容易，而且还可以使 HTML 文档代码更加简练，缩短浏览器的加载时间。

3.1.1 CSS 的特点

CSS 样式可以为网页上的元素精确地定位和控制传统的格式属性（如字体、大小和对齐等），还可以设置如位置、特殊效果和鼠标滑过之类的 HTML 属性。

- 将格式和结构分离

HTML 语言定义了网页的结构和各要素的功能，而 CSS 样式通过将定义结构的部分和格式的部分分离，使设计者能够对页面的布局施加更多的控制，同时 HTML 仍可以保持简单明了的初衷。CSS 代码独立出来从另一个角度控制页面外观。

- 以前所未有的能力控制页面布局

HTML 语言对页面总体上的控制很有限。如精确定位、行间距或字间距等，这些都可以通过 CSS 来完成。

- 制作体积更小、下载速度更快的网页

CSS 样式只是简单的文本，如同 HTML。它不需要图像，不需要执行程序，不需要插件。使用 CSS 样式可以减少表格标签及其他加大 HTML 体积的代码，减少图像用量从而减小文件大小。

- 许多网页同时更新，比以前更快、更容易

在没有 CSS 样式时，如果想更新整个站点中所有主体文本的字体，必须一页一页地修改网页。CSS 样式的主旨就是将格式和结构分离。利用 CSS 样式，可以将站点上所有的网页都指向单一的一个 CSS 文件，这样只需要修改 CSS 文件中的某一行，整个站点的网站都会随之修改。

- 浏览器将成为更友好的界面

样式表的代码有很好的兼容性，也就是说，如果用户丢失了某个插件时浏览器不会发生中断，或者在使用老版本的浏览器时代码不会出现杂乱无章的情况。只要是可以识别 CSS 样式表的浏览器就可以应用它。

3.1.2 CSS 的类型

CSS 样式有以下 3 种类型。

- 内联样式

内联样式是直接在 HTML 标签上定义该标签的 CSS 样式，代码如下。

```
<div style="width:200px;height:30px;"></div>
```

● 内部样式

内部样式是写在 HTML 文件中，且包含在<style></style>代码块中，代码如下。

```
<style>
.box{width:200px;height:30px;}
</style>
<div class="box"></div>
```

● 外部样式

外部样式是通过在 HTML 中引用外部 CSS 文件来控制样式，HTML 文件中写入引用语句的代码如下。

```
<link href="css 文件路径" rel="stylesheet" media="screen" />
```

3.1.3 CSS 的基本语法

CSS 样式是纯文本格式文件，在编辑 CSS 时，可以使用一些简单的纯文本编辑工具，例如记事本；同样也可以使用专业的 CSS 编辑工具，例如 Dreamweaver。CSS 样式是由若干条样式规则组成的，这些样式规则可以应用到不同的元素或文档中来定义它们所显示的外观。

CSS 样式由选择器和属性构成，CSS 样式的基本语法如下。

```
CSS 选择符 {
  属性 1: 属性值 1;
  属性 2: 属性值 2;
  属性 3: 属性值 3;
  …
  }
```

下面是在 HTML 页面内直接引用 CSS 样式，这个方法必须把 CSS 样式信息包括在<style>和</style>标签中，为了使样式在整个页面中产生作用，应把该组标签及内容放到<head>和</head>标签中。

例如，如果需要设置 HTML 页面中所有<p>标签中的文字都显示为红色，其代码如下。

```
<html>
<head>
<meta http-equiv="Content-Type" content="text/html; charset=utf-8" />
<title>CSS 基本语法</title>
<style type="text/css">
<!--
p {color: red;}
-->
</style>
</head>
<body>
<p>这里是页面的正文内容</p>
</body>
</html>
```

提示

<style>标签中包括了 type="text/css"，这是让浏览器知道是使用 CSS 样式规则。加入<!--和-->这一对注释标记是防止有些老式浏览器不识别 CSS 样式表规则，可以把该段代码忽略不计。

在使用 CSS 样式过程中，经常会有几个选择符用到同一个属性，例如规定页面中凡是粗体字、斜体字和 1 号标题字都显示为蓝色。按照上面介绍的写法应该将 CSS 样式写为如下的形式。

```
B { color: blue; }
I { color: blue; }
H1 { color: blue; }
```

这样书写十分麻烦，在 CSS 样式中引进了分组的概念，可以将相同属性的样式写在一起，CSS 样式的代码就会简洁很多，其代码形式如下。

```
B,I,H1 {color: blue ;}
```

用逗号分隔各个 CSS 样式选择符，将 3 行代码合并写在一起。

3.1.4 CSS 样式的构成

所有 CSS 样式的基础就是 CSS 规则，每一条规则都是一条单独的语句，确定应该如何设计样式以及应该如何应用这些样式。因此，CSS 样式由规则列表组成，浏览器用它来确定页面的显示效果。

CSS 由两部分组成：选择器和声明，其中声明由属性和属性值组成，所以简单的 CSS 规则形式如下。

```
                           声明
选择符 ———————— #box{ |
        属性 ———————— width:100%; ———————— 属性值
                      height:900px;
                 }
```

● 选择器

选择器部分是指定对文档中的哪个对象进行定义。选择器最简单的类型是“标签选择器”，它可以直接输入 HTML 标签的名称，便可以对其进行定义。例如定义 HTML 中的<p>标签，只要给出< >尖括号内的标签名称，用户就可以编写标签选择器了。

● 声明

声明包含在{}大括号内。在大括号中首先给出属性名，接着是冒号，然后是属性值，结尾分号是可选项，推荐使用结尾分号，整条规则以结尾大括号结束。

● 属性

属性由官方 CSS 规范定义。用户可以定义特有的样式效果，与 CSS 兼容的浏览器会支持这些效果，尽管有些浏览器识别不是正式语言规范部分的非标准属性，但是大多数浏览器很可能会忽略一些非 CSS 规范部分的属性，最好不要依赖这些专有的扩展属性，不识别它们的浏览器只是简单地忽略它们。

● 值

声明的值放置在属性名和冒号之后。它确切定义应该如何设置属性。每个属性值的范围也在 CSS 规范中定义。

3.2 4 种使用 CSS 样式的方法

CSS 样式能够很好地控制页面的显示，以达到分离网页内容和样式代码。在网页中应用 CSS 样式表有 4 种方式，即内联 CSS 样式、内部 CSS 样式、外部 CSS 样式表文件和导入外部 CSS 样式。在实际操作中，选择方式根据设计的不同要求来进行选择。

3.2.1 内联样式

内联 CSS 样式是所有 CSS 样式中比较简单和直观的方法，就是直接把 CSS 样式代码添加到 HTML 的标签中，即作为 HTML 标签的属性存在。通过这种方法，可以很简单地对某个元素单独定义样式。

使用内联样式方法是直接在 HTML 标签中使用 style 属性，该属性的内容就是 CSS 的属性和值，其应用格式如下。

```
<p style="font-family:宋体; font-size:12px; color:#CCCCCC; ">内联样式</p>
```

内联 CSS 样式由 HTML 文件中元素的 style 属性所支持，只需要将 CSS 代码用“;”分号隔开输入在 style=“ ”中，便可以完成对当前标签的样式定义，是 CSS 样式定义的一种基本形式。

04

自测 1

使用 style 属性添加内联样式

最终文件：云盘\最终文件\第 3 章\3-2-1.html

视　　频：云盘\视频\第 3 章\3-2-1.swf

STEP 1 执行“文件>打开”命令，打开页面“云盘\源文件\第 3 章\3-2-1.html”，效果如图 3-1 所示。转换到代码视图中，可以看到页面主体部分的 HTML 代码，如图 3-2 所示。

图 3-1

```
<div id="text"><p>　　很久很久以前，有一个充满神秘色彩的童话王国。那是一个糖果的世界，糖果铺的街道，糖果做的路灯，糖果盖的房子，糖果建的宫殿。人们把这个传说中的世界称之为：糖果城堡……
<br>
　　据说糖果城堡里的居民世代以酿糖为乐，能酿制出最甜蜜、最有趣、最可爱的糖果，就可以获得无上的荣耀。在千百种糖果中，糖是公认的极品。QQ糖很像一个充满清水的钻石球，会闪耀无比美丽的七彩光环，让人目眩神迷。<br>
　　其实糖的神奇之处还不在于此。表面看上去美丽异常的糖，实际上却是非常不稳定的，在外界的刺激下会发生剧烈的爆炸。</p></div>
```

图 3-2

STEP 2 在<p>标签中添加 style 属性设置，添加相应的内联 CSS 样式代码，如图 3-3 所示。保存页面，在浏览器中可以看到应用内联 CSS 样式设置后的页面效果，如图 3-4 所示。

提示

内联 CSS 样式仅仅是 HTML 标签对于 style 属性的支持所产生的一种 CSS 样式表编写方式，并不符合表现与内容分离的设计模式，使用内联 CSS 样式与表格布局从代码结构上来说完全相同，仅仅利用了 CSS 对于元素的精确控制优势，并没有很好地实现表现与内容的分离，所以这种书写方式应当尽量少用。

```
<div id="text"><p style="font-size:12px;color:#FFF;
line-height:24px;">    很久很久以前，有一个充满神秘色彩的童
话王国。那是一个糖果的世界，糖果铺的街道，糖果做的路灯，糖
果盖的房子，糖果建的宫殿。人们把这个传说中的世界称之为：糖果城堡……
<br>
    据说糖果城堡里的居民世代以酿糖为乐，能酿制出最甜蜜、
最有趣、最可爱的糖果，就可以获得无上的荣耀。在千百种糖果中，
糖是公认的极品。QQ糖很像一个充满清水的钻石球，会闪耀无比
美丽的七彩光环，让人目眩神迷。<br>
  其实糖的神奇之处还不在于此。表面看上去美丽异常的糖，实
际上却是非常不稳定的，在外界的刺激下会发生剧烈的爆炸。</p></div>
```

图 3-3

图 3-4

3.2.2 内部样式

内部 CSS 样式，是将 CSS 样式统一放置在页面一个固定的位置，代码如下。

```
<html>
    <head>
    <title>内部样式表</title>
    <style type="text/css">
    body{
        font-family: "宋体";
        font-size: 12px;
        color: #333333;
    }
    </style>
    </head>
    <body>
    内部 CSS 样式
    </body>
</html>
```

样式表由<style></style>标签标记在<head></head>之间，作为一个单独的部分。

内部 CSS 样式是 CSS 样式的初级应用形式，它只对当前页面有效，不能跨页面执行，因此达不到 CSS 代码多用的目的。在实际的大型网站开发中，很少会用得到内部 CSS 样式。

05

自测 2

使用内部 CSS 样式

最终文件：云盘\最终文件\第 3 章\3-2-2.html

视　　频：云盘\视频\第 3 章\3-2-2.swf

STEP 1 执行“文件>打开”命令，打开页面“云盘\源文件\第 3 章\3-2-2.html”，效果如图 3-5 所示。转换到代码视图，在页面头部的<head>与</head>标签之间可以看到该页面的嵌入样式，如图 3-6 所示。

STEP 2 在内部 CSS 样式代码中创建名为.font01 的类 CSS 样式，如图 3-7 所示。返回设计视图，选中页面中相应的文字，在“属性”面板上的“类”下拉列表中选择刚定义的名为.font01 的类 CSS 样式应用，如图 3-8 所示。

图 3-5

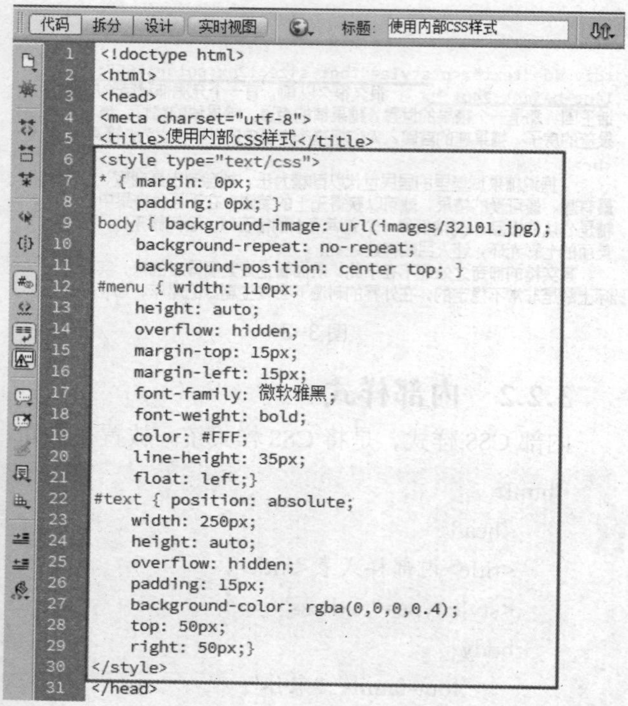

代码 拆分 设计 实时视图 标题：使用内部CSS样式

```
1  <!doctype html>
2  <html>
3  <head>
4  <meta charset="utf-8">
5  <title>使用内部CSS样式</title>
6  <style type="text/css">
7  * { margin: 0px;
8      padding: 0px; }
9  body { background-image: url(images/32101.jpg);
10     background-repeat: no-repeat;
11     background-position: center top; }
12 #menu { width: 110px;
13     height: auto;
14     overflow: hidden;
15     margin-top: 15px;
16     margin-left: 15px;
17     font-family: 微软雅黑;
18     font-weight: bold;
19     color: #FFF;
20     line-height: 35px;
21     float: left;}
22 #text { position: absolute;
23     width: 250px;
24     height: auto;
25     overflow: hidden;
26     padding: 15px;
27     background-color: rgba(0,0,0,0.4);
28     top: 50px;
29     right: 50px;}
30 </style>
31 </head>
```

图 3-6

```
.font01{
    font-family: 宋体;
    font-size: 12px;
    color: #FFF;
    line-height: 24px;
}
```

图 3-7

图 3-8

STEP 3 转换到代码视图中，可以看到在<div>标签中添加的相应的代码，这是应用类 CSS 样式的方式，如图 3-9 所示。保存页面，在浏览器中预览页面，可以看到应用内部 CSS 样式设置后的页面效果，如图 3-10 所示。

```
<div id="text" class="font01">  很久很久以前，有一个充满神秘色彩的童话王国。那是一个糖果的世界，糖果铺的街道，糖果做的路灯，糖果盖的房子，糖果建的宫殿。人们把这个传说中的世界称之为：糖果城堡...<br>
    据说糖果城堡里的居民世代以酿糖为乐，能酿制出最甜蜜、最有趣、最可爱的糖果，就可以获得无上的荣耀。在千百种糖果中，糖是公认的极品。QQ糖很像一个充满清水的钻石球，会闪耀无比美丽的七彩光环，让人目眩神迷。<br>
    其实糖的神奇之处还不在于此。表面看上去美丽异常的糖，实际上却是非常不稳定的，在外界的刺激下会发生剧烈的爆炸。</div>
```

图 3-9

图 3-10

提示

在内部CSS样式中，所有的CSS代码都编写在<style>与</style>标签之间，方便了后期对页面的维护，页面相对内联CSS样式的方式大大瘦身了。但是如果一个网站拥有很多页面，对于不同页面中的<p>标签都希望采用同样的CSS样式设置时，内部CSS样式的方法都显得有点麻烦了。该方法只适用于单一页面设置单独的CSS样式。

3.2.3 外部样式表文件

外部CSS样式表文件是CSS样式中较为理想的一种形式。将CSS样式代码单独编写在一个独立文件之中，由网页进行调用，多个网页可以调用同一个外部CSS样式表文件，因此能够实现代码的最大化重用及网站文件的最优化配置。

链接外部CSS样式是指在外部定义CSS样式并形成以.css为扩展名的文件，在网页中通过<link>标签将外部的CSS样式文件链接到网页中，而且该语句必须放在页面的<head>与</head>标签之间，其语法格式如下。

```
<link rel="stylesheet" type="text/css" href="style/3-2-3.css">
```

提示

rel属性指定链接到CSS样式，其值为stylesheet，type属性指定链接的文件类型为CSS样式表，href属性指定所定义链接的外部CSS样式文件的路径。

在这里使用的是相对路径，如果HTML文档与CSS样式文件没有在同一路径下，则需要指定CSS样式的相对位置或者是绝对位置。

自测 3

链接外部CSS样式表文件
最终文件：云盘\最终文件\第3章\3-2-3.html
视　　频：云盘\视频\第3章\3-2-3.swf

STEP 1 执行“文件>打开”命令，打开页面“云盘\源文件\第3章\3-2-3.html”，效果如图3-11所示。转换到代码视图中，可以看到该网页并没有定义任何形式的CSS样式，如图3-12所示。

STEP 2 单击“CSS设计器”面板“源”选项区右上角的“添加CSS源”按钮+，在弹出菜单中选择“创建新的CSS文件”选项，在弹出对话框中单击“文件/URL”选项后的“浏览”按钮，浏览到需要创建外部CSS样式表文件的位置，如图3-13所示。单击“保存”按钮，创建外部CSS样式表文件，返回到“创建新的CSS文件”对话框中，如图3-14所示。

STEP 3 设置“添加为”选项为“链接”，单击“确定”按钮，链接刚创建的外部CSS样式表文件，在“CSS设计器”面板上的“源”选项区中可以看到刚链接的外部CSS样式表文件，如图3-15所示。转换到代码视图中，可以在页面头部的<head>与</head>标签之间看到链接外部CSS样式表的代码，如图3-16所示。

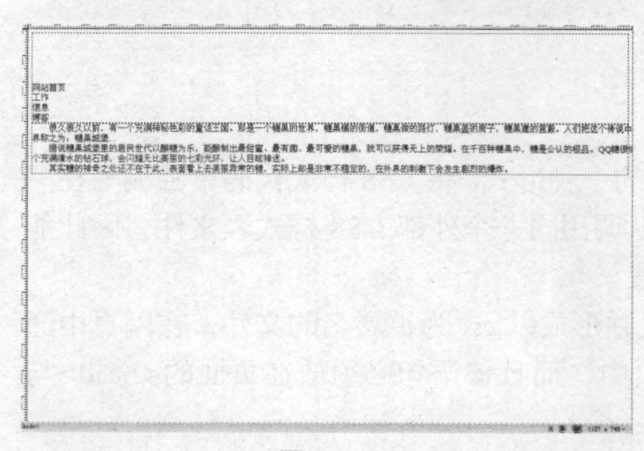

图 3-11

```
<html>
<head>
<meta charset="utf-8">
<title>链接外部CSS样式表文件</title>
</head>

<body>
<div id="menu">
  <img src="images/32102.png" width="109" height="75" /><br
>
    <br>
    网站首页<br>
    工作<br>
    信息<br>
    博客<br>
</div>
<div id="text">    很久很久以前，有一个充满神秘色彩的童话王
国。那是一个糖果的世界，糖果铺的街道，糖果做的路灯，糖果盖
的房子，糖果建的宫殿。人们把这个传说中的世界称之为：糖果城堡……<br>
        据说糖果城堡里的居民世代以酿糖为乐，能酿制出最甜蜜、
最有趣、最可爱的糖果，就可以获得无上的荣耀。在千百种糖果中
，糖是公认的极品。QQ糖很像一个充满清水的钻石球，会闪耀无比
美丽的七彩光环，让人目眩神迷。<br>
    其实糖的神奇之处还不在于此。表面看上去美丽异常的糖，实
际上却是非常不稳定的，在外界的刺激下会发生剧烈的爆炸。</div>
</body>
</html>
```

图 3-12

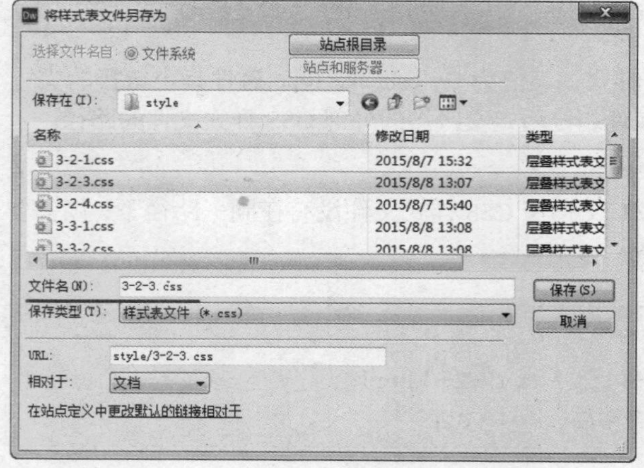

图 3-13

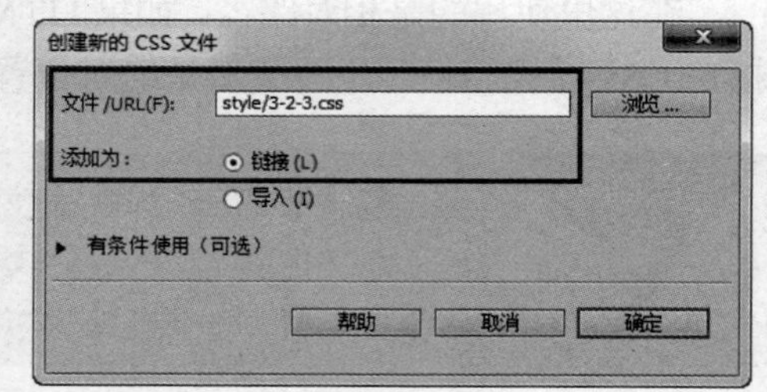

图 3-14

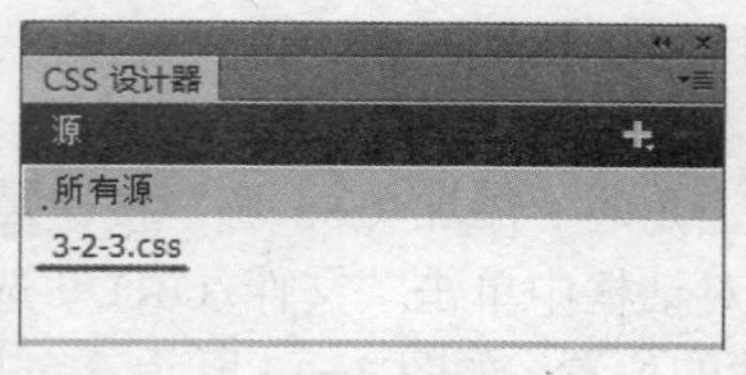

图 3-15

```
<head>
<meta charset="utf-8">
<title>链接外部CSS样式表文件</title>
<link href="style/3-2-3.css" rel="stylesheet" type=
"text/css">
</head>
```

图 3-16

STEP 4 转换到刚链接的外部 CSS 样式表文件中，创建名为*的通配符 CSS 样式和名为 body 的标签 CSS 样式，如图 3-17 所示。返回网页设计视图中，可以看到页面的效果，如图 3-18 所示。

STEP 5 转换到外部 CSS 样式表文件中，使用相同的制作方法，创建名为#menu 和名为#text 的 CSS 样式，如图 3-19 所示。返回网页设计视图中，可以看到页面的效果，如图 3-20 所示。

```
* {
    margin: 0px;
    padding: 0px;
}
body {
    background-image: url(../images/32101.jpg);
    background-repeat: no-repeat;
    background-position: center top;
}
```

图 3-17

图 3-18

```
#menu {
    width: 110px;
    height: auto;
    overflow: hidden;
    margin-top: 15px;
    margin-left: 15px;
    font-family: 微软雅黑;
    font-weight: bold;
    color: #FFF;
    line-height: 35px;
    float: left;
}
#text {
    position: absolute;
    width: 250px;
    height: auto;
    overflow: hidden;
    padding: 15px;
    background-color: rgba(0,0,0,0.4);
    top: 50px;
    right: 50px;
}
```

图 3-19

图 3-20

STEP 6 转换到外部 CSS 样式表文件中，创建名为.font01 的类 CSS 样式，如图 3-21 所示。返回网页设计视图中，为网页中相应的文字内容应用相应的类 CSS 样式，如图 3-22 所示。

```
.font01 {
    font-size: 12px;
    color: #FFF;
    line-height: 27px;
}
```

图 3-21

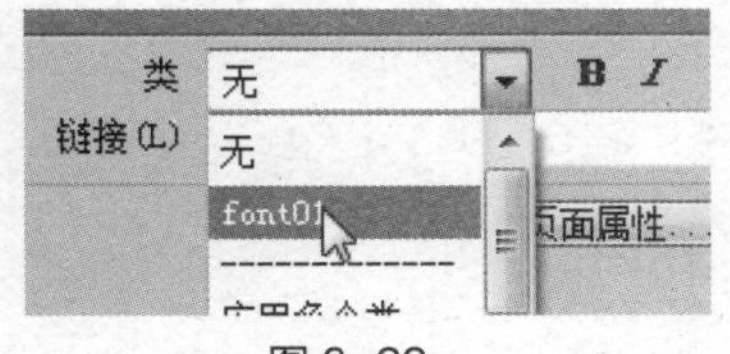

图 3-22

STEP 7 应用名为.font01 的类 CSS 样式后，网页中文字的效果如图 3-23 所示。保存页面，在浏览器中预览页面，可以看到链接外部 CSS 样式表文件的页面效果，如图 3-24 所示。

提示

推荐使用外部样式表，主要有以下优点。

1. 独立于 HTML 文件，便于修改。
2. 多个文件可以引用同一个样式表文件。
3. 样式表文件只需要下载一次，就可以在其他链接了该文件的页面内使用。
4. 浏览器会先显示 HTML 内容，然后再根据样式表文件进行渲染，从而使访问者可以更快地看到内容。

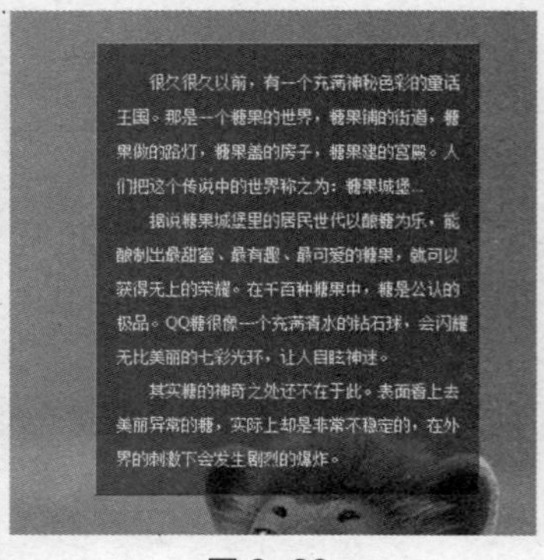

图 3-23

图 3-24

3.2.4 导入样式表文件

导入外部 CSS 样式表文件与链接外部 CSS 样式表文件基本相同，都是创建一个独立的 CSS 样式表文件，然后再引入到 HTML 文件中，只不过在语法和运作方式上有所区别。采用导入的 CSS 样式，在 HTML 文件初始化时，会被导入到 HTML 文件内，成为文件的一部分，类似于内部 CSS 样式。链接 CSS 样式表是在 HTML 标签需要 CSS 样式风格时才以链接方式引入。

导入的外部 CSS 样式表文件是指在嵌入样式的<style>与</style>标签中，使用@important 导入一个外部 CSS 样式。

自测 4

导入外部 CSS 样式表文件

最终文件：云盘\最终文件\第 3 章\3-2-4.html

视　　频：云盘\视频\第 3 章\3-2-4.swf

STEP 1 执行"文件>打开"命令，打开页面"云盘\源文件\第 3 章\3-2-4.html"，效果如图 3-25 所示。转换到代码视图，可以看到页面中并没有链接外部 CSS 样式，也没有内部的 CSS 样式，如图 3-26 所示。

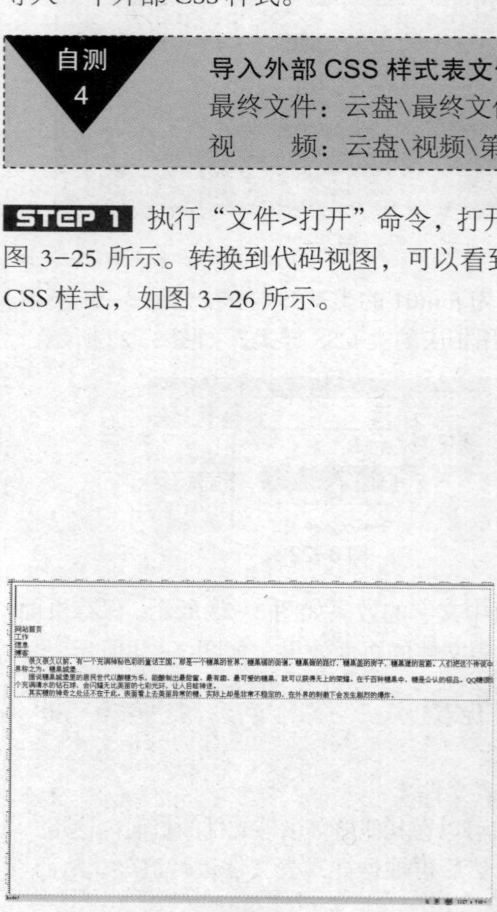

图 3-25

```
<html>
<head>
<meta charset="utf-8">
<title>导入外部css样式表文件</title>
</head>

<body>
<div id="menu">
  <img src="images/32102.png" width="109" height="75" /><br
>
    <br>
    网站首页<br>
    工作<br>
    信息<br>
    博客<br>
</div>
<div class="font01" id="text">    很久很久以前，有一个充满
神秘色彩的童话王国。那是一个糖果的世界，糖果铺的街道，糖果
做的路灯，糖果盖的房子，糖果建的宫殿。人们把这个传说中的世
界称之为：糖果城堡……<br>
    据说糖果城堡里的居民世代以酿糖为乐，能酿制出最甜蜜、
最有趣、最可爱的糖果，就可以获得无上的荣耀。在千百种糖果中
，糖是公认的极品。QQ糖很像一个充满清水的钻石球，会闪耀无比
美丽的七彩光环，让人目眩神迷。<br>
    其实糖的神奇之处还不在于此。表面看上去美丽异常的糖，实
际上却是非常不稳定的，在外界的刺激下会发生剧烈的爆炸。</div>
</body>
</html>
```

图 3-26

STEP 2 单击“CSS 设计器”面板“源”选项区右上角的“添加 CSS 源”按钮，在弹出菜单中选择“附加现有的 CSS 文件”选项，弹出“使用现有的 CSS 文件”对话框，如图 3-27 所示。单击“文件/URL”选项后的“浏览”按钮，在弹出的对话框中选择需要导入的外部 CSS 样式表文件，如图 3-28 所示。

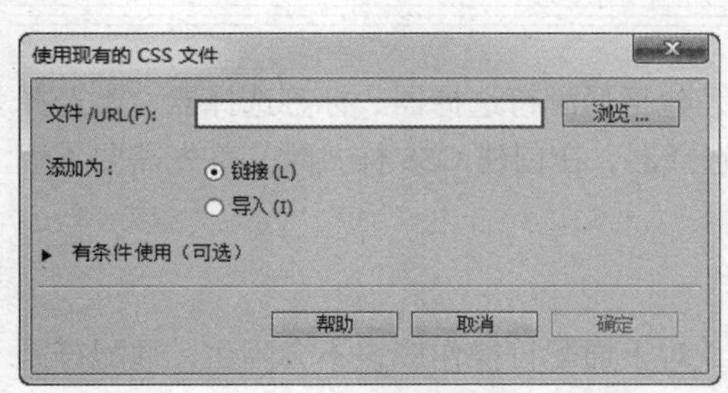

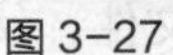
图 3-27

图 3-28

STEP 3 单击“确定”按钮，返回“使用现有的 CSS 文件”对话框中，设置“添加为”选项为“导入”，如图 3-29 所示。单击“确定”按钮，导入外部 CSS 样式表文件，在“CSS 设计器”面板中的“源”选项区中可以看到刚导入的 CSS 样式表文件，如图 3-30 所示。

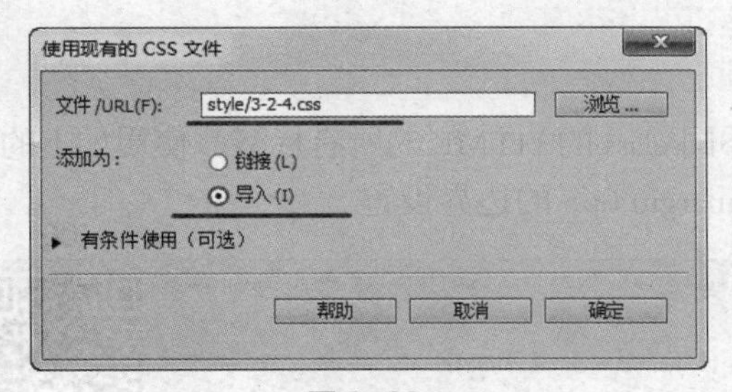

图 3-29

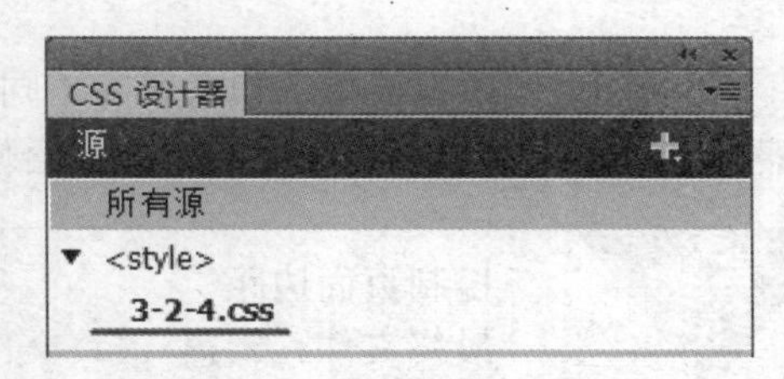

图 3-30

STEP 4 转换到代码视图中，可以在页面头部的<head>与</head>标签之间看到导入外部 CSS 样式表文件的代码，如图 3-31 所示。保存页面，在浏览器中预览页面，可以看到页面的效果，如图 3-32 所示。

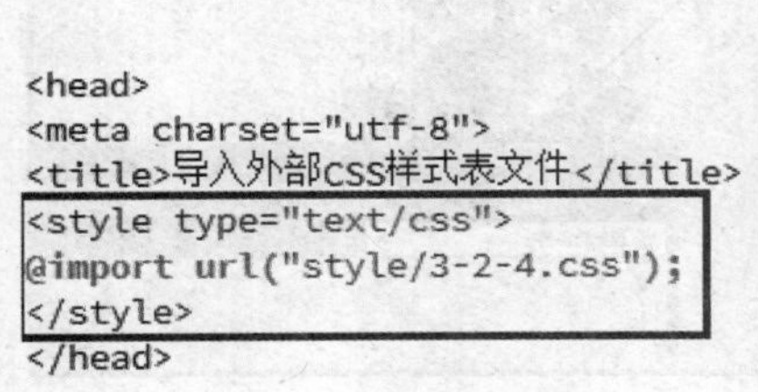

```
<head>
<meta charset="utf-8">
<title>导入外部CSS样式表文件</title>
<style type="text/css">
@import url("style/3-2-4.css");
</style>
</head>
```

图 3-31

图 3-32

提示

导入外部 CSS 样式与链接外部 CSS 样式相比较，最大的优点就是可以一次导入多个外部 CSS 样式文件。导入外部 CSS 样式文件相当于将 CSS 样式文件导入到内部 CSS 样式中，其方式更具有优势。导入外部 CSS 样式文件必须在内部 CSS 样式开始部分，即其他内部 CSS 样式代码之前。

3.3 CSS 选择器

在 CSS 样式中提供了多种类型的 CSS 选择器，包括通配符选择器、标签选择器、类选择器、ID 选择器和伪类选择器等，还有一些特殊的选择器，在创建 CSS 样式时，首先需要了解各种选择器类型的作用。

3.3.1 通配符选择器

如果接触过 DOS 命令或是 Word 中替换功能，对于通配符操作应该不会陌生，通配符是指使用字符替代不确定的字，如在 DOS 命令中，使用*.*表示所有文件，使用*.bat 表示所有扩展名为 bat 的文件。因此，所谓的通配符选择器，是指对象可以使用模糊指定的方式进行选择。CSS 的通配符选择器可以使用*作为关键字，使用方法如下。

```
*{
  margin:0px;
}
```

*号使用表示所有对象，包含所有不同 id 不同 class 的 HTML 的所有标签。使用如上的选择器进行样式定义，页面中所有对象都会使用 margin:0px 的边界设置。

自测 5

控制页面边距

最终文件：云盘\最终文件\第 3 章\3-3-1.html

视　　频：云盘\视频\第 3 章\3-3-1.swf

06

STEP 1 执行“文件>打开”命令，打开页面“云盘\源文件\第 3 章\3-3-1.html”，效果如图 3-33 所示。在浏览器中预览该页面，可以看到页面与浏览器窗口之间有一定的间距，如图 3-34 所示。

图 3-33

图 3-34

提示

通过在页面的设计视图和在浏览器中预览，可以看出页面内容没有顶到浏览器的边界，这是因为网页中许多元素默认的边界和填充属性值并不为 0，包括<body>标签，所在页面内容并没有沿着浏览器窗口的边界显示。

STEP 2 转换到该网页所链接的外部 CSS 样式表文件中，创建名为*的通配符 CSS 样式，如图 3-35 所示，保存外部 CSS 样式表文件，在浏览器中预览页面，可以看到添加代码之后的效果，页面与浏览器窗口之间的间距消失了，如图 3-36 所示。

```
*{
    margin:0px;
    padding:0px;
}
```

图 3-35

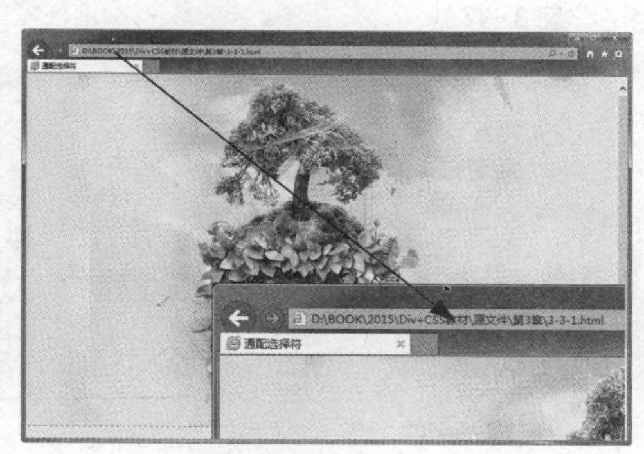

图 3-36

3.3.2 标签选择器

HTML 文档是由多个不同的标签组成的，CSS 标签选择器可以用于控制标签的应用样式。例如 p 选择器是用于控制页面中的所有<p>标签的样式风格。

标签选择器的语法格式如下。

```
标签名{属性:属性值;……}
```

如果在整个网站中经常会出现一些基本样式，可以采用具体的标签来命名，从而达到对文档中标签出现的地方应用标签样式，使用方法如下所示。

```
body{
font-family:宋体;
font-size:12px;
color:#999999;
}
```

07

自测 6

控制网页整体效果

最终文件：云盘\最终文件\第 3 章\3-3-2.html

视　　频：云盘\视频\第 3 章\3-3-2.swf

STEP 1 执行“文件>打开”命令，打开页面“云盘\源文件\第 3 章\3-3-2.html”，效果如图 3-37 所示。转换到该网页所链接的外部 CSS 样式表文件中，创建 body 标签的 CSS 样式，如图 3-38 所示。

STEP 2 返回设计视图中，可以看到网页整体的效果，如图 3-39 所示。保存页面，在浏览器中预览该页面，可以看到网页的效果，如图 3-40 所示。

图 3-37

```
body {
    font-family: 微软雅黑;
    font-size: 14px;
    color: #FFF;
    font-weight: bold;
    line-height: 35px;
    background-color: #FFC700;
    background-image: url(../images/33201.png);
    background-repeat: no-repeat;
    background-position: center top;
}
```

图 3-38

图 3-39

图 3-40

HTML 标签在网页中都是具有特定作用的，并且有些标签在一个网页中只能出现一次，例如<body>标签，如果定义了两次<body>标签的 CSS 样式，则两个 CSS 样式中相同属性设置会出现覆盖的情况。

3.3.3 ID 选择器

ID 选择器是根据 DOM 文档对象模型原理所出现的选择器类型。对于一个网页而言，其中的每一个标签（或其他对象），均可以使用一个 id=" "的形式，对 id 属性进行一个名称的指派，id 可以理解为一个标识，在网页中每个 id 名称只能使用一次。

```
<div id="top"></div>
```

如本例所示，HTML 中的一个 div 标签被指定了 id 名为 top。

在 CSS 样式中，ID 选择器使用#进行标识。如果需要对 id 名为 top 的标签设置样式，应当使用如下格式。

```
#top {
    font-size: 14px;
    line-height: 130%;
}
```

id 的基本作用是对每一个页面中的唯一出现的元素进行定义，如可以对导航条命名为 nav，对网页头部和底部命名为 header 和 footer。对于类似的元素在页面中均出现一次，使用 id 进行命名具有进行唯一性的指派含义，有助于代码阅读及使用。

ID 样式的命名必须以井号（#）开头，并且可以包含任何字母和数字组合。

控制网页中的元素
最终文件：云盘\最终文件\第 3 章\3-3-3.html
视　　频：云盘\视频\第 3 章\3-3-3.swf

STEP 1 执行“文件>打开”命令，打开页面“云盘\源文件\第 3 章\3-3-3.html”，效果如图 3-41 所示。光标移至 ID 名称为 title 的 Div 中，删除多余的提示文字，输入相应的文字，如图 3-42 所示。

图 3-41

图 3-42

STEP 2 转换到该网页所链接的外部 CSS 样式表文件中，创建名为#title 的 CSS 样式，如图 3-43 所示。返回设计视图，可以看到页面的效果，如图 3-44 所示。

```
#title {
    width: 100%;
    height: auto;
    overflow: hidden;
    padding-top: 200px;
    text-align: center;
    font-family: 微软雅黑;
    font-size: 42px;
    font-weight: bold;
    color: #FFF;
    line-height: 60px;
}
```

图 3-43

图 3-44

STEP 3 光标移至 ID 名称为 btn 的 Div 中，删除多余的提示文字，输入相应的文字，如图 3-45 所示。转换到该网页所链接的外部 CSS 样式表文件中，创建名为#btn 的 CSS 样式，如图 3-46 所示。

图 3-45

```
#btn {
    width: 220px;
    height: 50px;
    position: absolute;
    left: 50%;
    margin-left: -110px;
    bottom: 30px;
    text-align: center;
    font-family: 微软雅黑;
    font-size: 14px;
    color: #FFF;
    line-height: 50px;
    background-color: rgba(102,51,153,0.7);
}
```

图 3-46

STEP 4 返回设计视图，可以看到页面的效果，如图 3-47 所示。保存页面，在浏览器中预览该页面，可以看到网页的效果，如图 3-48 所示。

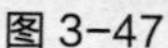
图 3-47

图 3-48

ID 选择符与类选择符是有一定的区别的，ID 选择符与类选择符不同，可以给任意数量的标签定义样式，它在页面的标签中只能使用一次。同时，ID 选择符比类选择符还具有更高的优先级，当 ID 选择符与类选择符发生冲突时，将会优先使用 ID 选择符。

3.3.4 类选择器

在网页中通过使用标签选择符，可以控制网页中所有该标签显示的样式。但是，根据网页设计过程中的实际需要，标签选择符对设置个别标签的样式还是力不能及的。因此，需要使用类（class）选择器，来达到特殊效果的设置。

类选择器用于为一系列的标签定义相同的显示样式，其基本语法如下。

```
.类名称 {属性:属性值;}
```

类名称表示类选择器的名称，其具体名称由 CSS 定义者自己命名。在定义类选择器时，需要在类名称前面加一个英文句点（.）。

```
.font01 { color: black;}
.font02 { font-size: 12px;}
```

以上定义了两个类选择器，分别是 font01 和 font02。类的名称可以是任意英文字符串，也可以是以英文字母开头与数字组合的名称，在通常情况下，这些名称都是其效果与功能的简要缩写。

可以使用 HTML 标签的 class 属性来引用类选择器。

```
<p class="font01">class 属性是被用于引用类选择符的属性</p>
```

以上所定义的类选择器被应用于指定的 HTML 标签中（如<p>标签），同时它还可以应用于不同的 HTML 标签中，使其显示出相同的样式。

```
<p class="font01">段落样式</p>
<h1 class="font01">标题样式</h1>
```

09

自测 8

创建并应用类 CSS 样式

最终文件：云盘\最终文件\第 3 章\3-3-4.html

视　　频：云盘\视频\第 3 章\3-3-4.swf

STEP 1 执行“文件>打开”命令，打开页面“云盘\源文件\第 3 章\3-3-4.html”，效果如图 3-49 所示。转换到该网页所链接的外部 CSS 样式表文件中，创建名为.font01 的类 CSS 样式，如图 3-50 所示。

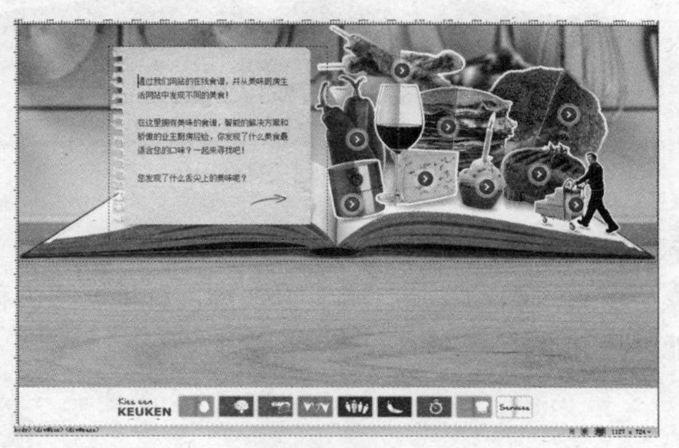

图 3-49

```
.font01 {
    font-family: 微软雅黑;
    font-weight: bold;
    color: #171717;
}
```

图 3-50

提示

在新建的类 CSS 样式时，默认的在类 CSS 样式名称前有一个“.”。这个“.”说明了此 CSS 样式是一个类 CSS 样式（class），根据 CSS 规则，类 CSS 样式（class）可以在一个 HTML 元素中被多次的调用。

STEP 2 返回设计视图中，选中想要设置的文字，在“类”下拉列表中选择刚定义的类 CSS 样式 font01 应用，如图 3-51 所示。转换到该网页所链接的外部 CSS 样式表文件中，创建名为.font02 的类 CSS 样式，如图 3-52 所示。

图 3-51

```
.font02 {
    font-family: 微软雅黑;
    font-size: 16px;
    font-weight: bold;
    color: #006FBA;
}
```

图 3-52

STEP 3 返回设计视图中，选中想要设置的文字，在“类”下拉列表中选择刚定义的类 CSS 样式 font02 应用，如图 3-53 所示。保存页面，在浏览器中预览该页面，可以看到网页的效果，如图 3-54 所示。

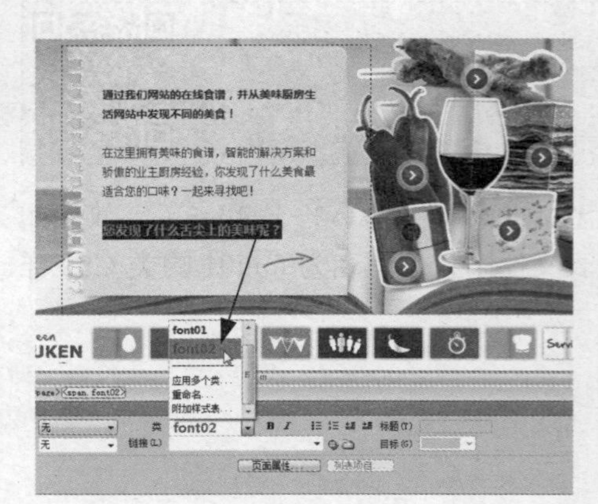
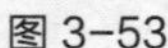

图 3-53

图 3-54

3.3.5 伪类和伪对象选择器

伪类及伪对象是一种特殊的类和对象，由 CSS 自动支持，属于 CSS 的一种扩展型类和对象，名称不能被用户自定义，使用时只能够按标准格式进行应用。使用形式如下。

```
a:hover {
  background-color:#ffffff;
}
```

伪类和伪对象由以下两种形式组成。

```
选择器:伪类
选择器:伪对象
```

上面说到的 hover 便是一个伪类，用于指定链接标签 a 的鼠标经过状态。CSS 样式中内置了几个标准的伪类用于用户的样式定义。

表 3-1 所示为 CSS 样式内置伪类的介绍。

表 3-1 CSS 样式中内置的伪类

伪 类	用 途
:link	a 链接标签是未被访问前的样式
:hover	对象在鼠标移上时的样式
:active	对象被用户单击及被单击释放之间的样式
:visited	a 链接对象被访问后的样式
:focus	对象成为输入焦点时的样式
:first-child	对象的第一个子对象的样式
:first	对于页面的第一页使用的样式

同样 CSS 样式中内置了几个标准伪对象用于用户的样式定义。

表 3-2 所示为 CSS 样式中内置伪对象的介绍。

表 3-2 CSS 样式中内置的伪对象

伪对象	用　　途
:after	设置某一个对象之后的内容
:first-letter	对象内的第一个字符的样式设置
:first-line	对象内第一行的样式设置
:before	设置某一个对象之前的内容

实际上，除了对于链接样式控制的 :hover、:active 几个伪类之外，大多数伪类及伪对象在实际使用上并不常见。在设计者所接触到的 CSS 布局中，大部分是有关于排版的样式，对于伪类及伪对象所支持的多类属性基本上很少用到，但是不排除使用的可能。由此也可以看到 CSS 对于样式及样式中对象的逻辑关系、对象组织提供了很多便利的接口。

自测 9

控制网页中超链接文字效果

最终文件：云盘\最终文件\第 3 章\3-3-5.html

视　　频：云盘\视频\第 3 章\3-3-5.swf

10

STEP 1 执行“文件>打开”命令，打开页面“云盘\源文件\第 3 章\3-3-5.html”，效果如图 3-55 所示。选中页面中的新闻标题文字，分别为各新闻标题设置空链接，如图 3-56 所示。

图 3-55

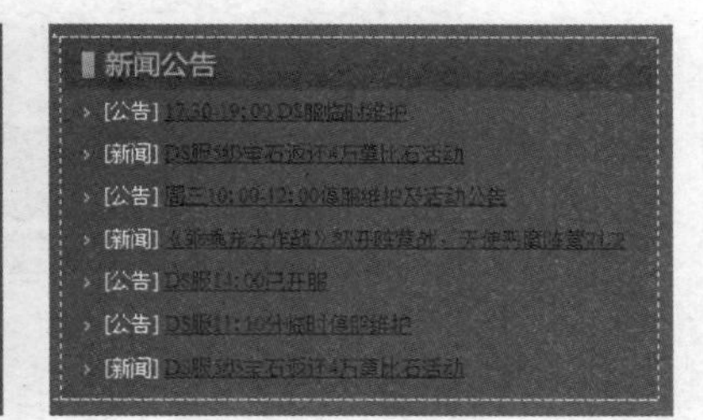

图 3-56

STEP 2 转换到代码视图中，可以看到所设置的超链接代码，如图 3-57 所示。在浏览器中预览页面，可以看到默认的超链接文字效果，如图 3-58 所示。

```
<div id="news">
  <ul>
    <li>[公告] <a href="#">17:30-19: 00 DS服临时维护</a></li>
    <li>[新闻] <a href="#">DS服5级宝石返还4万莫比石活动</a></li>
    <li>[公告]<a href="#"> 周三10: 00-12: 00停服维护及活动公告</a></li>
    <li>[新闻] <a href="#">《乖乖宠大作战》怒开阵营战，天使恶魔阵营对决</a></li>
    <li>[公告] <a href="#">DS服14: 00已开服</a></li>
    <li>[公告] <a href="#">DS服11: 10分临时停服维护</a></li>
    <li>[新闻]<a href="#"> DS服5级宝石返还4万莫比石活动</a></li>
  </ul>
</div>
```

图 3-57

STEP 3 转换到该网页所链接的外部 CSS 样式文件中，创建超链接标签<a>的 4 种伪类 CSS 样式，如图 3-59 所示。保存页面，并保存外部 CSS 样式表文件，在浏览器中预览页面，可以看到页面中超链接文字的效果，如图 3-60 所示。

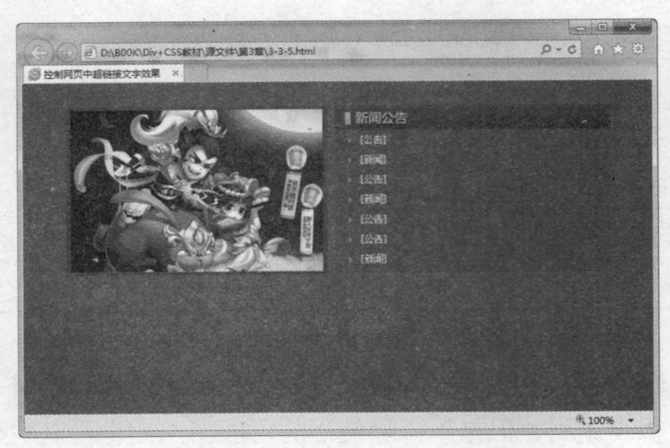

图 3-58

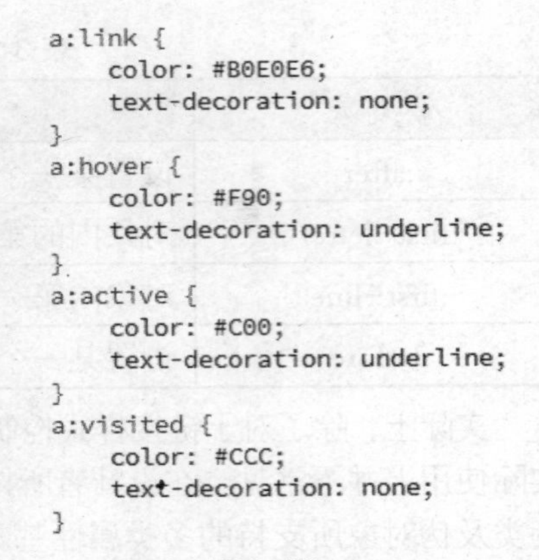

```
a:link {
    color: #B0E0E6;
    text-decoration: none;
}
a:hover {
    color: #F90;
    text-decoration: underline;
}
a:active {
    color: #C00;
    text-decoration: underline;
}
a:visited {
    color: #CCC;
    text-decoration: none;
}
```

图 3-59

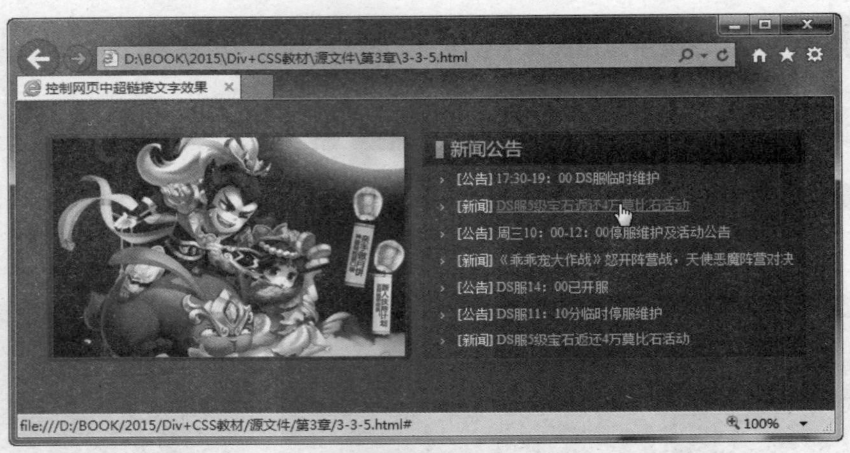

图 3-60

提示

通过对超链接<a>标签的 4 种伪类 CSS 样式进行设置，可以控制网页中所有的超链接文字的样式。如果需要在网页中实现不同的超链接样式，则可以定义类 CSS 样式的 4 种伪类或 ID CSS 样式的 4 种伪类来实现。

3.3.6 群选择器

可以对单个 HTML 对象进行 CSS 样式设置，同样也可以对一组对象进行相同的 CSS 样式设置。

```
h1,h2,h3,p,span {
    font-size: 12px;
    font-family: 宋体;
}
```

使用逗号对选择器进行分隔，使得页面中所有的<h1>、<h2>、<h3>、<p>和<span>标签都具有相同的样式定义，这样做的好处是对于页面中需要使用相同样式的地方只需要书写一次 CSS 样式即可实现，减少代码量，改善 CSS 代码的结构。

自测 10

制作产品列表页面

最终文件：云盘\最终文件\第 3 章\3-3-6.html

视　　频：云盘\视频\第 3 章\3-3-6.swf

STEP 1 执行“文件>打开”命令，打开页面“云盘\源文件\第 3 章\3-3-6.html”，效果如图 3-61 所示。分别将 pic01、pic02、pic03 和 pic04 的 Div 中多余提示文字删除，并分别插入相应的图片，如图 3-62 所示。

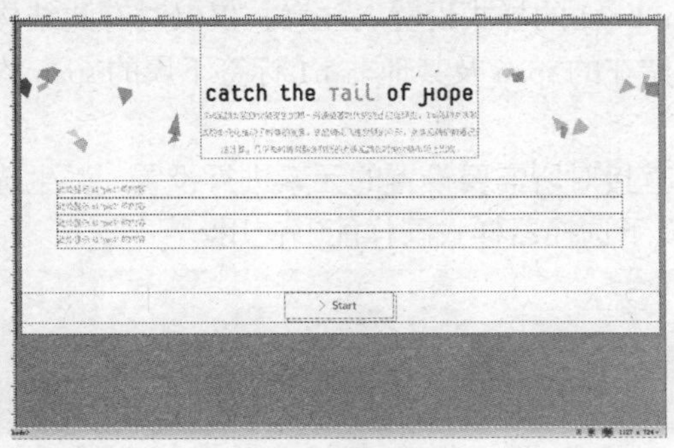

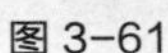

图 3-61

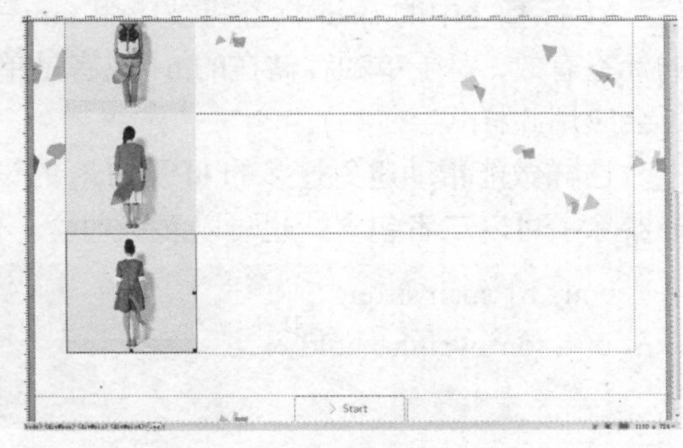

图 3-62

STEP 2 转换到该网页所链接的外部 CSS 样式表文件中，创建名为#pic01,#pic02,#pic03,#pic04 的群组 CSS 样式，如图 3-63 所示。保存页面，在浏览器中预览页面，可以看到页面的效果，如图 3-64 所示。

```
#pic1,#pic2,#pic3,#pic4 {
    width: 225px;
    height: 216px;
    padding: 2px;
    border: dashed 2px #A1A8F5;
    margin-left: 6px;
    margin-right: 6px;
    float: left;
}
```

图 3-63

图 3-64

提示

在群选择符中使用逗号对选择符进行分隔，使得群选择器中所定义的多个选择器均具有相同的 CSS 样式定义，这样做的好处是使页面中需要使用相同样式的地方只需要书写一次 CSS 样式即可实现，减少了代码量。

3.3.7 派生选择器

例如下面的 CSS 样式代码。

```
h1 span {
    font-weight: bold;
}
```

当仅仅想对某一个对象中的“子”对象进行样式设置时，派生选择器就被派上了用场。派生选择器是指选择器组合中前一个对象包含后一个对象，对象之间使用空格作为分隔符，如本例所示，对 h1 下的 span 进行样式设置，最后应用到 HTML 是如下格式。

```
<h1>这是一段文本<span>这是 span 内的文本</span></h1>
<h1>单独的 h1</h1>
<span>单独的 span</span>
<h2>被 h2 标签套用的文本<span>这是 h2 下的 span</span></h2>
```

h1 标签之中的 span 标签将被应用 font-weight:bold 的样式设置。注意，仅仅对有此结构的标签有效，对于单独存储在的 h1 或者是单独存储在的 span 及其他非 h1 标签下属的 span 均不会应用此样式。

这样做能帮助避免过多的 id 及 class 的设置，直接对所需要设置的元素进行设置，派生选择器除了可以二者包含，也可以多级包含。例如以下选择器样式同样能够使用。

```
body h1 span strong {
      font-weight: bold;
}
```

自测 11

控制所包含元素的效果

最终文件：云盘\最终文件\第 3 章\3-3-7.html

视　　频：云盘\视频\第 3 章\3-3-7.swf

12

STEP 1 执行“文件>打开”命令，打开页面“云盘\源文件\第 3 章\3-3-7.html”，效果如图 3-65 所示。将名为 box 的 Div 中多余提示文字删除，依次插入相应的图片，如图 3-66 所示。

图 3-65

图 3-66

STEP 2 转换到该网页所链接的外部 CSS 样式表文件中，创建名为#box img 的 CSS 样式，如图 3-67 所示。返回设计视图中，可以看到 ID 名为 box 的 Div 中多个图像的效果，如图 3-68 所示。

提示

此处通过派生 CSS 样式定义了网页中 ID 名称为 box 的元素中的<img>标签，也就是定义了 ID 名称为 box 元素中的图片。此处的定义仅仅针对 ID 名为 box 元素中的图片起作用，不会对网页中其他位置的图片起作用。

```
#box img {
    margin-left: 8px;
    margin-right: 8px;
    border: 5px solid #963;
}
```

图 3-67

图 3-68

STEP 3 保存页面，在浏览器中预览页面，可以看到页面的效果，如图 3-69 所示。

图 3-69

3.4 CSS 样式中的颜色设置和单位

在网页中做好布局合理，就必须精确安排各页面元素位置，而且页面颜色搭配协调以及字体大小、格式，这些都离不开在 CSS 中用于设置基础样式的属性。而这些属性的基础却是单位，所以合理应用各种单位才能够精确地布局页面中的各个元素。

3.4.1 CSS 样式中的多种颜色设置方式

在网页中常常需要为文字和背景设置颜色。在 CSS 中设置颜色的方法很多，可以使用颜色名称、RGB 颜色、十六进制颜色和网络安全色等方式进行设置。下面就分别向读者介绍各种颜色设置的方法。

● 颜色名称

CSS 中可以直接使用英文单词命名与之相应的颜色。这种方法的优点是简单、直接、容易掌握。下面列出了 16 种颜色以及所对应的英文名称，这 16 种颜色是 CSS 规范推荐的，主流的浏览器都能够识别。

表 3-3 所示为颜色名称的介绍。

表 3-3　颜色名称

颜　色	英文名称	颜　色	英文名称
白色	white	黑色	black
灰色	gray	红色	red
黄色	yellow	褐色	maroon
绿色	green	水绿色	aqua
浅绿色	lime	橄榄色	olive
深青色	teal	蓝色	blue
深蓝色	navy	紫色	purple
紫红色	fuchsia	银色	silver

这些颜色最初来源于基本的 Windows VGA 颜色。例如在 CSS 中定义字体颜色时，便可以直接使用这些颜色的名称。

```
p { color: green;}
```

直接使用颜色的名称，简单、直接，而且容易记住。

● RGB 颜色

如果要使用十进制表示颜色，则需要使用 RGB 颜色。十进制表示颜色，最大值为 255，最小值为 0。要使用 RGB 颜色，必须使用 rgb(R,G,B)，其中 R、G、B 分别表示红、绿、蓝的十进制值，通过这 3 个值的变化结合便可以形成不同的颜色。例如，rgb(255,0,0)表示红色，rgb(0,255,0)表示绿色，rgb(0,0,255)表示蓝色。黑色表示为 rgb(0,0,0)，白色表示为 rgb(255,255,255)。

RGB 设置方法一般分为两种：百分比设置和直接用数值设置。例如，将 P 标签设置颜色，有以下两种方法。

```
p { color: rgb ( 123,0,25 )}
p { color: rgb ( 45%,0%,25% )}
```

这两种方法都是用 3 个值表示“红”“绿”“蓝”3 种颜色。这 3 种基本色的取值范围都是 0 ~ 255。通过定义这 3 种基本色分量，可以定义出各种各样的颜色。

● 十六进制颜色

除了 CSS 预定义的颜色外，设计者为了使页面色彩更加丰富，也可以使用十六进制颜色和 RGB 颜色。

十六进制颜色是最常用的定义方式。十六进制数是由 0~9 和 A~F 组成的。例如，十进制中 0，1，2，3，…由十六进制表示如下。

00，01，02，03，04，05，06，07，08，09，0A，0B，0C，0D，0E，0F，10，11，12，13，14，15，16，17，18，19，1A，1B，1C，1D，1E，1F，20，21，22，…

上述表示中，0A 表示十进制中的 10，1A 则表示十进制中的 26，依此类推。

十六进制颜色的基本格式为#RRGGBB。其中，R 表示红色，G 表示绿色，B 表示蓝色。而 RR、GG、BB 最大值为 FF，表示十进制中的 255；最小值为 00，表示十进制中的 0。例如，#FF0000 表示红色，#00FF00 表示绿色，#0000FF 表示蓝色，#000000 表示黑色，#FFFFFF 表示白色，而其他颜色是通过红、绿、蓝这 3 种基本色的结合而形成的。例如，#FFFF00 表示黄色，#FF00FF 表示紫红色。

对于浏览器不能识别的颜色名称，就可以使用所需要颜色的十六进制值或 RGB 值。表 3-4 所示为几种常见的预定义颜色值的十六进制值和 RGB 值。

表 3-4　颜色与十六进制值和 RGB 值对照表

颜色名称	十六进制值	RGB 值
红色	#FF0000	rgb(255,0,0)
橙色	#FF6600	rgb(255,102,0)
黄色	#FFFF00	rgb(255,255,0)
绿色	#00FF00	rgb(0,255,0)
蓝色	#0000FF	rgb(0,0,255)
紫色	#800080	rgb(128,0,128)
紫红色	# FF00FF	rgb(255,0,255)
水绿色	#00FFFF	rgb(0,255,255)
灰色	#808080	rgb(128,128,128)
褐色	#800000	rgb(128,0,0)
橄榄色	#808000	rgb(128,128,0)
深蓝色	#000080	rgb(0,0,128)
银色	#C0C0C0	rgb(192,192,192)
深青色	#008080	rgb(0,128,128)
白色	#FFFFFF	rgb(255,255,255)
黑色	#000000	rgb(0,0,0)

3.4.2　CSS 样式中的绝对单位

为保证页面元素能够在浏览器中完全显示且布局合理，需要设定元素间的间距和元素本身的边距，这都离不开长度单位的使用。

在 CSS 样式中，绝对单位用于设置绝对值，表 3-5 所示为 CSS 样式中绝对单位的介绍。

表 3-5　绝对单位

单　　位	说　　明
in（英寸）	英寸是国外常用的量度单位，对于国内设计而言，使用较少。1 英寸等于 2.54 厘米，而 1 厘米等于 0.394 英寸
cm（厘米）	厘米是常用的长度单位。它可以用于设定距离比较大的页面元素框
mm（毫米）	毫米可以用于精确地设定页面元素距离或大小。10 毫米等于 1 厘米
pt（磅）	磅是标准的印刷量度，一般用于设定文字的大小。它广泛应用于打印机、文字程序等。72 磅等于 1 英寸，也就是等于 2.54 厘米。另外，英寸、厘米和毫米也可以用来设定文字的大小
pc（pica）	pica 是另一种印刷量度，1 pica 等于 12 磅，该单位并不经常使用

3.4.3 CSS 样式中的相对单位

相对单位是指在度量时需要参照其他页面元素的单位值。使用相对单位所度量的实际距离可能会随着这些单位值的变化而变化。CSS 提供了 3 种相对单位：em、ex 和 px。

表 3-6 所示为 CSS 样式中相对单位的介绍。

表 3-6 相对单位

单 位	说 明
em	em 用于给定字体的 font-size 值。1em 总是字体的大小值，它随着字体的大小的变化而变化，如一个元素的字体大小为 12 磅，那么 1em 就是 12 磅；若该元素字体大小改为 15 磅，则 1em 就是 15 磅
ex	ex 是以给定字体的小写字母“x”高度作为基准，对于不同的字体来说，小写字母“x”高度是不同的，因而，ex 的基准也不同
px	px 也叫像素，是目前广泛的一种量度单位。1 像素就是屏幕上的一个小方格，肉眼通常是看不出来的。显示器由于大小不同，每个小方格是有所差异的，因而，以像素为单位的基准也是不同的。

3.5 本章小结

CSS 用于作为网页的排版与布局设计，在网页设计制作中是非常重要的一环。本章主要介绍了与 CSS 样式相关的基础知识，并且详细讲解了如何使用 CSS 样式来控制网页。通过本章的学习，读者会对 CSS 样式的理解更加深入，以便熟练地掌握并使用 CSS 样式。

3.6 课后测试题

一、选择题

1. 在 CSS 中不属于添加在当前页面的形式是（ ）。

A. 内联 CSS 样式　　B. 内部 CSS 样式

C. CSS 层叠样式表　　D. 链接 CSS 样式表文件

2. 关于 CSS 样式的语法构成，哪一项是正确的？（ ）

A. body:color=black　　B. {body;color:black}

C. body {color: black;}　　D. {body:color=black(body)

3. CSS 样式中的选择器类型有哪些？（ ）（多选）

A. 超文本标记选择器　　B. 类选择器

C. 标签选择器　　D. ID 选择器

4. 在 CSS 样式中创建 ID 选择器，需要在 ID 使用什么符号进行标识？（ ）

A. *　　B. .　　C. !　　D. #

二、判断题

1. 创建类 CSS 样式时，样式名称的前面必须加一个英文句点。（ ）

2. 在网页中应用 CSS 样式的方式主要有内部 CSS 样式和外部 CSS 样式。(　　)

3. 类 CSS 样式在网页中可以应用多次。(　　)

三、简答题

1. 伪类 CSS 样式是否可以应用于除超链接外的其他网页元素?

2. 为什么要创建通配符选择器 CSS 样式?

PART 4 第 4 章 Div+CSS 网页布局

本章简介：

在设计制作网站页面时，能否控制好各个元素在页面中的位置是非常关键的。本章介绍有关 Div+CSS 网页布局方式的知识，如果想要掌握网页的布局方式，就必须对 Div 和 CSS 有较深的了解和认识。

本章重点：

- 了解什么是 Div 以及插入 Div 的方法
- 理解 id 和 class
- 理解并掌握 CSS 盒模型
- 理解并掌握网页元素的各种定位方式
- 掌握常用 Div+CSS 布局方式的实现方法

4.1 定义 Div

使用 Div 进行网页排版布局是现在网页设计制作的趋势，通过 CSS 样式可以轻松地控制

Div 的位置，从而实现许多不同的布局方式。Div 与其他 HTML 标签一样，是一个 HTML 所支持的标签。例如当使用一个表格时，应用<table></table>这样的结构一样，Div 在使用时也是同样以<div></div>的形式出现。

4.1.1 什么是 Div

Div 是一个容器。在 HTML 页面中的每个标签对象几乎都可以称得上是一个容器，例如使用<P>标签对象。

```
<p>文档内容</p>
```

<P>标签作为一个容器，其中放入了内容。Div 也是一个容器，能够放置内容代码如下。

```
<div>文档内容</div>
```

在传统的表格式的布局当中之所以能进行页面的排版布局设计，完全依赖于表格对象 table。在页面当中绘制一个由多个单元格组成的表格，在相应的表格中放置内容，通过表格单元格的位置控制，达到实现布局的目的，这是表格式布局的核心对象。而在今天，所要接触的是一种全新的布局方式“CSS 布局”。Div 是这种布局方式的核心对象，是在 HTML 中指定的，专门用于布局设计的容器对象。使用 CSS 布局的页面排版不需要依赖表格，仅从 Div 的使用上说，做一个简单的布局只需要依赖 Div 与 CSS，因此也可以称为 Div+CSS 布局。

4.1.2 插入 Div

与其他 HTML 对象一样，只需要在代码中应用<div></div>这样的标签形式，将内容放置其中，便可以应用 Div 标签。

<div>标签只是一个标识，作用是把内容标识为一个区域，并不负责其他事情，Div 只是 CSS 布局工作的第一步，需要通过 Div 将页面中的内容元素标识出来，而为内容添加样式则由 CSS 来完成。

Div 对象除了可以直接放入文本和其他标签，也可以多个 Div 标签进行嵌套使用，最终的目的是合理地标识出页面的区域。

Div 对象在使用时候，同其他 HTML 对象一样，可以加入其他属性，如 id、class、align、style 等。而在 CSS 布局方面，为了实现内容与表现分离，不应当将 align（对齐）属性与 style（行间样式表）属性编写在 HTML 页面的<div>标签中。因此，Div 代码只可能拥有以下两种形式。

```
<divid="id 名称">内容</div>
<divclass="class 名称"> 内容</div>
```

使用 id 属性，可以将当前这个 Div 指定一个 id 名称，在 CSS 中使用 id 选择器进行 CSS 样式编写。同样，可以使用 class 属性，在 CSS 中使用类选择器进行 CSS 样式编写。

同一名称的 id 值在当前 HTML 页面中，只允许使用一次，不管是应用到 Div 还是其他对象的 id 中。而 class 名称则可以重复使用。

4.2 id 与 class

早期使用表格布局网站时，常常会使用类 CSS 样式对页面中的一些字体、链接等元素进行控制，在 HTML 中对对象应用 CSS 样式的方法都是 class。而使用了 DIV+CCS 制作符合 Web 标准的网站页面，id 与 class 会频繁地出现在网页代码及 CSS 样式表中。

4.2.1 什么是 id

id 是 HTML 元素的一个属性，用于标识元素名称，class 对于网页来说主要功能就是用于对象的 CSS 样式设置。而 id 除了能够定义 CSS 样式外，还可以作为服务于网站交互行为的一个特殊标识。无论是 class 还是 id，都是 HTML 所有对象支持的一种公共属性，并也是其核心属性。

id 名称是对网页中某一个对象的唯一标识，这种标识用于用户对这个对象进行交互行为的编写及 CSS 样式定义。如果在一个页面中出现了两个重复的 id 名称，并且页面中有对该 id 进行操作的 JavaScript 代码的话，JavaScript 就无法正确地判断所要操作的对象位置而导致页面出错误。每个定义的 id 名称在使用上要求每个页面中只能出现一次。例如当在一个 div 中使用了 id="top"这样的标识后，在该页面中的其他任何地方，无论是 div 还是别的对象，都不能再次使用 id="top"进行定义。

4.2.2 什么时候使用 id

在不考虑使用 JavaScript 脚本，而是 HTML 代码结构及 CSS 样式应用的情况下，应有选择性地使用 id 属性对元素进行标识，使用时应具备如下原则。

- 样式只能使用一次

如果有某段 CSS 样式代码在网页中只能够使用一次，那么可以使用 id 进行标识。例如网页中一般 logo 图像只会在网页顶部显示一次，在这种情况下可以使用 id。

HTML 代码如下。

```
<div id="logo"><img src="logo.gif"/></div>
```

CSS 代码如下。

```
#logo {
    width:值;
    height:值;
}
```

- 用于对页面的区域进行标识

对于编写 CSS 样式来说，很多时候需要考虑页面的视觉结构与代码结构。而在实际的 HTML 代码中，也需要对每个部分进行有意义的标识，这种时候 id 就派上用场了。使用 id 对页面中的区域进行标识，有助于 HTML 结构的可读性，也有助于 CSS 样式的编写。

对于网页的顶部和底部，可以使用 id 进行具有明确意义的标识。HTML 代码如下。

```
<div id="top">……</div>
<div id="bottom">……</div>
```

对于网页的视觉结构框架，也可采用 id 进行标识，代码如下。

```
<div id="left_center">……</div>
<div id="main_center">……</div>
<div id="right_center">……</div>
```

id 除了对页面元素进行标识，也可以对页面中栏目区块进行标识，代码如下。

```
<div id="news">……</div>
<div id="login">……</div>
```

对页面中栏目区块进行了明确的表示，CSS 编码就会容易得多。例如对页面中的导航元素，CSS 可以通过包含结构进行编写，代码如下。

```
#top ul{……}
#top li{……}
#top a{……}
#top img{……}
```

4.2.3 什么是 class

class 直译为类、种类。class 是相对于 id 的一个属性，如果说 id 是对单独的元素进行标识，那么 class 则是对一类的元素进行标识，与 id 是完全相反的，每个 class 名称在页面中都可以重复使用。

class 是 CSS 代码重用性最直接的体现，在实际使用中可将大量通用的样式定义为一个 class 名称，在 HTML 页面中重复使用 class 标识来达到代码重用的目的。

4.2.4 什么时候使用 class

● 某一种 CSS 样式在页面中需要使用多次

如果网页中经常要出现红色或白色的文字，而又不希望每次都给文字分别编写 CSS 样式，可使用 class 标识，定义如下类 CSS 样式。

```
.font01{ color:#ff0000; }
.font02{ color:#FFFFFF; }
```

在页面设计中，不管 span 对象还是 p 对象或 div 对象，如果需要红色文字，就可以通过 class 指定 CSS 样式名称，使当前对象中文字应用样式。

```
<span class="font01">内容</span>
<p class="font01">内容</p>
<div class="font01">内容</div>
```

类似于这样的设置字体颜色的 CSS 样式，只需要在 CSS 样式表文件中定义一次，就可以在页面中的不同元素中同时使用。

● 通用和经常能使用的元素

在整个网站设计中，不同页面中常常能用到一些所谓的页面通用元素。例如页面中多个部分可能都需要一个广告区，而这个区域总是存在的，也有可能同时出现两个，对于这种情况，就可以将这个区域定义为一个 class 并编写相应的 CSS 样式。

```
.banner {
    width:960px;
```

```
    height:90px;
}
```

当页面中某处需要出现 960×90 尺寸的广告区域时，就可直接将其 class 设置为定义的类 CSS 样式 banner。

4.3 CSS 盒模型

盒模型是使用 Div+CSS 对网页元素进行控制时一个非常重要的概念，只有很好地理解和掌握了盒模型以及其中每个元素的用法，才能真正地控制页面中各元素的位置。

4.3.1 认识 CSS 盒模型

在 CSS 中，所有的页面元素都包含在一个矩形框内，这个矩形框就称为盒模型。盒模型描述了元素及其属性在页面布局中所占的空间大小，因此盒模型可以影响其他元素的位置及大小。这些被占据的空间往往都比单纯的内容要大。换句话说，可以通过整个盒子的边框和距离等参数调节盒子的位置。

盒模型是由 margin（边界）、border（边框）、padding（填充）和 content（内容）几个部分组成的，此外，在盒模型中，还具有高度和宽度两个辅助属性,如图 4-1 所示。

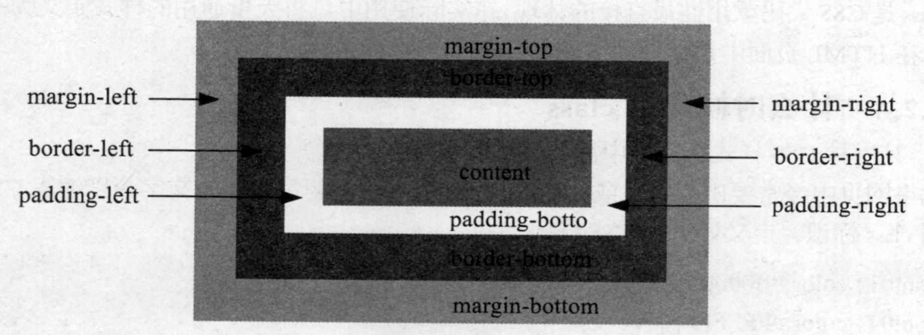

图 4-1

从图 4-1 中可以看出，CSS 盒模型包含 4 个部分内容，表 4-1 所示是对 CSS 盒模型的组成内容进行说明。

表 4-1 CSS 盒模型内容说明

属　性	说　明
margin	该属性称为边界或称为外边距，用于设置内容与内容之间的距离
border	该属性称为边框，内容边框线，可以设置边框的粗细、颜色和样式等
padding	该属性称为填充或称为内边距，用于设置内容与边框之间的距离
content	该内容，是盒模型中必须的一部分，可以放置文字、图像等内容

提示

一个盒子的实际高度或宽度是由 content+padding+border+margin 组成的。在 CSS 中，可以通过设置 width 或 height 属性来控制 content 部分的大小，并且对于任何一个盒子，都可以分别设置 4 边的 border、margin 和 padding。

4.3.2 CSS 盒模型的要点

关于 CSS 盒模型，有以下几个要点是在使用过程中需要注意的。

（1）边框默认的样式（border-style）可设置为不显示（none）。

（2）填充值（padding）不可为负。

（3）边界值（margin）可以为负，其显示效果在各浏览器中可能不同。

（4）内联元素，例如<a>，定义上、下边界不会影响到行高。

（5）对于块级元素，未浮动的垂直相邻元素的上边界和下边界会被压缩。例如有上、下两个元素，上面元素的下边界为 10 px，下面元素的上边界为 5 px，则实际两个元素的间距为 10 px（两个边界值中较大的值），这就是盒模型的垂直空白边叠加的问题。

（6）浮动元素（无论是左还是右浮动）边界不压缩。并且如果浮动元素不声明宽度，则其宽度趋向于 0，即压缩到其内容能承受的最小宽度。

（7）如果盒中没有内容，则即使定义了宽度和高度都为 100%，实际上也只占 0%，因此不会被显示，此处在使用 Div+CSS 布局的时候需要特别注意。

4.3.3 margin（边距）属性

margin 属性用于设置页面中元素和元素之间的距离，即定义元素周围的空间范围，是页面排版中一个比较重要的概念。margin 属性的语法格式如下。

```
margin: auto | length;
```

其中，auto 表示根据内容自动调整，length 表示由浮点数字和单位标识符组成的长度值或百分数，百分数是基于父对象的高度。对于内联元素来说，左、右外延边距可以是负数值。

margin 属性包含 4 个子属性，分别用于控制元素 4 周的边距，包括 margin-top（上边界）、margin-right（右边界）、margin-bottom（下边界）和 margin-left（左边界）。

13

控制网页元素外边距

最终文件：云盘\最终文件\第 4 章\4-3-3.html

视　　频：云盘\视频\第 4 章\4-3-3.swf

STEP 1 执行“文件 > 打开”命令，打开页面“云盘\源文件\第 4 章\4-3-3. html”，页面效果如图 4-2 所示。在浏览器中预览该页面，可以看到页面的效果，如图 4-3 所示。

图 4-2

图 4-3

STEP 2 转换到该网页所链接的外部样式表文件中，找到名为#box 的 CSS 样式，如图 4-4

所示。在该 CSS 样式中添加上边距和左边距的 CSS 样式属性设置，如图 4-5 所示。

```
#box {
    width: 400px;
    height: auto;
    overflow:hidden;
}
```

图 4-4

```
#box {
    width: 400px;
    height: auto;
    overflow:hidden;
    margin-top: 250px;
    margin-left: 120px;
}
```

图 4-5

STEP 3 返回网页设计视图，选中 id 名为 box 的 Div，可以看到所设置的上边界和左边界的效果，如图 4-6 所示。选择“文件>保存”命令，保存外部 CSS 样式表文件，在浏览器中预览页面，效果如图 4-7 所示。

图 4-6

图 4-7

提示

在设置 margin 属性值时，如果提供 4 个参数值，将按顺时针的顺序作用于上、右、下、左 4 边；如果只提供 1 个参数值，则将作用于 4 边；如果提供两个参数值，则第 1 个参数值作用于上、下两边，第 2 个参数值作用于左、右两边；如果提供 3 个参数值，第 1 个参数值作用于上边，第 2 个参数值作用于左、右两边，第 3 个参数值作用于下边。

4.3.4 border（边框）属性

border 属性是内边距和外边距的分界线，可以分离不同的 HTML 元素，border 的外边是元素的最外围。在网页设计中，如果计算元素的宽和高，则需要把 border 属性值计算在内。

border 属性的语法格式如下。

```
border: border-style | border-color | border-width;
```

border 属性有 3 个子属性，分别是 border-style（边框样式）、border-width（边框宽度）和 border-color（边框颜色）。

自测 2

14

为网页元素设置边框效果

最终文件：云盘\最终文件\第 4 章\4-3-4.html

视　　频：云盘\视频\第 4 章\4-3-4.swf

STEP 1 执行“文件>打开”命令，打开页面“云盘\源文件\第 4 章\4-3-4.html”，页面效

果如图 4-8 所示。转换到该网页所链接的外部样式表文件中，创建名为#box img 的 CSS 样式，如图 4-9 所示。

图 4-8

```
#box img {
    margin-top: 5px;
    margin-bottom: 5px;
}
```

图 4-9

STEP 2 返回网页设计页面，可以看到图像与图像之间的间距，效果如图 4-10 所示。转换到外部样式表文件中，分别创建 3 个类 CSS 样式，并分别使用不同的方式设置边框效果，如图 4-11 所示。

图 4-10

```
.img01 {
    border: solid 5px #FFF;
}
.img02 {
    border-top: dashed 5px #9F0;
    border-bottom: solid 5px #666;
    border-right: dotted 5px #9F0;
    border-left: double 5px #666;
}
.img03 {
    border-style: groove;
    border-width: 5px;
    border-color: #900;
}
```

图 4-11

STEP 3 返回设计页面，为 3 张图像分别应用相应的类 CSS 样式，效果如图 4-12 所示。选择"文件>保存"命令，保存外部 CSS 样式表文件，在浏览器中预览页面，效果如图 4-13 所示。

图 4-12

图 4-13

提示

border 属性不仅可以设置图像的边框，还可以为其他元素设置边框，如文字、Div 等。在本实例中，主要讲解的是使用 border 属性为图像添加边框，读者可以自己动手试试为其他的页面元素添加边框。

4.3.5 padding（填充）属性

在 CSS 样式中，可以通过设置 padding 属性定义内容与边框之间的距离，即内边距，也称为内填充。

padding 属性的语法格式如下。

```
padding: length;
```

padding 属性值可以是一个具体的长度，也可以是一个相对于上级元素的百分比，但不可以使用负值。

padding 属性包括 4 个子属性，包括 padding-top（上边界）、padding-right（右边界）、padding-bottom（下边界）和 padding-left（左边界），分别可以为盒子定义上、右、下、左各边填充的值。

自测 3

设置网页元素的填充

最终文件：云盘\最终文件\第 4 章\4-3-5.html

视　　频：云盘\视频\第 4 章\4-3-5.swf

15

STEP 1 执行“文件>打开”命令，打开页面“云盘\源文件\第 4 章\4-3-5.html”，页面效果如图 4-14 所示。转换到该网页所链接的外部样式表文件中，找到名为#main 的 CSS 样式设置代码，如图 4-15 所示。

图 4-14

```
#main {
    position: absolute;
    width: 400px;
    height: 400px;
    top: 100px;
    left: 50%;
    margin-left: -200px;
    background-image: url(../images/43502.png);
    background-repeat: no-repeat;
}
```

图 4-15

STEP 2 在该 CSS 样式中添加上填充属性设置代码，如图 4-16 所示。返回网页设计视图，选中 id 名为 main 的 Div，可以看到所设置的上填充的效果，如图 4-17 所示。

提示

在 CSS 样式代码中 width 和 height 属性分别定义的是 Div 的内容区域的宽度和高度，并不包括 margin、border 和 padding，此处在 CSS 样式中添加了 padding-top（上填充）为 170 像素，则需要在高度值上减去 170 像素，这样才能够保证 Div 的整体高度不变。

```
#main {
    position: absolute;
    width: 400px;
    height: 230px;
    top: 100px;
    left: 50%;
    margin-left: -200px;
    background-image: url(../images/43502.png);
    background-repeat: no-repeat;
    padding-top: 170px;
}
```

图 4-16

图 4-17

STEP 3 转换到外部样式表文件中，找到名为#text 的 CSS 样式设置代码，如图 4-18 所示。在该 CSS 样式中添加上填充和下填充属性设置代码，如图 4-19 所示。

```
#text {
    width: 300px;
    height: auto;
    overflow: hidden;
    margin: 0px auto;
    border-top: solid 1px #FFF;
    border-bottom: solid 1px #FFF;
    text-align: center;
}
```

图 4-18

```
#text {
    width: 300px;
    height: auto;
    overflow: hidden;
    margin: 0px auto;
    border-top: solid 1px #FFF;
    border-bottom: solid 1px #FFF;
    text-align: center;
    padding-top: 10px;
    padding-bottom: 10px;
}
```

图 4-19

提示

此处在该 Div 的 CSS 样式中添加 padding-top（上填充）和 padding-bottom（下填充）均为 10 像素，因为该 Div 的 height（高度）属性为自动，所以并不需要在高度值上减去所设置的上填充和下填充的值。

STEP 4 返回网页设计视图，选中 id 名为 text 的 Div，可以看到所设置的上填充和下填充的效果，如图 4-20 所示。选择“文件>保存”命令，保存外部 CSS 样式表文件，在浏览器中预览页面，效果如图 4-21 所示。

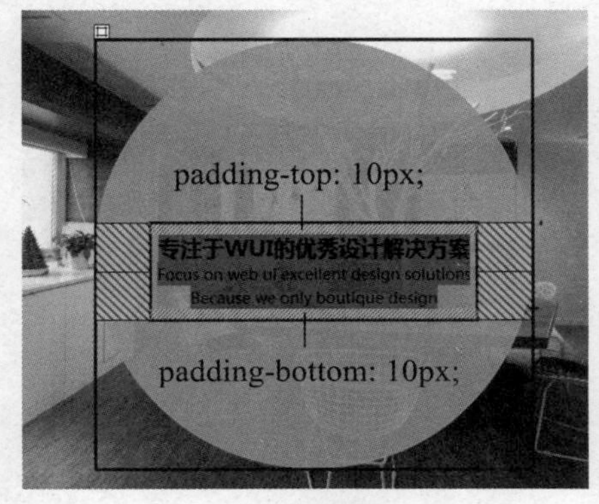

图 4-20

图 4-21

提示

设置 padding 属性值时，如果提供 4 个参数值，将按顺时针的顺序作用于上、右、下、左 4 边；如果只提供 1 个参数值，则将作用于 4 边；如果提供两个参数值，则第 1 个参数值作用于上、下两边，第 2 个参数值作用于左、右两边；如果提供 3 个参数值，第 1 个参数值作用于上边，第 2 个参数值作用于左、右两边，第 3 个参数值作用于下边。

4.3.6 content（内容）部分

从盒模型中可以看出中间部分为 content（内容），它主要用于显示内容，这部分也是整个盒模型的主要部分。其他的如 margin、border、padding 所做的操作都是对 content 部分所做的修饰。对内容部分的操作，也就是对文字、图像等页面元素的操作。

4.3.7 理解空白边叠加

空白边叠加是一个比较简单的概念，当两个垂直空白边相遇时，它们将形成一个空白边。这个空白边的高度是两个发生叠加的空白边中高度的较大者。

当一个元素出现在另一个元素上面时，第 1 个元素的底空白边与第 2 个元素的顶空白边发生叠加。

提示

只有普通文档流中块框的垂直空白边才会发生空白边叠加。行内框、浮动框或者是定位框之间的空白边是不会叠加的。

16

自测 4

控制网页元素之间的间距

最终文件：云盘\最终文件\第 4 章\4-3-7.html

视　　频：云盘\视频\第 4 章\4-3-7.swf

STEP 1 执行“文件>打开”命令，打开页面“云盘\源文件\第 4 章\4-3-7.html”，页面效果如图 4-22 所示。转换到该网页链接的外部样式表文件中，可以看到#pic01 和#pic02 的 CSS 样式，如图 4-23 所示。

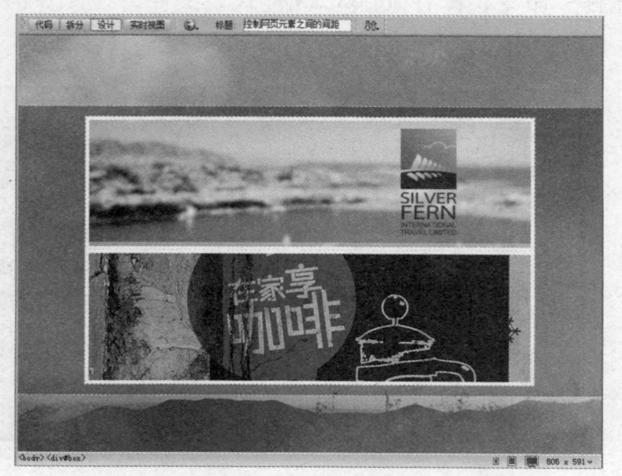

图 4-22

```
#pic1 {
    width: 610px;
    height: 180px;
    padding: 5px;
    background-color: #FFF;
}
#pic2 {
    width: 610px;
    height: 180px;
    padding: 5px;
    background-color: #FFF;
}
```

图 4-23

STEP 2 在名为#pic1 的 CSS 样式代码中添加下边界的设置，在名为#pic2 的 CSS 样式代码中添加上边界的设置，如图 4-24 所示。返回网页设计视图，选中 id 名称为 pic1 的 Div，可以看到所设置的下边界效果，如图 4-25 所示。

```
#pic1 {
    width: 610px;
    height: 180px;
    padding: 5px;
    background-color: #FFF;
    margin-bottom:30px;
}
#pic2 {
    width: 610px;
    height: 180px;
    padding: 5px;
    background-color: #FFF;
    margin-top:20px;
}
```

图 4-24

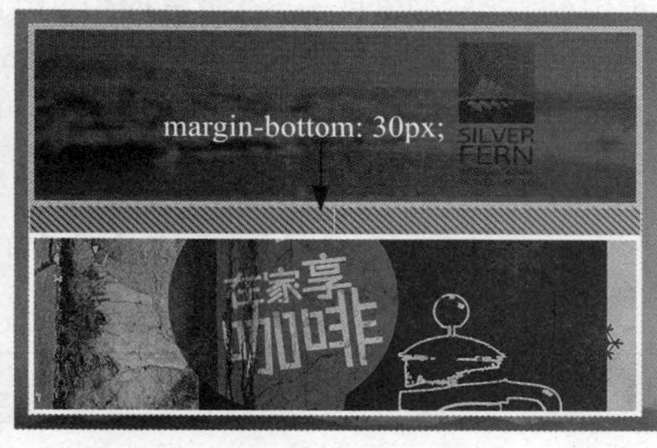

图 4-25

STEP 3 选中 id 名称为 pic2 的 Div，可以看到所设置的上边界的效果，如图 4-26 所示。选择“文件>保存”命令，保存外部 CSS 样式表文件，在浏览器中预览页面，可以看到空白边叠加的效果，如图 4-27 所示。

图 4-26

图 4-27

提示

空白边的高度是两个发生叠加的空白边中高度的较大者。当一个元素包含另一元素中时(假设没有填充或边框将空白边隔开)，它们的顶和底空白边也会发生叠加。

4.4 网页元素定位

CSS 的排版是一种比较新的排版理念，完全有别于传统的排版方式。它将页面首先在整体上进行<div>标签的分块，然后对各个块进行 CSS 定位，最后在各个块中添加相应的内容。

通过 CSS 排版的页面，更新十分容易，甚至是页面的拓扑结构，都可以通过修改 CSS 属性来重新定位。

4.4.1 理解 position 属性

在使用 Div+CSS 布局制作页面的过程中，都是通过 CSS 的定位属性对元素完成位置和大小控制的。定位就是精确地定义 HTML 元素在页面中的位置，可以是页面中的绝对位置，也可以是相对于父级元素或另一个元素的相对位置。

position 属性是最主要的定位属性，position 属性既可以定义元素的绝对位置，又可以定义元素的相对位置。position 属性的语法格式如下。

```
position: static | absolute | fixed | relative;
```

position 属性各属性值的说明如表 4-2 所示。

表 4-2 position 属性值说明

属　　性	说　　明
static	设置 position 属性值为 static，表示无特殊定位，元素定位的默认值，对象遵循 HTML 元素定位规则，不能通过 z-index 属性进行层次分级
absolute	设置 position 属性值为 absolute，表示绝对定位，相对于其父级元素进行定位，元素的位置可以通过 top、right、bottom 和 left 等属性进行设置
fixed	设置 position 属性为 fixed，表示悬浮，使元素固定在屏幕的某个位置，其包含块是可视区域本身，因此它不随滚动条的滚动而滚动，IE5.5+及以下版本浏览器不支持该属性
relative	设置 position 属性为 relative，表示相对定位，对象不可以重叠，可以通过 top、right、bottom 和 left 等属性在页面中偏移位置，可以通过 z-index 属性进行层次分级
top、right、bottom 和 left	top 属性用于设置元素垂直距顶部的距离；right 属性用于设置元素水平距右部的距离；bottom 属性用于设置元素垂直距底部的距离；left 属性用于设置元素水平距左部的距离
z-index	z-index 属性用于设置元素的层叠顺序
width 和 hight	width 属性用于设置元素的宽度；height 属性用于设置元素的高度
overflow	overflow 属性用于设置元素内容溢出的处理方法
clip	clip 属性用于设置元素剪切方式

4.4.2 relative（相对）定位方式

设置 position 属性为 relative，即可将元素的定位方式设置为相对定位。对一个元素进行相对定位，首先它将出现在相应的位置上，然后通过设置垂直或水平位置，让这个元素相对于它的原始起点进行移动。另外，相对定位时，无论是否进行移动，元素仍然占据原来的空间。因此，移动元素会导致它覆盖其他元素。

自测 5

实现网页元素的相对定位

最终文件：云盘\最终文件\第 4 章\4-4-2.html

视　　频：云盘\视频\第 4 章\4-4-2.swf

STEP 1 执行“文件>打开”命令，打开页面“云盘\源文件\第 4 章\4-4-2.html”，页面效果如图 4-28 所示。光标移至名为 text1 的 Div 中，将多余文字删除，输入相应的文字，如图 4-29 所示。

图 4-28

图 4-29

STEP 2 转换到该网页链接的外部样式表文件中，创建名为#text1 的 CSS 样式，如图 4-30 所示。返回网页设计视图，可以看到 id 名为 text1 的 Div 的显示效果，如图 4-31 所示。

```
#text1 {
    position: relative;
    top: -42px;
    height: 35px;
    background-color: rgba(37,37,37,0.7);
    padding-left: 15px;
    font-size: 14px;
    color: #FFF;
    line-height: 35px;
}
```

图 4-30

图 4-31

STEP 3 光标移至页面中名为 text1 的 Div 中，将多余文字删除，插入图像“光盘\源文件\第 4 章\images\44205.png”，如图 4-32 所示。转换到外部样式表文件中，创建名为#text2 的 CSS 样式，如图 4-33 所示。

图 4-32

```
#text2 {
    width: 86px;
    height: 85px;
    position: relative;
    top: -235px;
    left: 235px;
}
```

图 4-33

STEP 4 返回网页设计视图，可以看到 id 名为 text2 的 Div 的显示效果，如图 4–34 所示。选择“文件 > 保存”命令，保存页面，并保存外部 CSS 样式表文件，在浏览器中预览页面，可以看到网页元素相对定位的效果，如图 4–35 所示。

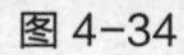
图 4–34

图 4–35

提示

在使用相对定位时，无论是否进行移动，元素仍然占据原来的空间。因此，移动元素会导致它覆盖其他框。

4.4.3 absolute（绝对）定位方式

设置 position 属性为 absolute，即可将元素的定位方式设置为绝对定位。绝对定位是参照浏览器的左上角，配合 top、right、bottom 和 left 进行定位的。如果没有设置上述的 4 个值，则默认依据父级元素的坐标原点为原始点。

父级元素的 position 属性为默认值时，top、right、bottom 和 left 的坐标原点以 body 的坐标原点为起始位置。

自测 6

实现网页元素的绝对定位

最终文件：云盘\最终文件\第 4 章\4–4–3.html

视　　频：云盘\视频\第 4 章\4–4–3.swf

18

STEP 1 执行“文件>打开”命令，打开页面“云盘\源文件\第 4 章\4–4–3.html”，页面效果如图 4–36 所示。光标移至页面中名为 biao 的 Div 中，将多余文字删除，插入图像“光盘\源文件\第 4 章\images\44301.png”，如图 4–37 所示。

STEP 2 转换到外部样式表文件中，创建名为#biao 的 CSS 样式，如图 4–38 所示。返回网页设计视图，可以看到 id 名为 biao 的 Div 的显示效果，如图 4–39 所示。

提示

对于定位的主要问题是要记住每种定位的意义。相对定位是相对于元素在文档流中的初始位置，而绝对定位是相对于最近的已定位的父元素，如果不存在已定位的父元素，那就相对于最初的包含块。因为绝对定位的框与文档流无关，所以它们可以覆盖页面上的其他元素。

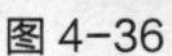

图 4-36

图 4-37

```
#biao {
    position: absolute;
    width: 67px;
    height: 164px;
    top: 70px;
    right: 0px;
}
```

图 4-38

图 4-39

STEP 3 选择“文件>保存”命令，保存页面，并保存外部 CSS 样式表文件。在浏览器中预览页面，可以看到网页元素绝对定位的效果，如图 4-40 所示。

图 4-40

提示

绝对定位与相对定位的区别在于：绝对定位的坐标原点为上级元素的原点，与上级元素有关；相对定位的坐标原点为本身偏移前的点，与上级元素无关。

4.4.4 fixed（固定）定位方式

设置 position 属性为 fixed，即可将元素的定位方式设置为固定定位。固定定位和绝对定位比较相似，它是绝对定位的一种特殊形式，固定定位的容器不会随着滚动条的拖动而变化位置。在视线中，固定定位的容器位置是不会改变的。固定定位可以把一些特殊效果固定在浏览器的视线位置。

19

自测 7

设置网页中固定的定位方式

最终文件：云盘\最终文件\第 4 章\4-4-4.html

视　　频：云盘\视频\第 4 章\4-4-4.swf

STEP 1 执行“文件>打开”命令，打开页面“云盘\源文件\第 4 章\4-4-4.html”，页面效果如图 4-41 所示。在浏览器中预览页面，发现顶部的导航菜单会随着滚动条一起滚动，如图 4-42 所示。

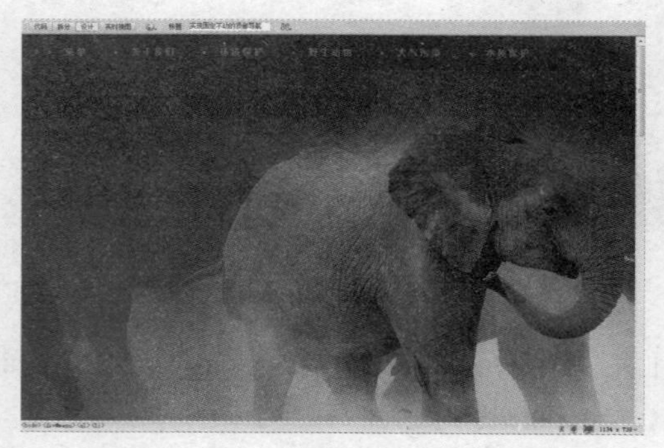

图 4-41

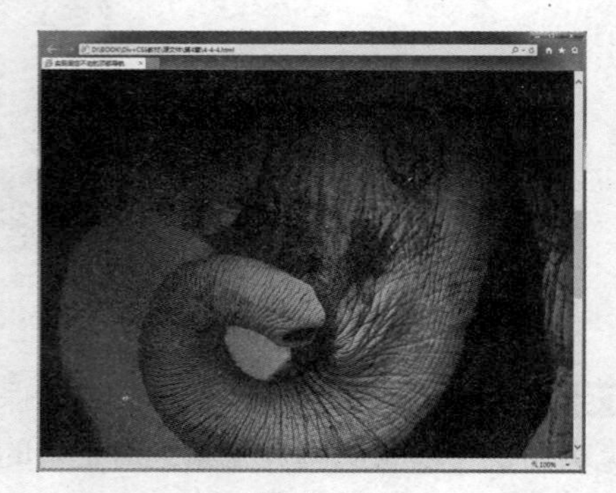

图 4-42

STEP 2 转换到该网页链接的外部样式表文件中，找到名为#menu 的 CSS 样式，如图 4-43 所示。在该 CSS 样式代码中添加固定定位代码，如图 4-44 所示。

```
#menu{
    height:65px;
    width:100%;
    background-image:url(../images/44401.jpg);
    background-repeat:no-repeat;
    background-position:top center;
    }
```

图 4-43

```
#menu{
    position:fixed;
    height:65px;
    width:100%;
    background-image:url(../images/44401.jpg);
    background-repeat:no-repeat;
    background-position:top center;
    }
```

图 4-44

STEP 3 保存页面，并保存外部 CSS 样式文件。在浏览器中预览页面，可以看到页面效果，如图 4-45 所示。拖动浏览器滚动条，发现顶部导航菜单始终固定在浏览器顶部不动，效果如图 4-46 所示。

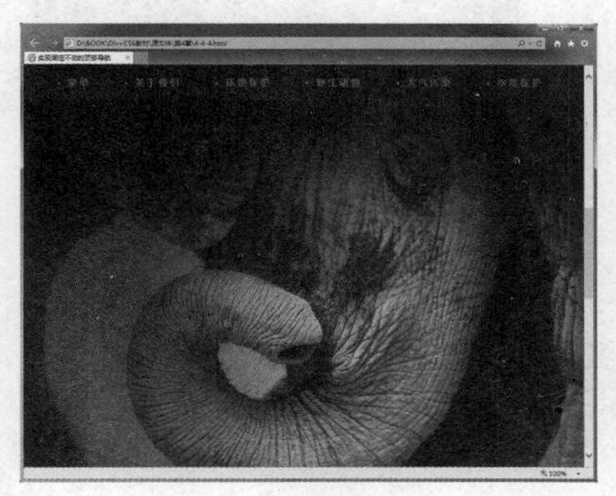

图 4-45

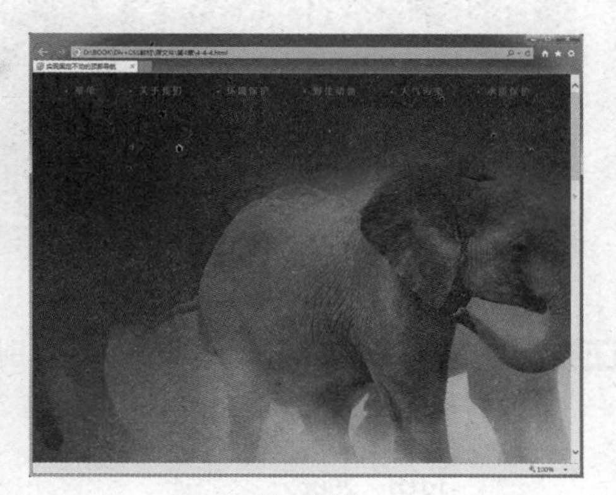

图 4-46

提示

固定定位的参照位置不是上级元素块而是浏览器窗口。所以可以使用固定定位来设定类似传统框架样式布局以及广告框架或导航框架等。使用固定定位的元素可以脱离页面，无论页面如何滚动，始终处在页面的同一位置上。

4.4.5 float（浮动）定位方式

除了使用 position 属性进行定位外，还可以使用 float 属性定位。float 定位只能在水平方向上定位，而不能在垂直方向上定位。float 属性表示浮动属性，它用于改变元素块的显示方式。

浮动定位是 CSS 排版中非常重要的手段。浮动的框可以左右移动，直到它外边缘碰到包含框或另一个浮动框的边缘为止。

float 属性语法格式如下。

```
float: none | left | right
```

float 属性的属性值说明如表 4-3 所示。

表 4-3 float 属性值说明

属 性	说 明
none	设置 float 属性为 none，表示元素不浮动
left	设置 float 属性为 left，表示元素向左浮动
right	设置 float 属性为 right，表示元素向右浮动

20

自测 8

制作图像列表

最终文件：云盘\最终文件\第 4 章\4-4-5.html

视 频：云盘\视频\第 4 章\4-4-5.swf

STEP 1 执行“文件>打开”命令，打开页面“云盘\源文件\第 4 章\4-4-5.html”，页面效果如图 4-47 所示。分别在 pic1、pic2 和 pic3 这 3 个 Div 中插入相应的图像，效果如图 4-48 所示。

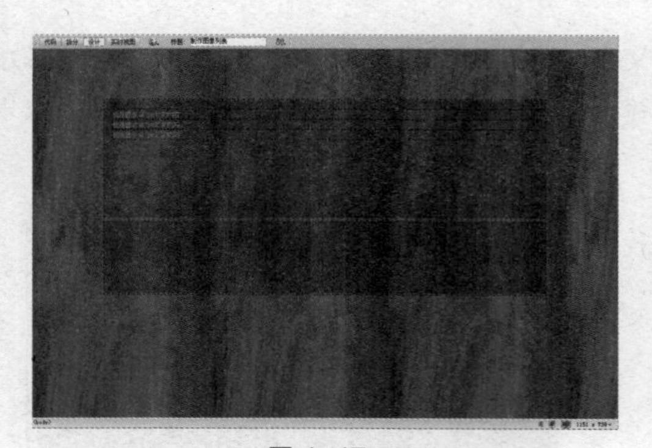

图 4-47

图 4-48

STEP 2 转换到外部样式表文件中，分别创建名为#pic1、#pic2 和#pic3 的 CSS 样式，如图 4-49 所示。返回设计视图，可以看到这 3 个 Div 的显示效果，如图 4-50 所示。

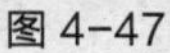

```
#pic1 {
    width: 250px;
    height: 150px;
    background-color: #FFF;
    margin-left: 10px;
    margin-right: 10px;
    padding: 4px;
}
#pic2 {
    width: 250px;
    height: 150px;
    background-color: #FFF;
    margin-left: 10px;
    margin-right: 10px;
    padding: 4px;
}
#pic3 {
    width: 250px;
    height: 150px;
    background-color: #FFF;
    margin-left: 10px;
    margin-right: 10px;
    padding: 4px;
}
```

图 4-49

图 4-50

STEP 3 将 id 名为 pic1 的 Div 向右浮动，转换到外部样式表文件中，在名为#pic1 的 CSS 样式代码中添加右浮动代码，如图 4-51 所示。返回设计视图，id 名为 pic1 的 Div 脱离文档流并向右浮动，直到该 Div 的边缘碰到包含框 box 的右边框，如图 4-52 所示。

```
#pic1 {
    width: 250px;
    height: 150px;
    background-color: #FFF;
    margin-left: 10px;
    margin-right: 10px;
    padding: 4px;
    float: right;
}
```

图 4-51

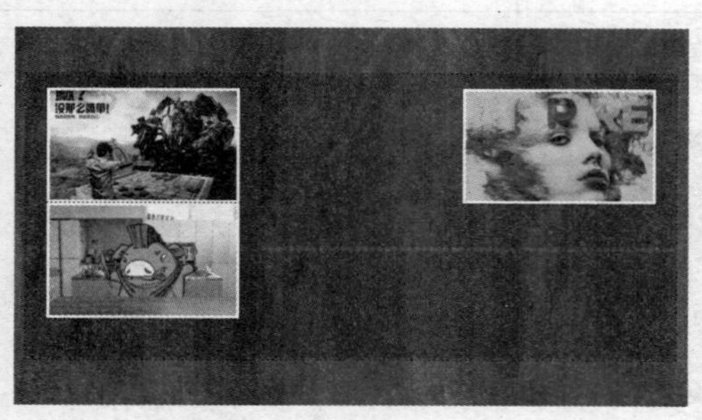

图 4-52

STEP 4 转换到外部样式表文件中，将 id 名为 pic1 的 Div 向左浮动，在名为#pic1 的 CSS 样式代码中添加左浮动代码，如图 4-53 所示。返回网页设计视图，id 名为 pic1 的 Div 向左浮动，id 名为 pic2 的 Div 被遮盖，如图 4-54 所示。

```
#pic1 {
    width: 250px;
    height: 150px;
    background-color: #FFF;
    margin-left: 10px;
    margin-right: 10px;
    padding: 4px;
    float: left;
}
```

图 4-53

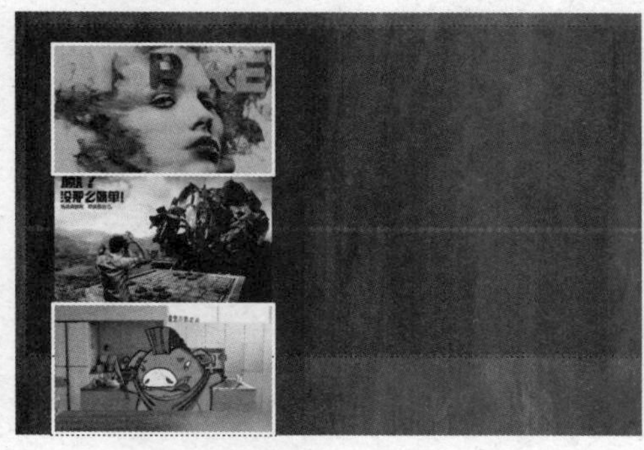

图 4-54

当 id 名为 pic1 的 Div 脱离文档流并向左浮动时，直到它的边缘碰到包含 box 的左边缘。因为它不再处于文档流中，所以它不占据空间，实际上覆盖住了 id 名为 pic2 的 Div，使 pic2 的 Div 从视图中消失，但是该 Div 中的内容还占据着原来的空间。

STEP 5 转换到外部样式表文件中，分别在#pic2 和#pic3 的 CSS 样式中添加向左浮动代码，如图 4-55 所示。将这 3 个 Div 都向左浮动，返回网页设计视图，可以看到页面效果，如图 4-56 所示。

```
#pic2 {
    width: 250px;
    height: 150px;
    background-color: #FFF;
    margin-left: 10px;
    margin-right: 10px;
    padding: 4px;
    float: left;
}
#pic3 {
    width: 250px;
    height: 150px;
    background-color: #FFF;
    margin-left: 10px;
    margin-right: 10px;
    padding: 4px;
    float: left;
}
```

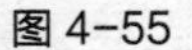

图 4-55

图 4-56

将 3 个 Div 都向左浮动，那么 id 名为 pic1 的 Div 向左浮动直到碰到包含框 box 的左边缘，另两个 Div 向左浮动直到碰到前一个浮动 Div。

STEP 6 返回网页设计视图，在 id 名为 pic3 的 Div 之后分别插入 id 名为 pic4 至 pic6 的 Div，并在各 Div 中插入相应的图像，如图 4-57 所示。转换到外部样式表文件中，定义名为 #pic4,#pic5,#pic6 的 CSS 样式，如图 4-58 所示。

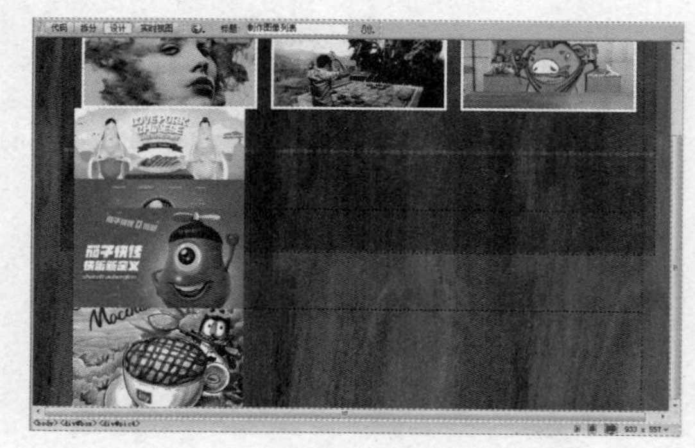

图 4-57

```
#pic4,#pic5,#pic6 {
    width: 250px;
    height: 150px;
    background-color: #FFF;
    margin-top: 20px;
    margin-left: 10px;
    margin-right: 10px;
    padding: 4px;
    float: left;
}
```

图 4-58

STEP 7 返回网页设计视图，可以看到页面效果，如图 4-59 所示。保存页面，并保存外部 CSS 样式文件，在浏览器中预览页面，可以看到页面效果，如图 4-60 所示。

图 4-59

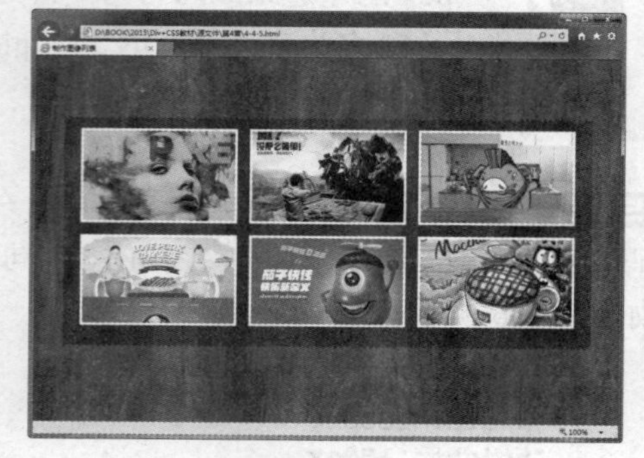

图 4-60

提示

如果包含框太窄，无法容纳水平排列的多个浮动元素，那么其他浮动元素将向下移动，直到有足够空间的地方。如果浮动元素的高度不同，那么当它们向下移动时可能会被其他浮动元素卡住。

提示

在网页中分为行内元素和块元素，行内元素是可以显示在同一行上的元素，例如<span>，块元素是占据整行空间的元素，例如<div>。如果需要将两个<div>显示在同一行上，就需要使用 float 属性。

4.5 常用 DIV+CSS 布局方式

CSS 是控制网页布局样式的基础，并真正能够做到网页表现和内容的分离的一种样式设计语言。相对于传统的 HTML 的简单样式控制来说，CSS 能够对网页中的对象的位置排版进行像素级的精确控制，支持几乎所有的字体、字号的样式，还拥有着对网页对象盒模型样式的控制能力，并且能够进行初步页面交互设计，是当前基于文件展示的最优秀的表达设计语言。

4.5.1　居中的布局

居中的设计目前在网页布局的应用中非常广泛，所以如何在 CSS 中让设计居中显示是大多数开发人员首先要学习的重点内容之一。实现内容居中的网页布局主要有两种方法，一种是使用自动空白边居中，另一种是使用定位和负值空白边居中。

1．使用自动空白边居中

假设一个布局，希望其中的容器 Div 在屏幕上水平居中。

```
<body>
<div id="box"></div>
</body>
```

只需要定义 Div 的宽度，然后将水平空白边设置为 auto 即可。

```
#box {
    width:720px;
    height: 400px;
    background-color: #F90;
    border: 2px solid #F30;
    margin:0 auto;
}
```

则 id 名为 box 的 Div 在页面中是居中显示的，如图 4-61 所示。

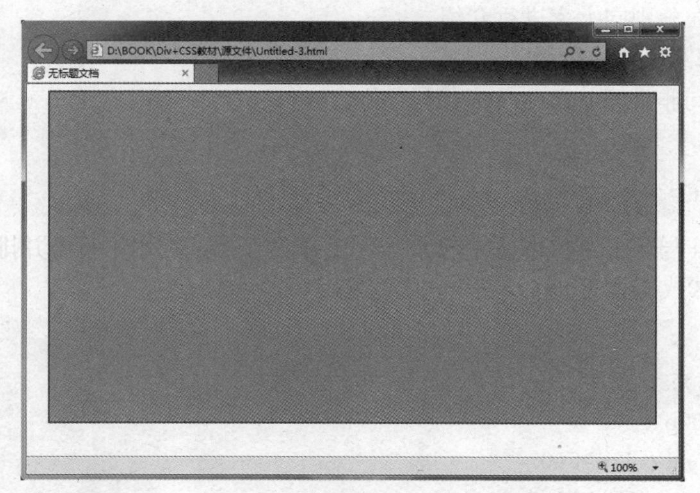

图 4-61

2．使用定位和负值空白边居中

首先定义容器的宽度，然后将容器的 position 属性设置为 relative，将 left 属性设置为 50%，就会把容器的左边缘定位在页面的中间。CSS 样式设置如下。

```
#box {
  width:720px;
```

```
    position:relative;
    left:50%;
    height: 400px;
    background-color: #F90;
    border: 2px solid #F30;
}
```

如果不希望让容器的左边缘居中，而是让容器的中间居中，只需要对容器的左边应用一个负值的空白边，宽度等于容器宽度的一半。这样就会把容器向左移动它的宽度的一半，从而让它在屏幕上居中。CSS 样式设置如下。

```
#box {
    width:720px;
    position:relative;
    left:50%;
    margin-left:-360px;
    height: 400px;
    background-color: #F90;
    border: 2px solid #F30;
}
```

4.5.2　浮动的布局

在 Div+CSS 布局中，浮动布局是使用最多，也是常见的布局方式，浮动的布局又可以分为多种形式，下面分别向大家进行介绍。

1．两列固定宽度浮动布局

两列宽度布局非常简单，HTML 代码如下。

```
<div id="left">左列</div>
<div id="right">右列</div>
```

将 id 名为 left 与 right 的 Div 设置 CSS 样式，让两个 Div 在水平行中并排显示，从而形成两列式布局，CSS 代码如下。

```
#left {
        width:400px;
        height:400px;
        background-color:#F90;
        border:2px solid #F30;
        float:left;
}
#right {
        width:400px;
        height:400px;
        background-color:#F90;
```

```
    border:2px solid #F30;
    float:left;
}
```

为了实现两列式布局，使用了 float 属性，这样两列固定宽度的布局就能够完整地显示出来，在浏览器中预览可以看到两列固定宽度浮动布局的效果，如图 4-62 所示。

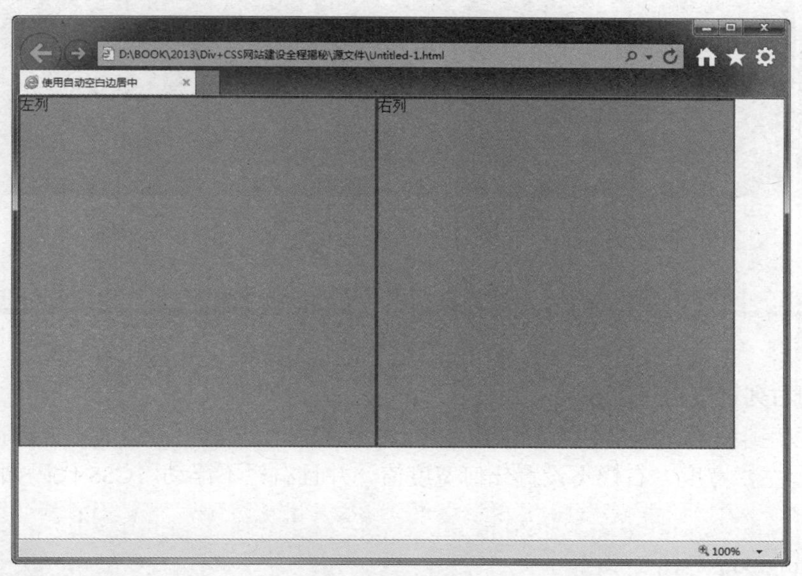

图 4-62

2．两列宽度自适应布局

设置自适应主要通过宽度的百分比值设置，因此，在两列宽度自适应布局中也同样是对百分比宽度值设定，CSS 代码如下。

```
#left {
    width:30%;
    height:400px;
    background-color:#F90;
    float:left;
}
#right {
    width:70%;
    height:400px;
    background-color:#09C;
    float:left;
}
```

左栏宽度设置为 30%，右栏宽度设置为 70%，在浏览器中预览可以看到两列宽度自适应布局的效果，如图 4-63 所示。

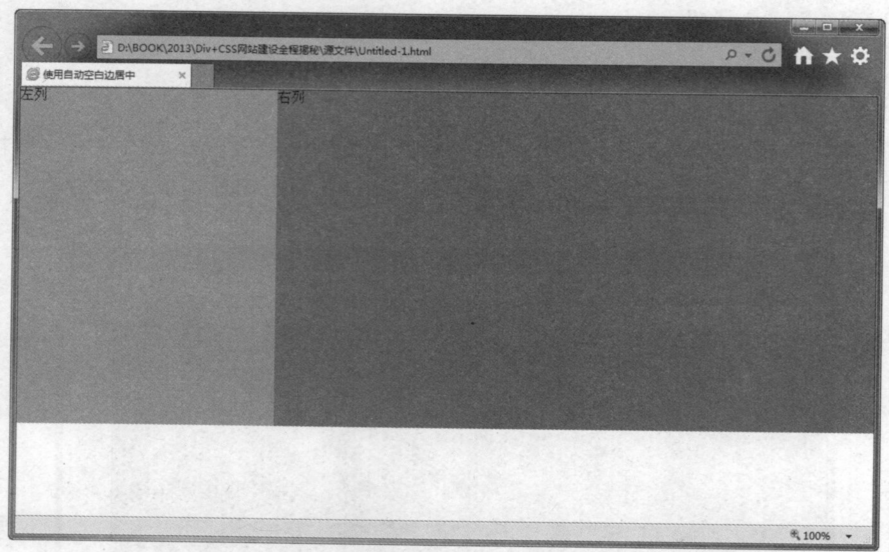

图 4-63

3．两列右列宽度自适应布局

在实际应用中，有时候需要左栏固定宽度，右栏根据浏览器窗口的大小自动适应。在 CSS 中只需要设置左栏宽度，右栏不设置任何宽度值，并且右栏不浮动。CSS 代码如下。

```
#left {
    width:400px;
    height:400px;
    background-color:#For0;
    float:left;
}
#right {
    height:400px;
    background-color:#09C;
}
```

左栏将呈现 400 px 的宽度，而右栏将根据浏览器窗口大小自动适应，两列右列宽度自适应经常在网站中用到，不仅右列，左列也可以自适应，方法是一样的。在浏览器中预览可以看到两列右列宽度自适应布局的效果，如图 4-64 所示。

4．两列固定宽度居中布局

两列固定宽度居中布局可以使用 Div 的嵌套方式来完成，用一个居中的 Div 作为容器，将两列分栏的两个 Div 放置在容器中，从而实现两列的居中显示。HTML 代码结构如下。

```
<div id="box">
  <div id="left">左列</div>
  <div id="right">右列</div>
</div>
```

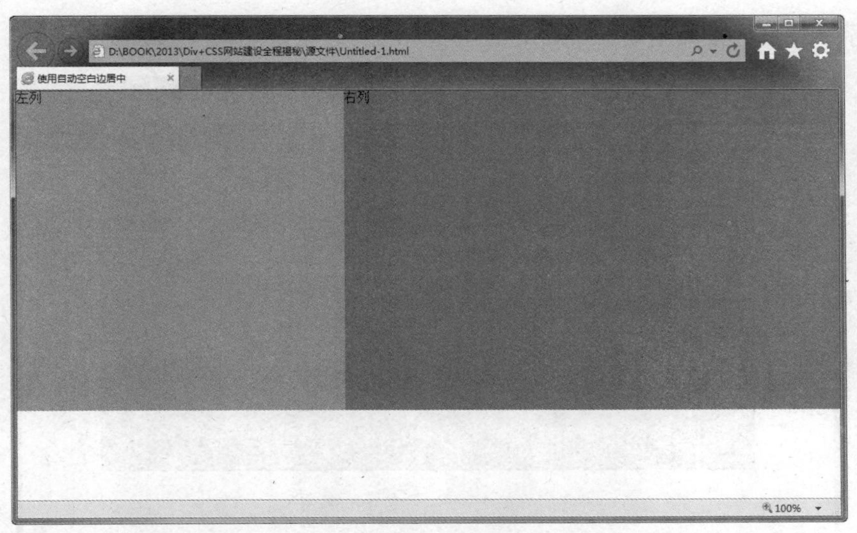

图 4-64

为分栏的两个 Div 加上了一个 id 名为 box 的 Div 容器，CSS 代码如下。

```
#box {
    width:808px;
    margin:0px auto;
}
#left {
    width:400px;
    height:400px;
    background-color:#F90;
    border:2px solid #F30;
    float:left;
}
#right {
    width:400px;
    height:400px;
    background-color:#F90;
    border:2px solid #F30;
    float:left;
}
```

一个对象的宽度，不仅仅由 width 值来决定，它的真实宽度是由本身的宽、左右外边距以及左右边框和内边距这些属性相加而成的，而#left 宽度为 400 px，左右都有 2 px 的边距，因此，实际宽度为 404，#right 同#left 相同，所以#box 的宽度设定为 808 px。

id 名称为 box 的 Div 有了居中属性，自然里面的内容也能做到居中，这样就实现了两列的居中显示，预览效果如图 4-65 所示。

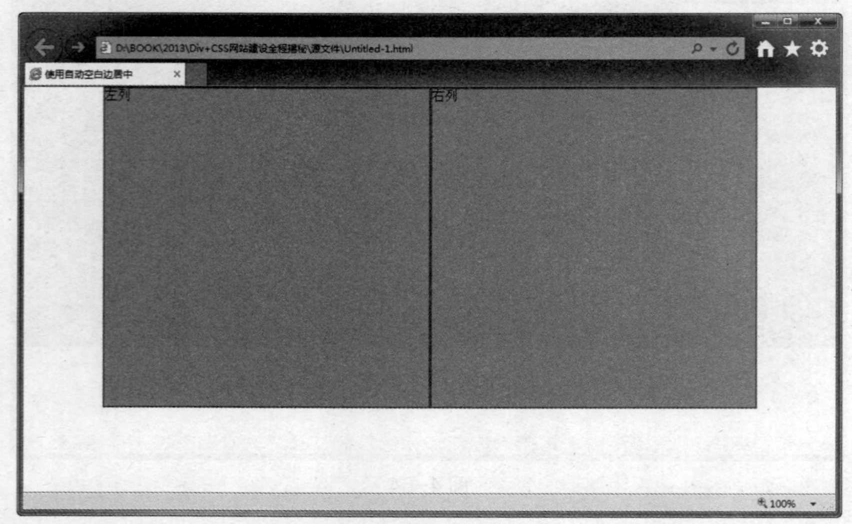

图 4-65

5．三列浮动中间列宽度自适应布局

三列浮动中间列宽度自适应布局，是左栏固定宽度居左显示，右栏固定宽度居右显示，而中间栏则需要在左栏和右栏的中间显示，根据左右栏的间距变化自动适应。单纯地使用 float 属性与百分比属性是不能实现的，这就需要绝对定位来实现了。绝对定位后的对象，不需要考虑它在页面中的浮动关系，只需要设置对象的 top、right、bottom 及 left 4 个方向即可。HTML 代码结构如下。

```
<div id="left">左列</div>
<div id="main">中列</div>
<div id="right">右列</div>
```

首先使用绝对定位将左列与右列进行位置控制，CSS 代码如下。

```
* {
  margin: 0px;
  border: 0px;
  padding: 0px;
}
#left {
  width:200px;
  height:400px;
  background-color:#F90;
  position:absolute;
  top:0px;
  left:0px;
}
#right {
```

```
    width:200px;
    height:400px;
    background-color:#F90;
    position:absolute;
    top:0px;
    right:0px;
}
```

而中列则用普通 CSS 样式，CSS 代码如下。

```
#main {
        height:400px;
        background-color: #09C;
        margin:0px 200px 0px 200px;
}
```

对于 id 名为 main 的 Div 来说，不需要再设定浮动方式，只需要让它的左边和右边的边距永远保持#left 和#right 的宽度，便实现了两边各让出 200 px 的自适应宽度，刚好让#main 在这个空间中，从而实现了布局的要求，在浏览器中预览可以看到三列浮动中间列宽度自适应布局，如图 4-66 所示。

图 4-66

4.5.3 高度自适应的方法

高度值同样可以使用百分比进行设置，不同的是直接使用 height:100%;不会显示效果的，这与浏览器的解析方式有一定关系，实现高度自适应的 CSS 代码如下所示。

```
html,body {
    margin:0px;
    height:100%;
}
```

```
#box{
  width:800px;
  height:100%;
  background-color:#F90;
}
```

对名为 box 的 Div 设置 height:100%的同时，也设置了 HTML 与 body 的 height:100%，一个对象高度是否可以使用百分比显示，取决于对象的父级对象，名为 box 的 Div 在页面中直接放置在 body 中，因此它的父级就是 body。而浏览器在默认状态下，没有给 body 一个高度属性，因此直接设置名为 box 的 Div 的 height:100%时，不会产生任何效果。而当给 body 设置了 100%之后，它的子级对象名为 box 的 Div 的 height:100%便起了作用，这便是浏览器解析规则引发的高度自适应问题。而给 HTML 对象设置 height:100%，是能使 IE 与 Firefox 浏览器都能实现高度自适应的，在浏览器中预览可以看到高度自适应的效果，如图 4-67 所示。

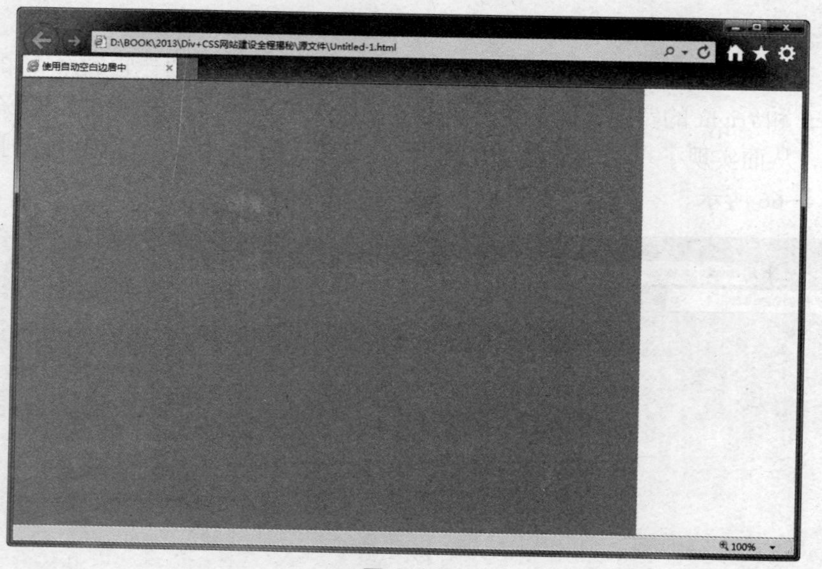

图 4-67

4.6　本章小结

本章主要介绍了 Div+CSS 布局网页的相关知识，包括什么是 Div、id 与 class 的区别和 CSS 盒模型等内容，这些内容都是 Div+CSS 布局的核心。一个网页布局的好坏，直接影响到网页加载的速度。完成本章内容的学习，希望读者能够掌握 Div+CSS 布局的方法和相关知识，并能够使用 Div+CSS 布局制作网页。

4.7　课后测试题

一、选择题

1. CSS 是利用什么 HTML 标签对网页进行布局的？（　　）

A. <table>　　B. <div>　　C. <p>　　D. <span>

2. 用于设置 CSS 盒模型左侧外边距的属性是哪个？（　　）

A. margin　　B. padding　　C. margin-left　　D. padding-left

3. CSS 盒模型主要包括哪几个 CSS 属性？（　　）。（多选）

A. font　　B. margin　　C. padding

D. content　　E. border

4. 如果需要设置元素的内填充按顺时针方向分别为 10、20、30 和 40，则正确的 CSS 属性设置是哪个？（　　）

A. padding:10px 20px 30px 40px;　　B. margin:10px 30px;

C. padding:10px 30px;　　D. margin:10px 20px 30px 40px;

二、填空题

1. 合理的页面布局中通常是结构与表现相分离的，那么结构是（　　），表现是（　　）。

2. 一个大 Div 中包含一个小 Div，如果需要设置小的 Div 与大 Div 的左边距为 5 px，则在小 Div 的 CSS 样式中设置什么 CSS 属性？（　　）。

三、简答题

1. CSS 盒模型由哪几个部分组成？

2. 在网页中设置 ID 名称时需要注意什么？

PART 5 第 5 章

使用CSS样式设置网页文本

本章简介：

文字作为传递信息的主要手段，一直都是网页中必不可少的一个元素。使用 CSS 对文字样式进行控制是一种非常好的方法，不仅能够灵活控制文字样式，还便于设计师对网页内容进行修改和设置。本章主要介绍如何通过 CSS 样式对网页中的文本和段落进行有效的控制。

本章重点：

- 理解各种文字控制 CSS 属性的语法及属性设置
- 掌握使用 CSS 样式对网页中的文字进行控制
- 理解各种段落控制 CSS 属性的语法及属性设置
- 掌握使用 CSS 样式对网页中的段落进行控制
- 掌握 CSS 3.0 中新增对文字进行控制的方法

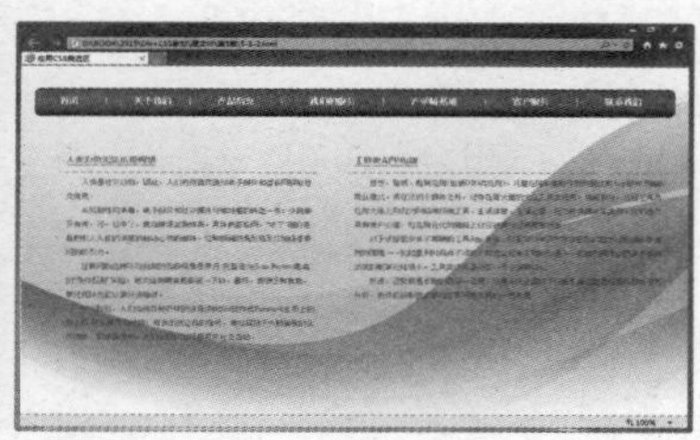

5.1 使用 CSS 样式控制文本

在制作网站页面时，可以通过 CSS 控制文字样式，对文字的字体、大小、颜色、粗细、斜体、下画线、顶画线和删除线等属性进行设置。使用 CSS 控制文字样式的最大好处是，可以同时为多段文字赋予同一 CSS 样式，在修改时只需要修改某一个 CSS 样式，即可同时修改应用该 CSS 样式的所有文字。

5.1.1 font-family 属性

在 HTML 中提供了字体样式设置的功能，在 HTML 语言中文字样式是通过<font face="字体名称">来设置的，而在 CSS 样式中则是通过 font-family 属性来进行设置的。font-family 属性的语法格式如下。

```
font-family:name1,name2,name3…;
```

通过 font-family 属性的语法格式可以看出，可以为 font-family 属性定义多个字体，按优先顺序，用逗号隔开，当系统中没有第一种字体时会自动应用第二种字体，依此类推。需要注意的是如果字体名称中包含空格，则字体名称需要用双引号括起来。

自测 1

设置网页中的字体

最终文件：云盘\最终文件\第 5 章\5-1-1.html

视　　频：云盘\视频\第 5 章\5-1-1.swf

STEP 1 执行“文件>打开”命令，打开页面“云盘\源文件\第 5 章\5-1-1.html”，页面效果如图 5-1 所示。转换到该网页链接的外部样式表文件中，创建名为.font01 的类 CSS 样式，如图 5-2 所示。

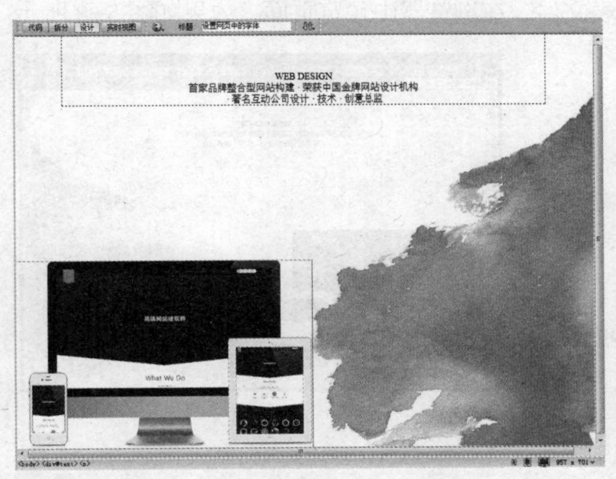

图 5-1

```
.font01{
    font-family:"Arial Black";
}
```

图 5-2

STEP 2 返回设计页面中，选择页面中相应的文字，在属性面板的“类”下拉列表中选择刚定义的 CSS 样式 font01 应用，如图 5-3 所示。完成类 CSS 样式的应用后，可以看到字体的效果，如图 5-4 所示。

图 5-3

WEB DESIGN
首家品牌整合型网站构建 · 荣获中国金牌网站设计机构
· 著名互动公司设计 · 技术 · 创意总监

图 5-4

STEP 3 转换到外部样式表文件中，创建名为.font02 的类 CSS 样式，如图 5-5 所示。返回设计页面中，选择页面中相应的文字，在“属性”面板的“类”下拉列表中选择刚定义的 CSS 样式 font02 应用，如图 5-6 所示。

```
.font02{
    font-family: 微软雅黑;
}
```

图 5-5

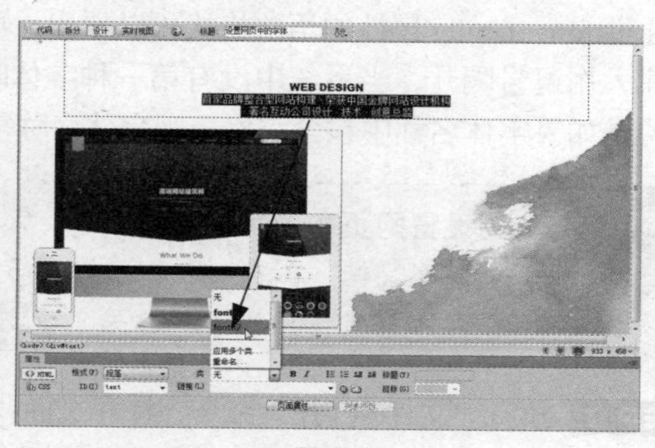

图 5-6

STEP 4 完成类 CSS 样式的应用后，可以看到字体的效果，如图 5-7 所示。执行“文件>保存”命令，保存页面，并保存外部 CSS 样式表文件，在浏览器中预览页面，效果如图 5-8 所示。

WEB DESIGN
首家品牌整合型网站构建 · 荣获中国金牌网站设计机构
· 著名互动公司设计 · 技术 · 创意总监

图 5-7

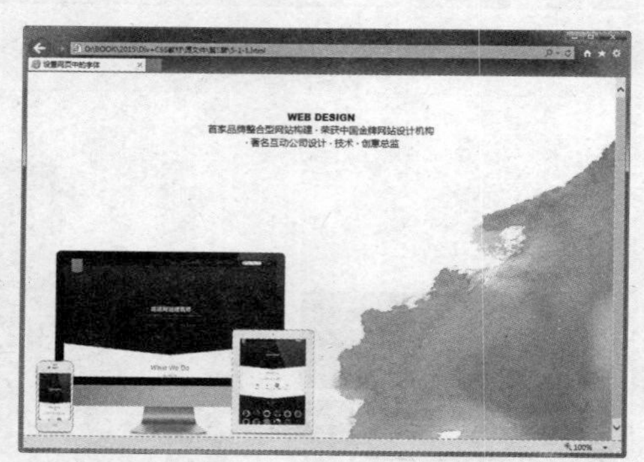

图 5-8

提示

在默认情况下，中文操作系统中默认的中文字体有宋体、黑体、幼圆和微软雅黑，其他的字体都不是系统默认支持的字体。如果需要使用一些特殊的字体，则需要通过图像来实现，否则在用户的浏览器中可能显示不出所设置的特殊字体。

5.1.2 font-size 属性

在网页应用中，字体大小的区别可以起到突出网站主题的作用。字体大小可以是相对大小也可以是绝对大小。在 CSS 中，可以通过设置 font-size 属性来控制字体的大小。font-size 属性的基本语法如下。

```
font-size:字体大小;
```

设置网页中的字体大小

最终文件：云盘\最终文件\第 5 章\5-1-2.html

视　　频：云盘\视频\第 5 章\5-1-2.swf

22

STEP 1 执行“文件>打开”命令，打开页面“云盘\源文件\第 5 章\5-1-2.html”，页面效果如图 5-9 所示。转换到该网页链接的外部样式表文件中，创建名为.font01 的类 CSS 样式，如图 5-10 所示。

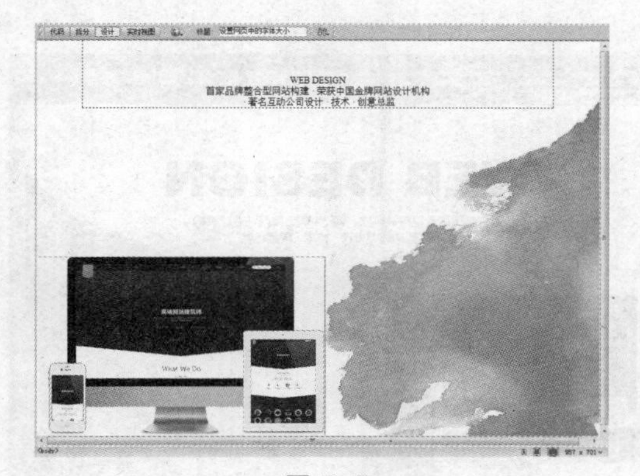

图 5-9

```
.font01{
    font-family: "Arial Black";
    font-size: 80px;
}
```

图 5-10

STEP 2 返回设计页面中，选择页面中相应的文字，在“类”下拉列表中选择刚定义的 CSS 样式 font01 应用，如图 5-11 所示。完成类 CSS 样式的应用后，可以看到文字的效果，如图 5-12 所示。

图 5-11

WEB DESIGN

首家品牌整合型网站构建 · 荣获中国金牌网站设计机构

· 著名互动公司设计 · 技术 · 创意总监

图 5-12

STEP 3 转换到外部样式表文件中，创建名为.font02 的类 CSS 样式，如图 5-13 所示。返回设计中，选中页面中相应的文字，在“类”下拉列表中选择刚定义的 CSS 样式 font02 应用，如图 5-14 所示。

```
.font02 {
    font-family: 微软雅黑;
    font-size: 20px;
}
```

图 5-13

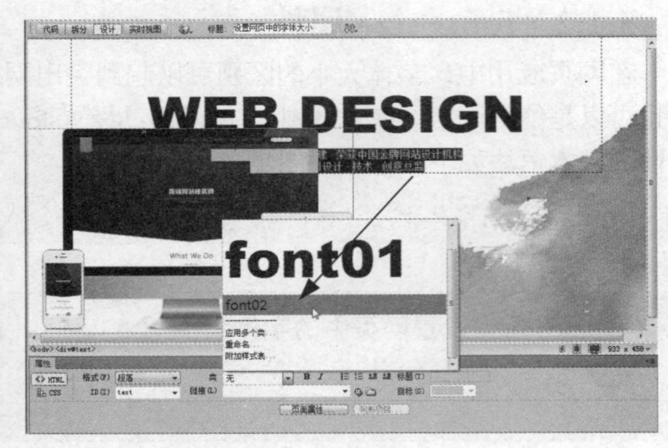

图 5-14

STEP 4 完成类 CSS 样式的应用后，可以看到文字的效果，如图 5-15 所示。执行“文件>保存”命令，保存页面，保存外部 CSS 样式表文件，在浏览器中预览页面，效果如图 5-16 所示。

WEB DESIGN

首家品牌整合型网站构建 · 荣获中国金牌网站设计机构

· 著名互动公司设计 · 技术 · 创意总监

图 5-15

图 5-16

在设置字体大小时，可以使用绝对大小单位也可以使用相对大小单位。设置绝对大小需要使用绝对单位，使用绝对大小的方法设置的文字无论在何种分辨率下显示出来的字体大小都是不变的。关于 CSS 样式中相对大小单位和绝对大小单位已经在第 3 章进行了介绍。

5.1.3 color 属性

在 HTML 页面中，通常在页面的标题部分或者需要浏览者注意的部分使用不同的颜色，使其与其他文字有所区别，从而能够吸引浏览者的注意。在 CSS 样式中，文字的颜色是通过 color 属性进行设置的。

color 属性的基本语法如下。

```
color:颜色值;
```

在 CSS 样式中颜色值的表示方法有多种，可以使用颜色英文名称、RGB 和 HEX 等多种方式设置颜色值。

自测 3

设置网页中的字体颜色

最终文件：云盘\最终文件\第5章\5-1-3.html

视　　频：云盘\视频\第5章\5-1-3.swf

23

STEP 1 执行“文件>打开”命令，打开页面“云盘\源文件\第5章\5-1-3.html”，页面效果如图5-17所示。转换到该网页链接的外部样式表中，创建名为.font01的类CSS样式，如图5-18所示。

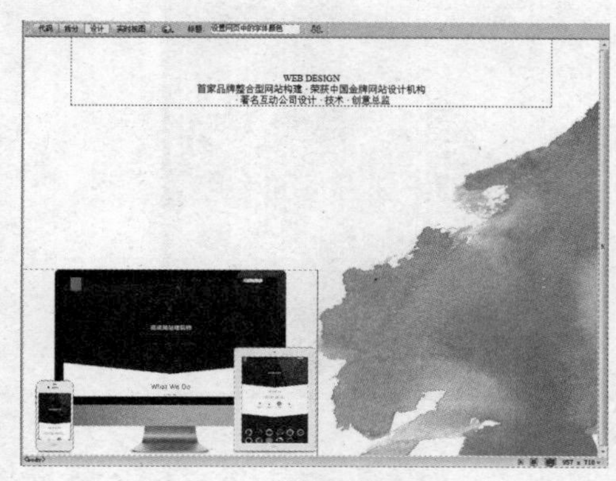

图 5-17

```
.font01{
    font-family: "Arial Black";
    font-size: 80px;
    color: #19BB65;
}
```

图 5-18

STEP 2 返回网页设计视图，选择页面中相应的文字，在“类”下拉列表中选择刚定义的CSS样式font01应用，如图5-19所示。完成类CSS样式的应用后，可以看到文字的效果，如图5-20所示。

图 5-19

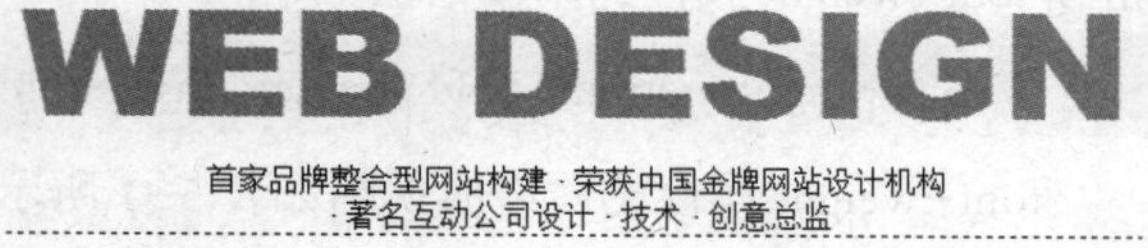

WEB DESIGN

首家品牌整合型网站构建 · 荣获中国金牌网站设计机构

· 著名互动公司设计 · 技术 · 创意总监

图 5-20

STEP 3 转换到外部样式表文件中，创建名为.font02的类CSS样式，如图5-21所示。返回设计页面中，选中页面中相应的文字，在“类”下拉列表中选择刚定义的CSS样式font02应用，效果如图5-22所示。

```
.font02{
    font-family: 微软雅黑;
    font-size: 20px;
    color:#666666;
}
```

图 5-21

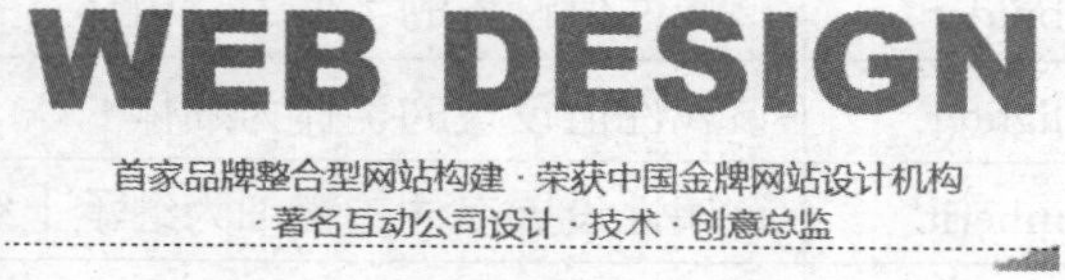

WEB DESIGN

首家品牌整合型网站构建 · 荣获中国金牌网站设计机构

· 著名互动公司设计 · 技术 · 创意总监

图 5-22

STEP 4 执行“文件>保存”命令，保存页面，并保存外部 CSS 样式表文件，在浏览器中预览页面，效果如图 5-23 所示。

图 5-23

提示

在 HTML 页面中，每一种颜色都是由 R、G、B 3 种颜色（红、绿、蓝 3 原色）按不同的比例合成。在网页中，默认的颜色表现方式是十六进制的表现方式，如#000000，以#号开头，前面两位代表红色的分量，中间两位代表绿色的分量，最后两位代表蓝色的分量。

5.1.4 font-weight 属性

在 HTML 页面中，将字体加粗或变细是吸引浏览者注意的另一种方式，同时还可以使网页的表现形式更多样。在 CSS 样式中通过 font-weight 属性对字体的粗细进行控制。定义字体粗细 font-weight 属性的基本语法如下。

```
font-weight: normal | bold | bolder | lighter | inherit | 100~900;
```

font-weight 属性的属性值说明如表 5-1 所示。

表 5-1　font-weight 属性值说明

属性值	说　明
normal	该属性值设置字体为正常的字体，相当于参数为 400
bold	该属性值设置字体为粗体，相当于参数为 700
bolder	该属性值设置的字体为特粗体
lighter	该属性值设置的字体为细体
inherit	该属性设置字体的粗细为继承上级元素的 font-weight 属性设置
100~900	font-weight 属性值还可以通过 100 ~ 900 之间的数值来设置字体的粗细

提示

使用 font-weight 属性设置网页中文字的粗细时，将 font-weight 属性设置为 bold 和 bolder，对于中文字体，在视觉效果上几乎是一样的，没有什么区别，对于部分英文字体会有区别。

自测 4

24

设置网页中的字体加粗

最终文件：云盘\最终文件\第 5 章\5-1-4.html

视　　频：云盘\视频\第 5 章\5-1-4.swf

STEP 1 执行“文件>打开”命令，打开页面“云盘\源文件\第 5 章\5-1-4.html”，页面效果如图 5-24 所示。转换到该网页链接的外部样式表中，创建名为.font01 的类 CSS 样式，如图 5-25 所示。

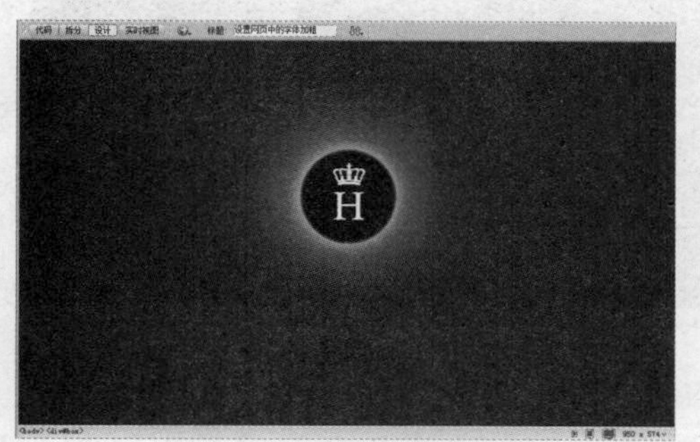

图 5-24

```
.font01 {
    font-family: 微软雅黑;
    font-size: 36px;
    color: #FFF;
    line-height: 70px;
    font-weight: bold;
}
```

图 5-25

STEP 2 返回设计页面中，选择页面中相应的文字，在“类”下拉列表中选择刚定义的 CSS 样式 font01 应用，如图 5-26 所示。完成类 CSS 样式的应用后，可以看到文字的效果，如图 5-27 所示。

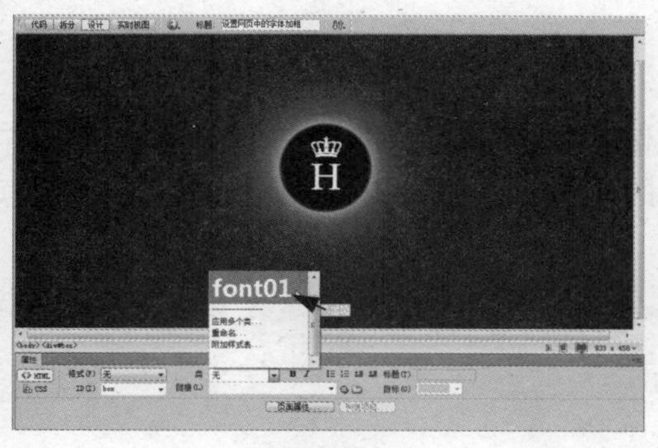

图 5-26

图 5-27

STEP 3 转换到外部样式表文件中，创建名为.font02 的类 CSS 样式，如图 5-28 所示。返回设计页面中，选择页面中相应的文字，在“类”下拉列表中选择刚定义的 CSS 样式 font02 应用，如图 5-29 所示。

STEP 4 完成类 CSS 样式的应用后，可以看到文字的效果，如图 5-30 所示。执行“文件>保存”命令，保存页面，并保存外部 CSS 样式表文件，在浏览器中预览页面，效果如图 5-31 所示。

```
.font02 {
    font-family: 微软雅黑;
    font-size: 16px;
    color: #D74939;
}
```

图 5-28

图 5-29

图 5-30

图 5-31

提示

在设置页面字体粗细时，文字的加粗或者细化都有一定的限制，字体粗细数值的设置范围是 100～900，不会出现无限加粗或者无限细化的现象。如果出现高于最大值或者低于最小值的情况，则字体的粗细则会以最大值 900 或者最小值 100 为界限。

5.1.5　font-style 属性

所谓字体样式，也就是平常所说的字体风格，在 Dreamweaver 中有 3 种不同的字体样式，分别是正常、斜体和偏斜体。在 CSS 中，字体的样式是通过 font-style 属性进行定义的。定义字体样式 font-style 属性的基本语法如下。

```
font-style: normal | italic | oblique;
```

font-style 属性的属性值说明如表 5-2 所示。

表 5-2　font-style 属性值说明

属性值	说　明
normal	该属性值是默认值，显示的是标准字体样式
italic	设置 font-weight 属性为该属性值，则显示的是斜体的字体样式
oblique	设置 font-weight 属性为该属性值，则显示的是倾斜的字体样式

25

自测 5

设置网页中的字体倾斜

最终文件：云盘\最终文件\第 5 章\5-1-5.html

视　　频：云盘\视频\第 5 章\5-1-5.swf

STEP 1 执行“文件>打开”命令，打开页面“云盘\源文件\第 5 章\5-1-5.html”，页面效果如图 5-32 所示。找到名为.font01 的类 CSS 样式代码，添加 font-style 属性设置代码，如图 5-33 所示。

图 5-32

```
.font01 {
    font-family: 微软雅黑;
    font-size: 36px;
    color: #FFF;
    line-height: 70px;
    font-weight: bold;
    font-style: normal;
}
```

图 5-33

STEP 2 返回设计页面中，可以看到网页中应用了名为 font01 的类 CSS 样式的文字并没有产生任何其他效果，如图 5-34 所示。转换到外部样式表文件中，找到名为.font02 的类 CSS 样式，添加 font-style 属性设置代码，如图 5-35 所示。

图 5-34

```
.font02 {
    font-family: 微软雅黑;
    font-size: 16px;
    color: #D74939;
    font-style: oblique;
}
```

图 5-35

STEP 3 返回设计页面中，可以看到网页中应用了名为 font02 的类 CSS 样式的文字产生了倾斜效果，如图 5-36 所示。执行“文件>保存”命令，保存页面，并保存外部 CSS 样式表文件，在浏览器中预览页面，效果如图 5-37 所示。

图 5-36

图 5-37

斜体是指斜体字，也可以理解为使用文字的斜体；偏斜体则可以理解为强制文字进行斜体，并不是所有的文字都具备斜体属性，一般只有英文具备这个属性，如果想对一些不具备斜体属性的文字进行斜体设置，则需要通过设置偏斜体强行对其进行斜体设置。

5.1.6 text-transform 属性

英文字体大小写转换是由 CSS 提供的非常实用的功能之一，其主要通过设置英文段落的 text-transform 属性来定义的。text-transform 属性的基本语法如下。

```
text-transform: capitalize | uppercase | lowercase;
```

text-transform 属性的属性值说明如表 5-3 所示。

表 5-3 text-transform 属性值说明

属性值	说　明
capitalize	设置 text-transform 属性值为 capitalize，则表示单词首字母大写
uppercase	设置 text-transform 属性值为 capitalize，则表示单词所有字母全部大写
lowercase	设置 text-transform 属性值为 capitalize，则表示单词所有字母全部小写

26

自测 6

设置网页中英文大小写

最终文件：云盘\最终文件\第 5 章\5-1-6.html

视　　频：云盘\视频\第 5 章\5-1-6.swf

STEP 1 执行"文件>打开"命令，打开页面"云盘\源文件\第 5 章\5-1-6.html"，页面效果如图 5-38 所示。转换到该网页链接的外部样式表中，创建名为.font01 的类 CSS 样式，如图 5-39 所示。

图 5-38

```
.font01{
    text-transform:capitalize;
}
```

图 5-39

STEP 2 返回设计页面中，选择页面中相应的文字，在"类"下拉列表中选择刚定义的 CSS 样式 font01 应用，如图 5-40 所示。完成类 CSS 样式的应用后，可以看到英文单词首字母大写的效果，如图 5-41 所示。

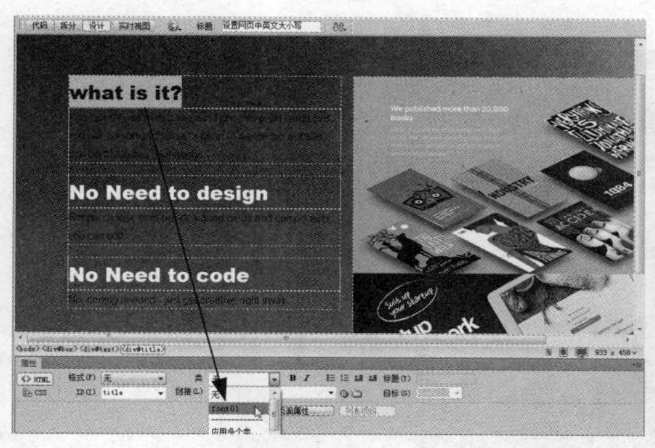

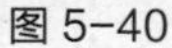
图 5-40

图 5-41

STEP 3 转换到外部样式表文件中，创建名为.font02 的类 CSS 样式，如图 5-42 所示。返回设计页面中，选中页面中相应的文字，在“类”下拉列表中选择刚定义的 CSS 样式 font02 应用，可以看到英文单词所有字母大写的效果，如图 5-43 所示。

```
.font02{
    text-transform:uppercase;
}
```

图 5-42

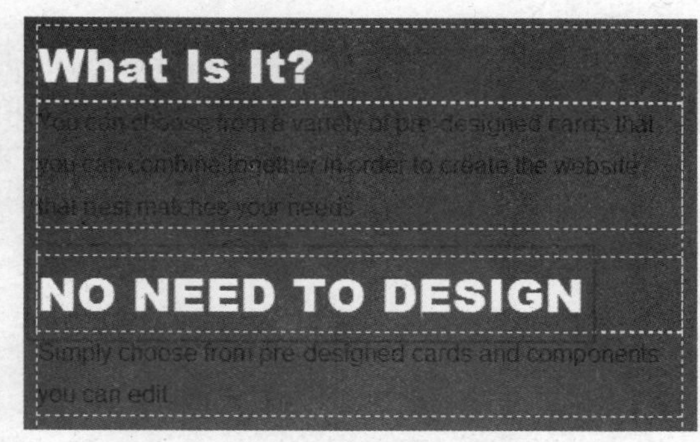

图 5-43

STEP 4 转换到外部样式表文件中，创建名为.font03 的类 CSS 样式，如图 5-44 所示。返回设计页面中，选中页面中相应的文字，在“类”下拉列表中选择刚定义的 CSS 样式 font03 应用，可以看到英文单词所有字母小写的效果，如图 5-45 所示。

```
.font03{
    text-transform:lowercase;
}
```

图 5-44

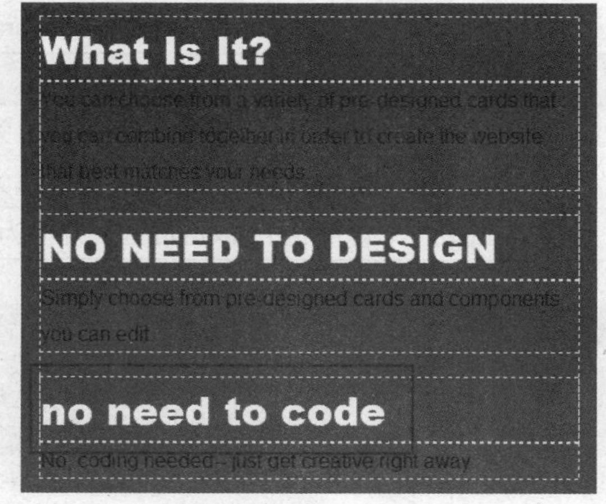

图 5-45

STEP 5 执行“文件>保存”命令，保存页面，并保存外部 CSS 样式表文件，在浏览器中预览页面，效果如图 5-46 所示。

图 5-46

提示

在 CSS 中设置 text-transform 属性值为 capitalize，便可以定义英文单词的首字母大写。但是需要注意，如果单词之间有逗号或句号等标点符号隔开，那么标点符号后的英文单词便不能实现首字母大写的效果，解决的办法是，在该单词前面加上一个空格，便能实现首字母大写的样式。

5.1.7 text-decoration 属性

在网站页面的设计中，为文字添加下画线、顶画线和删除线是美化和装饰网页的一种方法。在 CSS 样式中，可以通过 text-decoration 属性来实现这些效果。text-decoration 属性的基本语法如下。

```
text-decoration: underline | overline | lin-throuth;
```

text-transform 属性的属性值说明如表 5-4 所示。

表 5-4 text-decoration 属性值说明

属性值	说 明
underline	设置 text-decoration 属性值为 underline，则可以为文字添加下画线效果
overline	设置 text-decoration 属性值为 overline，则可以为文字添加顶画线效果
line-through	设置 text-decoration 属性值为 line-through，则可以为文字添加删除线效果

27

自测 7

为网页中的文字添加修饰

最终文件：云盘\最终文件\第 5 章\5-1-7.html

视　　频：云盘\视频\第 5 章\5-1-7.swf

STEP 1 执行“文件>打开”命令，打开页面“云盘\源文件\第 5 章\5-1-7.html”，页面效

果如图 5-47 所示。转换到该网页链接的外部样式表中，创建名为.font01 的类 CSS 样式，如图 5-48 所示。

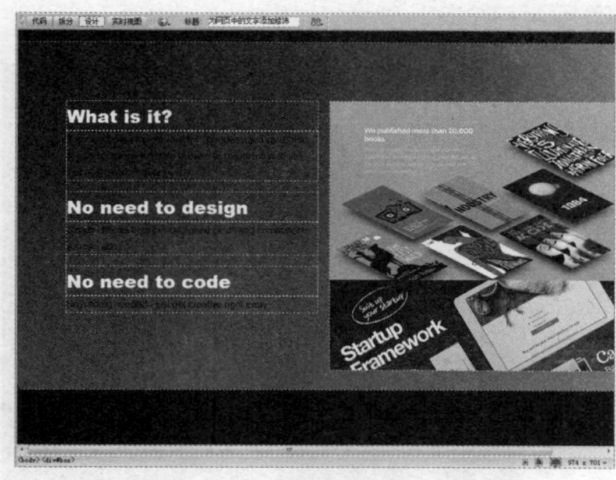

图 5-47

```
.font01{
    text-decoration:underline;
}
```

图 5-48

STEP 2 返回设计页面中，选择页面中相应的文字，在“类”下拉列表中选择刚定义的 CSS 样式 font01 应用，如图 5-49 所示。完成类 CSS 样式的应用后，可以看到为文字添加下画线的效果，如图 5-50 所示。

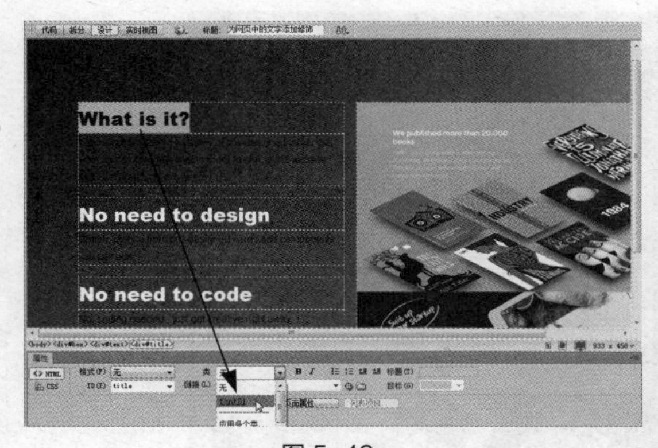

图 5-49

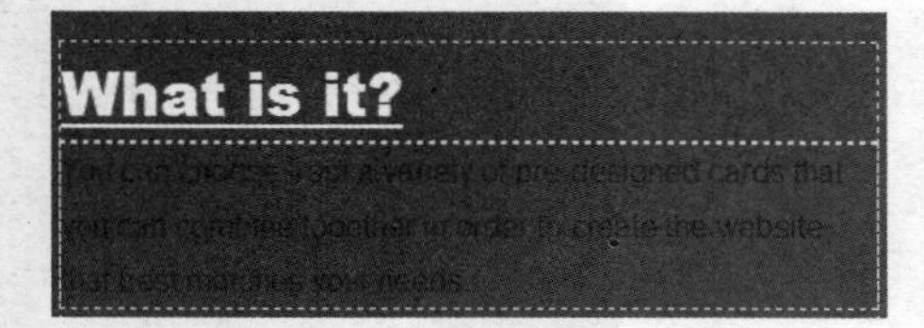

图 5-50

STEP 3 转换到外部样式表文件中，创建名为.font02 的类 CSS 样式，如图 5-51 所示。返回设计视图中，选中页面中相应的文字，在“类”下拉列表中选择刚定义的 CSS 样式 font02 应用，在实时视图中预览效果，可以看到为文字添加顶画线的效果，如图 5-52 所示。

```
.font02 {
    text-decoration: overline;
}
```

图 5-51

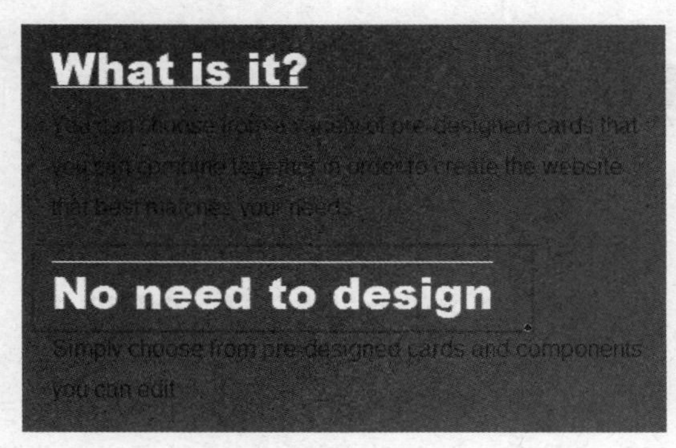

图 5-52

STEP 4 转换到外部样式表文件中，创建名为.font03 的类 CSS 样式，如图 5-53 所示。返回设计页面中，选中页面中相应的文字，在“类”下拉列表中选择刚定义的 CSS 样式 font03 应用，可以看到为文字添加删除线的效果，如图 5-54 所示。

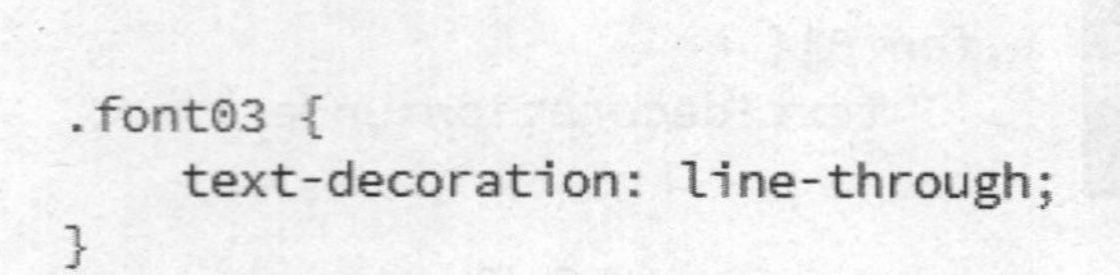

```
.font03 {
    text-decoration: line-through;
}
```

图 5-53

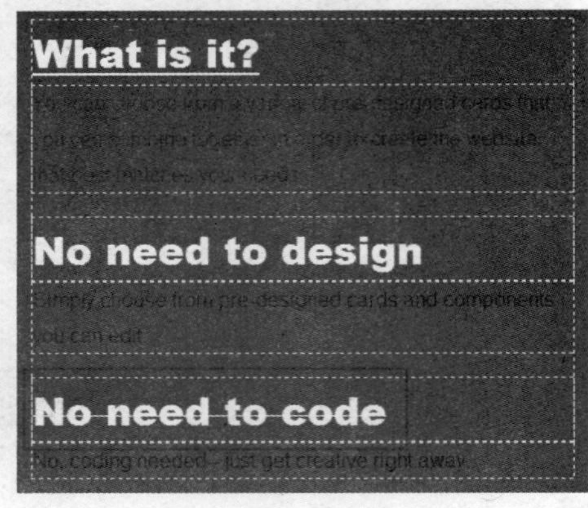

图 5-54

STEP 5 执行“文件>保存”命令，保存页面，并保存外部 CSS 样式表文件，在浏览器中预览页面，效果如图 5-55 所示。

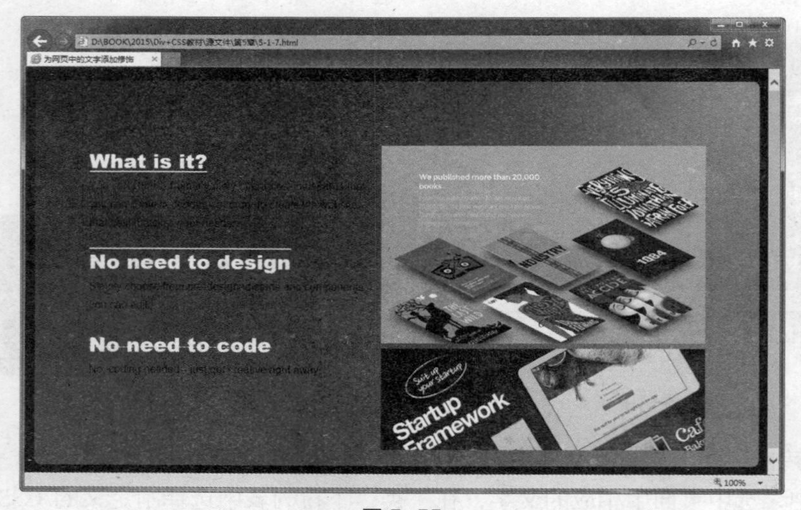

图 5-55

提示

在对网页进行设计制作时，如果希望文字既有下画线，同时也有顶画线和删除线，在 CSS 样式中，可以将下画线和顶画线或者删除线的值同时赋予到 text-decoration 属性上。

5.2 使用 CSS 样式控制段落

在设计网页时，CSS 样式可以控制字体样式，同时也可以控制字间距和段落样式。但在大多数情况下，文字样式只能对少数文字起作用，对于段落文字来说，还需要通过专门的段落样式进行控制。

5.2.1 letter-spacing 属性

在 CSS 样式中，字间距的控制是通过 letter-spacing 属性来进行调整的，该属性既可以设置相对数值，也可以设置绝对数值，但在大多数情况下使用相对数值进行设置。letter-spacing 属性的语法格式如下。

```
letter-spacing: 字间距;
```

自测 8

28

设置文本字符间距

最终文件：云盘\最终文件\第 5 章\5-2-1.html

视　　频：云盘\视频\第 5 章\5-2-1.swf

STEP 1 执行“文件>打开”命令，打开页面“云盘\源文件\第 5 章\5-2-1.html”，可以看到页面效果，如图 5-56 所示。转换到该网页链接的外部样式表中，创建名为.font01 的类 CSS 样式，如图 5-57 所示。

图 5-56

```
.font01{
    letter-spacing:12px;
}
```

图 5-57

STEP 2 返回设计页面中，选择页面中相应的文字，在“类”下拉列表中选择刚定义的 CSS 样式 font01 应用，如图 5-58 所示。完成类 CSS 样式的应用后，可以看到设置字符间距的效果，如图 5-59 所示。

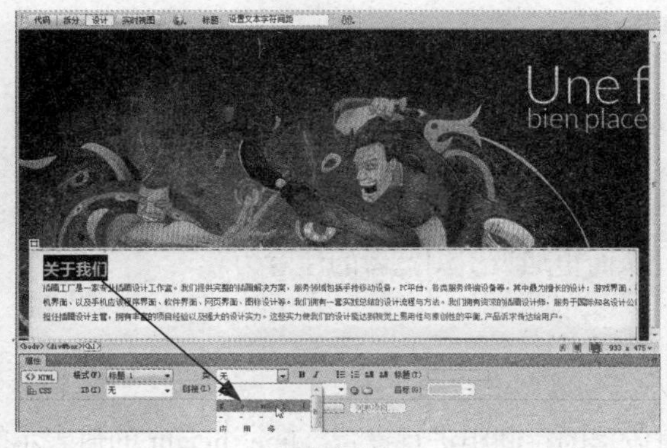

图 5-58

关 于 我 们

插画工厂是一家专业插画设计工作室。我们提供完整的插画解决方案，

机界面以及手机应该程序界面、软件界面、网页界面和图标设计等。

担任插画设计主管，拥有丰富的项目经验以及强大的设计实力。这些实

图 5-59

STEP 3 转换到外部样式表文件中，创建名为.font02的类CSS样式，如图5-60所示。返回设计页面中，选中页面中相应的文字，在“类”下拉列表中选择刚定义的CSS样式font02应用，效果如图5-61所示。

```
.font02{
    letter-spacing: 0.2em;
}
```

图 5-60

图 5-61

提示

em是相对大小单位，是指相对于父元素的大小值。所谓父元素是指当前输入文字的最近一级元素所设置的字体大小，如果父元素未设置的话则字体的大小会按照浏览器默认的比例显示，显示器的默认显示比例是1em=16 px。

STEP 4 执行“文件>保存”命令，保存页面，并保存外部CSS样式表文件，在浏览器中预览页面，效果如图5-62所示。

图 5-62

提示

在对网页中的文本设置字间距时，需要根据页面整体的布局和构图进行适当的设置，同时还要考虑到文本内容的性质。如果是一些新闻类的文本则不宜设置得太过夸张和花哨，应以严谨、整齐为主；如果是艺术类网站的话，则可以尽情展示文字的多样化风格，从而更加吸引浏览者的注意力。

5.2.2 line-height属性

在CSS中，可以通过line-height属性对段落的行间距进行设置。line-height的值表示的是两行文字基线之间的距离，既可以设置相对数值，也可以设置绝对数值。line-height 属性的基本语法格式如下。

```
line-height: 行间距;
```

通常在静态页面中，字体的大小使用的是绝对数值，从而达到页面整体的统一，但在一些论坛或者博客等用户可以自由定义字体大小的网页中，使用的则是相对数值，从而便于用户通过设置字体大小来改变相应行距。

29

设置文本行间距

最终文件：云盘\最终文件\第 5 章\5-2-2.html

视　　频：云盘\视频\第 5 章\5-2-2.swf

STEP 1 执行“文件>打开”命令，打开页面“云盘\源文件\第 5 章\5-2-2.html”，页面效果如图 5-63 所示。转换到该网页链接的外部样式表中，创建名为.font01 的类 CSS 样式，如图 5-64 所示。

图 5-63

```
.font01{
    line-height: 30px;
}
```

图 5-64

STEP 2 返回设计页面中，选择页面中相应的文字，在“类”下拉列表中选择刚定义的 CSS 样式 font01 应用，如图 5-65 所示。完成类 CSS 样式的应用后，可以看到所设置的文本行距效果，如图 5-66 所示。

图 5-65

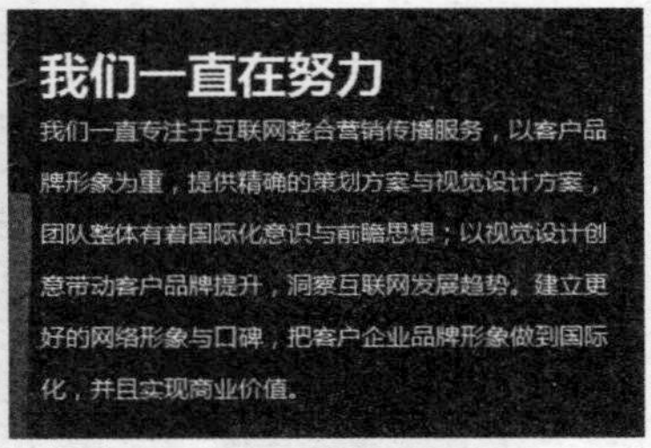

我们一直在努力

我们一直专注于互联网整合营销传播服务，以客户品牌形象为重，提供精确的策划方案与视觉设计方案，团队整体有着国际化意识与前瞻思想；以视觉设计创意带动客户品牌提升，洞察互联网发展趋势，建立更好的网络形象与口碑，把客户企业品牌形象做到国际化，并且实现商业价值。

图 5-66

STEP 3 执行“文件>保存”命令，保存页面，并保存外部 CSS 样式表文件，在浏览器中预览页面，效果如图 5-67 所示。

图 5-67

由于是通过相对行距的方式对该段文字进行设置的，因此行间距会随着字体大小的变化而变化，从而不会出现因为字体变大而出现行间距过宽或者过窄的情况。

5.2.3 text-indent 属性

段落首行缩进在一些文章开头通常都会用到。段落首行缩进是对一个段落的第 1 行文字缩进两个字符进行显示。在 CSS 样式中，是通过 text-indent 属性进行设置的。text-indent 属性的基本语法如下。

```
text-indent:首行缩进量;
```

30

设置段落文本首行缩进

最终文件：云盘\最终文件\第 5 章\5-2-3.html

视　　频：云盘\视频\第 5 章\5-2-3.swf

STEP 1 执行“文件>打开”命令，打开页面“云盘\源文件\第 5 章\5-2-3.html”，可以看到页面中段落文本的效果，如图 5-68 所示。转换到该网页链接的外部样式表中，创建名为.font01 的类 CSS 样式，如图 5-69 所示。

我们一直在努力

我们一直专注于互联网整合营销传播服务，以客户品牌形象为重，提供精确的策划方案与视觉设计方案，团队整体有着国际化意识与前瞻思想；以视觉设计创意带动客户品牌提升，洞察互联网发展趋势，建立更好的网络形象与口碑，把客户企业品牌形象做到国际化，并且实现商业价值。

图 5-68

```
.font01{
    line-height: 27px;
    text-indent: 28px;
}
```

图 5-69

STEP 2 返回设计页面中，选择页面中相应的段落文本，在“类”下拉列表中选择刚定义的 CSS 样式 font01 应用，如图 5-70 所示。完成类 CSS 样式的应用后，效果如图 5-71 所示。

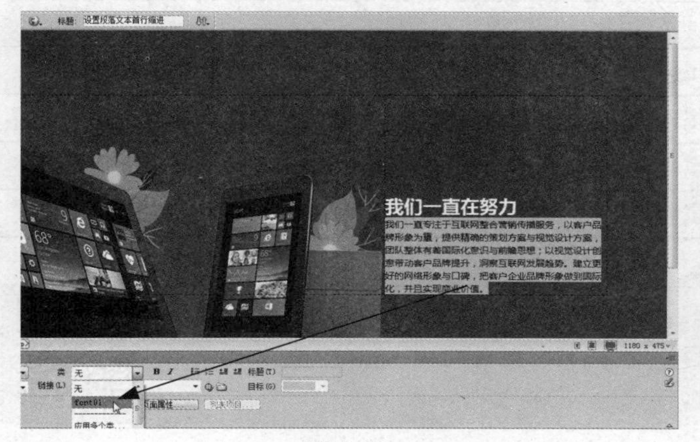

图 5-70　　　　　　　　　　图 5-71

通常，一般文章段落的首行缩进在两个字符的位置，因此，在 Dreamweaver 中使用 CSS 样式对段落设置首行缩进时，首先需要明白该段落字体的大小，然后再根据字体的大小设置首行缩进的数值。例如，当段落中字体大小为 12 px 时，应设置首行缩进的值为 24 px。

STEP 3 执行“文件>保存”命令，保存页面，并保存外部 CSS 样式表文件，在浏览器中预览页面，效果如图 5-72 所示。

图 5-72

5.2.4 text-align 属性

在 CSS 样式中，段落的水平对齐是通过 text-align 属性进行控制的，段落对齐有 4 种方式，分别为左对齐、水平居中对齐、右对齐和两端对齐。text-align 属性的基本语法如下。

```
text-align: left | center | right | justify;
```

text-align 属性的属性值说明如表 5-5 所示。

表 5-5　text-align 属性值说明

属性值	说　明
left	设置 text-align 属性为 left，则表示段落的水平对齐方式为左对齐
center	设置 text-align 属性为 left，则表示段落的水平对齐方式为居中对齐
right	设置 text-align 属性为 left，则表示段落的水平对齐方式为右对齐
justify	设置 text-align 属性为 left，则表示段落的水平对齐方式为两端对齐

31

自测 11

设置文本水平对齐

最终文件：云盘\最终文件\第 5 章\5-2-4.html

视　　频：云盘\视频\第 5 章\5-2-4.swf

STEP 1 执行“文件>打开”命令，打开页面“云盘\源文件\第 5 章\5-2-4.html”，可以看到页面效果，如图 5-73 所示。转换到该网页链接的外部样式表文件中，创建名为.font01 的类 CSS 样式，如图 5-74 所示。

图 5-73

```
.font01 {
    text-align: left;
}
```

图 5-74

STEP 2 返回设计页面中，选中相应的段落文本，在“类”下拉列表中选择刚定义的类 CSS 样式 font01 应用，如图 5-75 所示，可以看到段落文本内容水平居左显示的效果。转换到外部样式表文件中，创建名为.font02 和.font03 的类 CSS 样式，如图 5-76 所示。

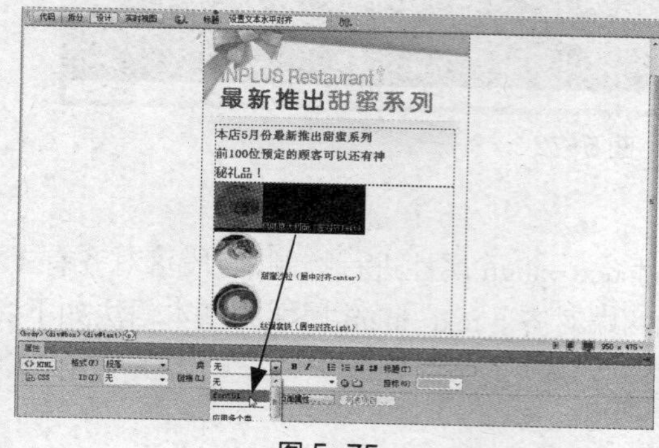

图 5-75

```
.font02 {
    text-align: center;
}
.font03 {
    text-align: right;
}
```

图 5-76

STEP 3 返回设计页面中，分别为相应的段落文本应用 font02 和 font03 的类 CSS 样式，可以看到文本水平居中对齐和水平居右对齐的效果，如图 5-77 所示。执行“文件>保存”命令，保存页面，并保存外部样式表文件，在浏览器中预览页面，效果如图 5-78 所示。

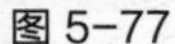

图 5-77

图 5-78

提示

两端对齐是美化段落文本的一种方法，可以使段落的两端与边界对齐。但两端对齐的方式只对整段的英文起作用，对于中文来说没有什么作用。这是因为英文段落在换行时为保留单词的完整性，整个单词会一起换行，所以会出现段落两端不对齐的情况。两端对齐只能对这种两端不对齐的段落起作用，而中文段落由于每一个文字与符号的宽度相同，在换行时段落是对齐的，因此自然不需要使用两端对齐。

5.2.5 vertical-align 属性

在 CSS 样式中，文本垂直对齐是通过 vertical-align 属性进行设置的，常见的文本垂直对齐方式有 3 种，分别为顶端对齐、垂直居中对齐和底端对齐。vertical-align 属性的语法格式如下。

```
vertical-align: 对齐方式;
```

32

自测 12

设置文本垂直对齐

最终文件：云盘\最终文件\第 5 章\5-2-5.html

视　　频：云盘\视频\第 5 章\5-2-5.swf

STEP 1 执行“文件>打开”命令，打开页面“云盘\源文件\第 5 章\5-2-5.html”，页面效果如图 5-79 所示。转换到该网页链接的外部样式表文件中，创建名为.font01 的类 CSS 样式，如图 5-80 所示。

STEP 2 返回设计页面中，选中相应的图片，在 Class 下拉列表中选择刚定义的类 CSS 样式 font01 应用，如图 5-81 所示。可以看到文本与图像顶端对齐的效果，如图 5-82 所示。

图 5-79

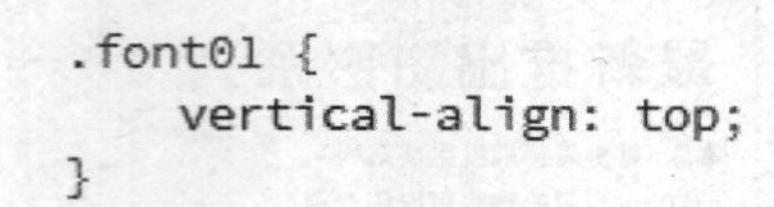

```
.font01 {
    vertical-align: top;
}
```

图 5-80

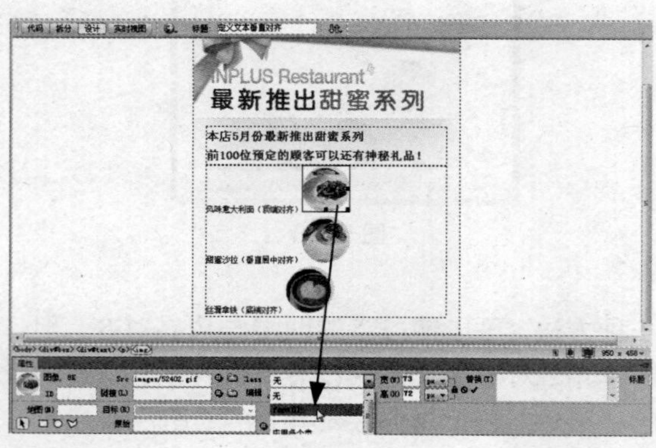

图 5-81

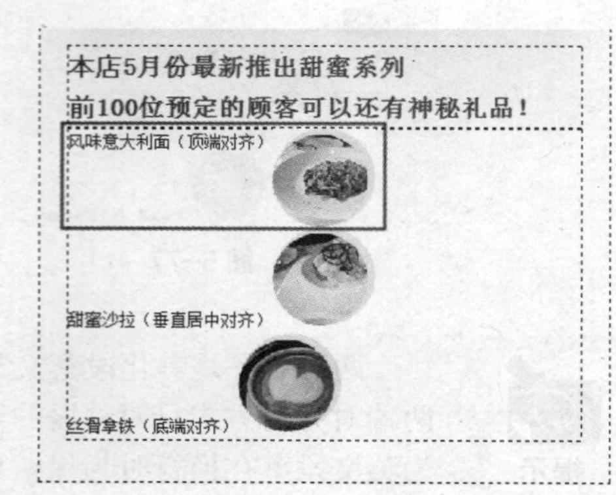

图 5-82

提示

在使用 CSS 样式为文字设置垂直对齐时，首先必须要选择一个参照物，也就是行内元素。但是在设置时，由于文字并不属于行内元素，因此，在 Div 中不能直接对文字进行垂直对齐的设置，只能对元素中的图片进行垂直对齐设置，从而达到文字的对齐效果。

STEP 3 转换到外部样式表文件中，分别创建名为.font02 和.font03 的类 CSS 样式，如图 5-83 所示。返回设计页面中，分别为相应的图像应用所创建的类 CSS 样式，执行“文件>保存”命令，保存页面，并保存外部样式表文件，在浏览器中预览页面，效果如图 5-84 所示。

```
.font02 {
    vertical-align: middle;
}
.font03 {
    vertical-align: bottom;
}
```

图 5-83

图 5-84

提示

段落垂直对齐只对行内元素起作用，行内元素也称为内联元素，在没有任何布局属性作用时，默认排列方式是同行排列，直到宽度超出包含的容器宽度时才会自动换行。段落垂直对齐需要在行内元素中进行，如<span></span>、<p></p>以及图片等，否则段落垂直对齐不会起作用。

5.2.6 段落首字下沉

首字下沉也称首字放大，一般应用在报纸、杂志或者网页上的一些文章中，开篇的第一个字都会使用首字下沉的效果进行排版，以此来吸引浏览者的目光。在 CSS 样式中，首字下沉是通过对段落中的第一个文字单独设置 CSS 样式来实现的。其基本语法如下。

```
font-size: 文字大小;
float: 浮动方式;
```


自测 13

实现段落文本首字下沉效果

最终文件：云盘\最终文件\第 5 章\5-2-6.html

视　　频：云盘\视频\第 5 章\5-2-6.swf

STEP 1 执行“文件>打开”命令，打开页面“云盘\源文件\第 5 章\5-2-6.html”，页面效果如图 5-85 所示。转换到该网页链接的外部样式表中，创建名为.font02 的类 CSS 样式，如图 5-86 所示。

图 5-85

```
.font02 {
    font-size: 24px;
    float: left;
}
```

图 5-86

STEP 2 返回设计页面中，选中段落中的第一个文字，在“类”下拉列表中选择刚定义的类 CSS 样式 font02 应用，如图 5-87 所示。完成类 CSS 样式的应用后，可以看到页面中段落首字下沉的效果，如图 5-88 所示。

STEP 3 执行“文件>保存”命令，保存页面，并保存外部 CSS 样式表文件，在浏览器中预览页面，效果如图 5-89 所示。

图 5-87

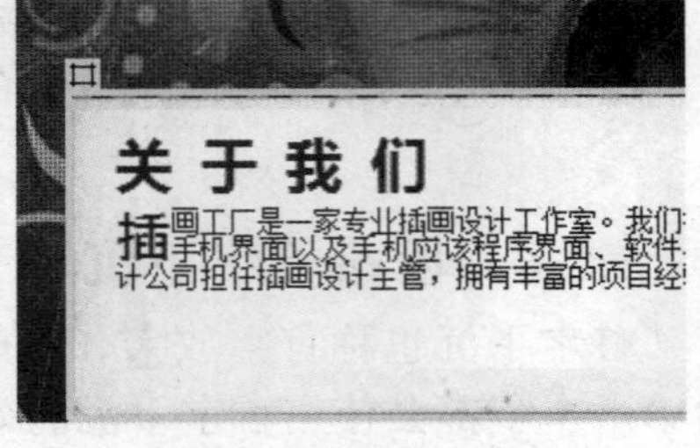

图 5-88

图 5-89

提示

首字下沉与其他设置段落的方式的区别在于，它是通过定义段落中第一个文字的大小并将其设置为左浮动而达到的页面效果。在 CSS 样式中可以看到，首字的大小是其他文字大小的一倍，并且首字大小不是固定不变的，主要是看页面整体布局和结构的需要。

5.3 实现特殊的文本效果

以前在网页中想要使用特殊的字体实现特殊的文字效果，只能是通过图片的方式来实现，非常麻烦也不利于修改。在 Dreamweaver CS6 以上版本中新增的 Web 字体功能，通过该功能可以加载特殊的字体，从而在网页中实现特殊的文字效果。

5.3.1 Web 字体

在 Dreamweaver 中可以通过 Web 字体的功能在网页中应用一些特殊的字体效果，通过特殊字体效果的应用，可以丰富页面的表现效果，接下来通过实战练习介绍如何使用 Web 字体功能在网页中实现特殊字体的效果。

在网页中实现特殊字体效果

最终文件：云盘\最终文件\第 5 章\5-3-1.html

视　　频：云盘\视频\第 5 章\5-3-1.swf

STEP 1 执行“文件>打开”命令，打开页面“云盘\源文件\第 5 章\5-3-1.html”，页面效果如图 5-90 所示。执行“修改>管理字体”命令，弹出“管理字体”对话框，如图 5-91 所示。

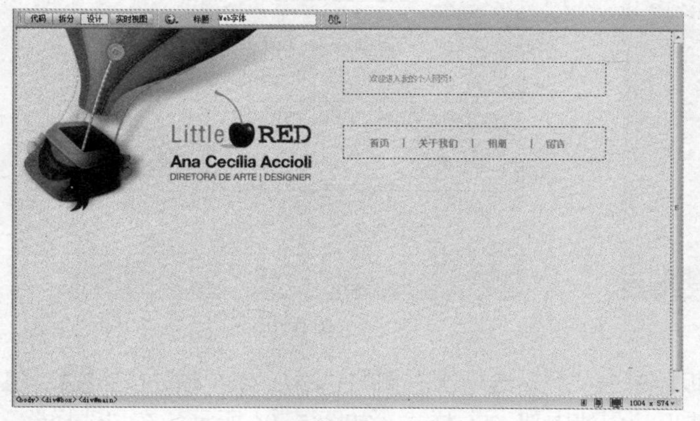

图 5-90

图 5-91

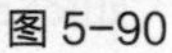

STEP 2 单击“本地 Web 字体”选项卡，切换到“本地 Web 字体”选项设置界面，如图 5-92 所示。单击“TTF 字体”选项后的“浏览”按钮，弹出“打开”对话框，选择需要添加的字体，如图 5-93 所示。

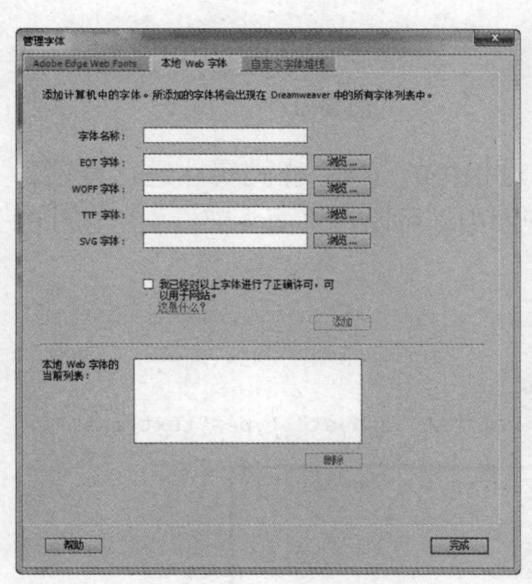

图 5-92

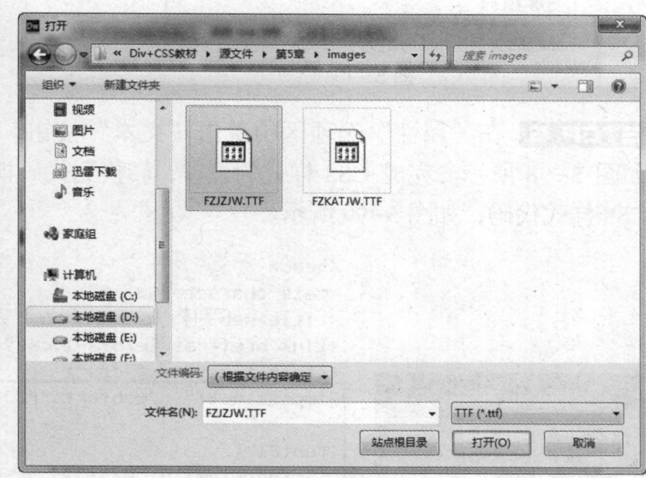

图 5-93

提示

在“添加 Web 字体”对话框中，可以添加 4 种格式的字体文件，分别单击各字体格式选项后的“浏览”按钮，即可添加相应格式的字体。

STEP 3 单击“确定”按钮，即可将所选择的字体添加到“管理字体”对话框中，如图 5-94 所示。勾选相应的复选框，并单击“添加”按钮，将该字体添加到“本地 Web 字体的当前列表”中，如图 5-95 所示，单击“完成”按钮，完成 Web 字体的添加。

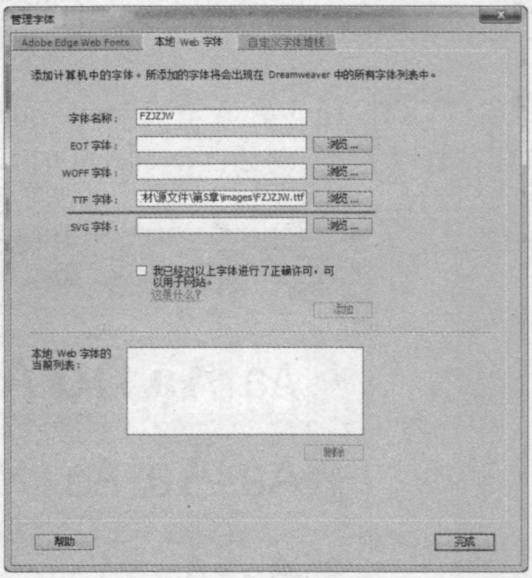

图 5-94

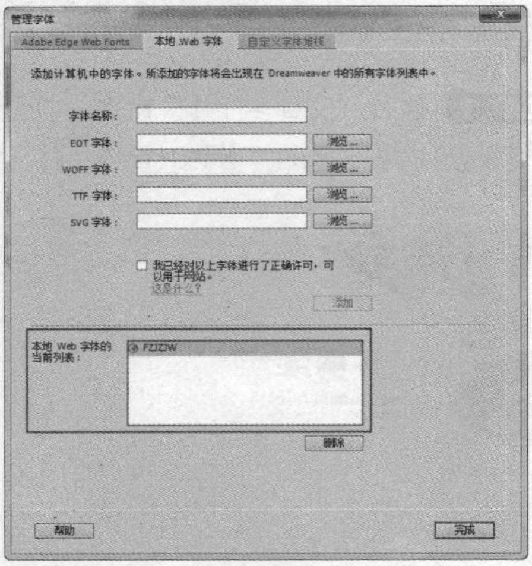

图 5-95

STEP 4 打开“CSS 设计器”面板，单击“源”选项区右侧的“添加 CSS 源”按钮，在弹出菜单中选择“在页面中定义”选项，创建内部 CSS 样式，如图 5-96 所示。在“选择器”选项区中创建名为.font01 的类 CSS 样式，如图 5-97 所示。

图 5-96

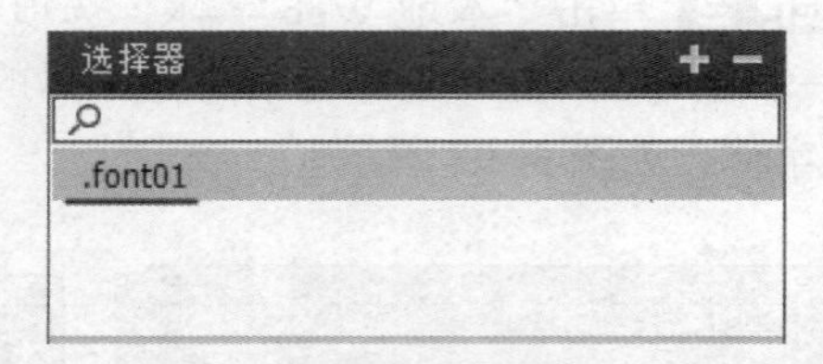

图 5-97

STEP 5 在“属性”选项区中单击“文本”按钮，对相关的 CSS 样式属性进行设置，如图 5-98 所示。完成 CSS 样式的设置，转换到代码视图中，可以在页面头部看到所创建的 CSS 样式代码，如图 5-99 所示。

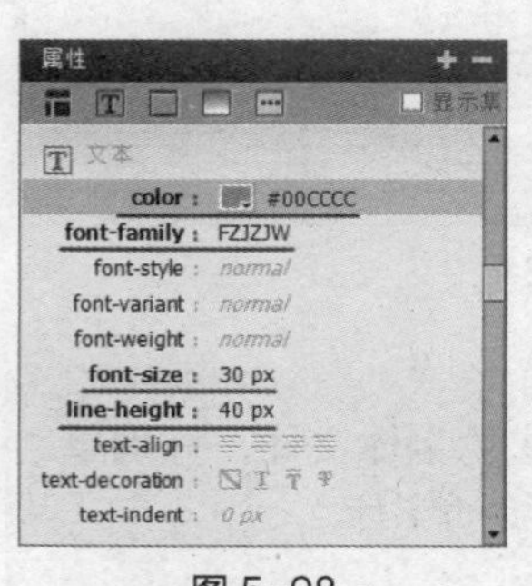

图 5-98

```
<head>
<meta charset="utf-8">
<title>Web字体</title>
<link href="style/5-3-1.css" rel="stylesheet" type="text/css" />
<style type="text/css">
@import url("../webfonts/FZJZJW/stylesheet.css");

.font01 {
    font-family: FZJZJW;
    font-size: 30px;
    line-height: 40px;
    color: #00CCCC;
}
</style>
</head>
```

图 5-99

STEP 6 返回设计视图，选中相应的文字，在“属性”面板上的“类”下拉列表中选择刚定义的名为 font01 的类 CSS 样式应用，如图 5-100 所示。保存页面，在 Chrome 浏览器中预览页面，可以看到网页中使用 Web 字体所实现的特殊字体效果，如图 5-101 所示。

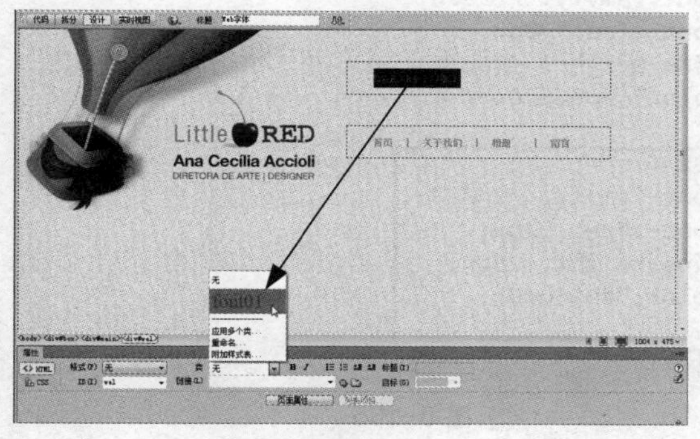

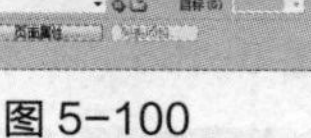

图 5-100

图 5-101

提示

目前，IE11 及以下版本的浏览器对 Web 字体还不提供支持，此处使用 Chrome 浏览器预览页面，就可以看到使用 Web 字体在网页中所实现的特殊字体效果。

STEP 7 在 CSS 样式定义了定义字体为所添加的 Web 字体，则会在当前站点的根目标中自动创建名为 webfonts 的文件夹，并在该文件夹中创建以 Web 字体名称命令的文件夹，如图 5-102 所示。在该文件夹中自动创建了所添加的 Web 字体文件和 CSS 样式表文件，如图 5-103 所示。

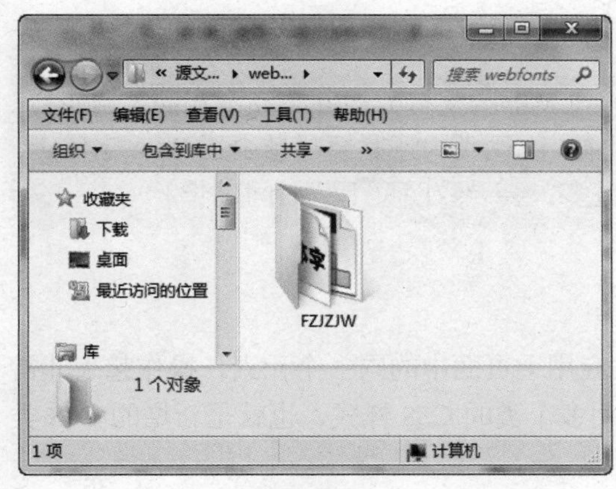

图 5-102

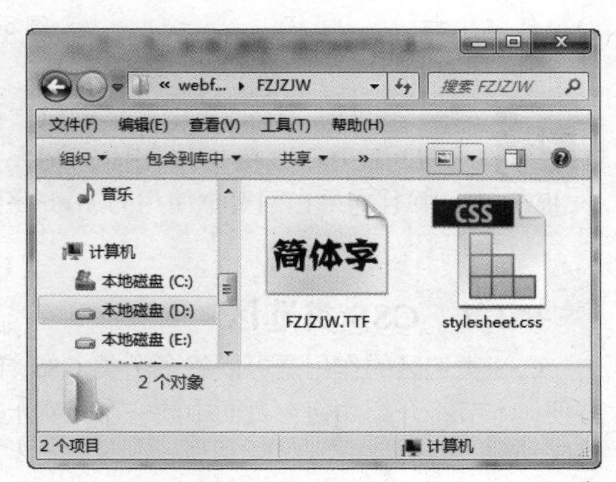

图 5-103

STEP 8 使用相同的方法，在“管理字体”对话框中添加另一种 Web 字体，如图 5-104 所示。创建相应的类 CSS 样式，并为页面中相应的文字应用该类 CSS 样式，如图 5-105 所示。

STEP 9 保存页面，在 Chrome 浏览器中预览页面，可以看到网页中使用 Web 字体所实现的特殊字体效果，如图 5-106 所示。

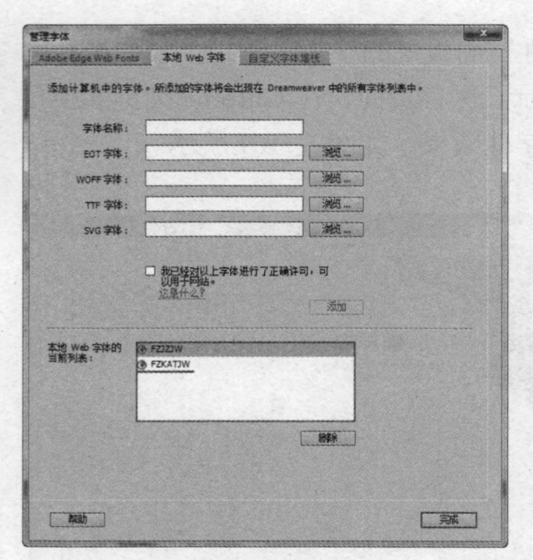

图 5-104

```
<style type="text/css">
@import url("../webfonts/FZJZJW/stylesheet.css");
@import url("../webfonts/FZKATJW/stylesheet.css");

.font01 {
    font-family: FZJZJW;
    font-size: 30px;
    line-height: 40px;
    color: #00CCCC;
}
.font02 {
    font-family: FZKATJW;
    font-size: 24px;
    line-height: 25px;
    color: #990000;
}
</style>
```

图 5-105

图 5-106

提示

目前，对于 Web 字体的应用很多浏览器的支持方式并不完全相同，例如，IE9 就并不支持 Web 字体，所以，目前，在网页中还是要尽量少用 Web 字体。并且如果在网页中使用的 Web 字体过多，会导致网页下载时间过长。

5.3.2 CSS 类选区

CSS 类选区的作用是可以将多个类 CSS 样式应用于页面中的同一个元素，操作起来非常方便，本节将介绍如何在页面中同一个元素上应用多个类的 CSS 样式，也就是新增的 CSS 类选区功能。

35

自测 15

为文字同时运用多个类 CSS 样式

最终文件：云盘\最终文件\第 5 章\5-3-2.html

视　　频：云盘\视频\第 5 章\5-3-2.swf

STEP 1 执行“文件>打开”命令，打开页面“云盘\源文件\第 5 章\5-3-2.html”，页面效果如图 5-107 所示。转换到该网页链接的外部样式表文件中，分别创建名称为.font01

和.border01 的两个类的 CSS 样式，如图 5-108 所示。

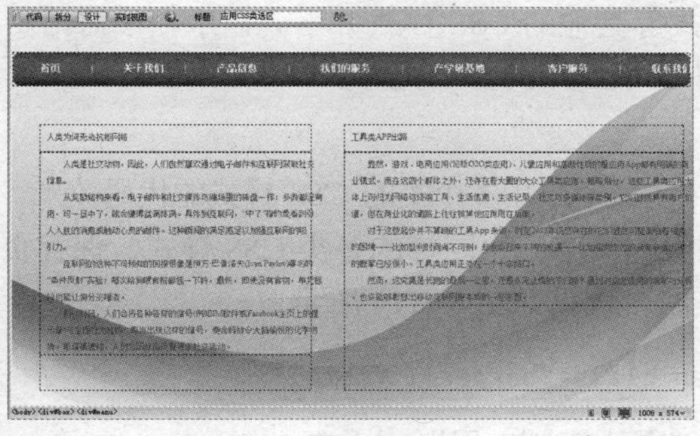

图 5-107

```
.font01 {
    font-family: 微软雅黑;
    font-size: 14px;
    color: #F63;
    font-weight: bold;
}
.border01 {
    border-bottom: dashed 1px #F00;
}
```

图 5-108

STEP 2 返回设计页面中，选中需要应用类 CSS 样式的文字，如图 5-109 所示。在“属性”面板上的“类”下拉列表框中选择“应用多个类”选项，如图 5-110 所示。

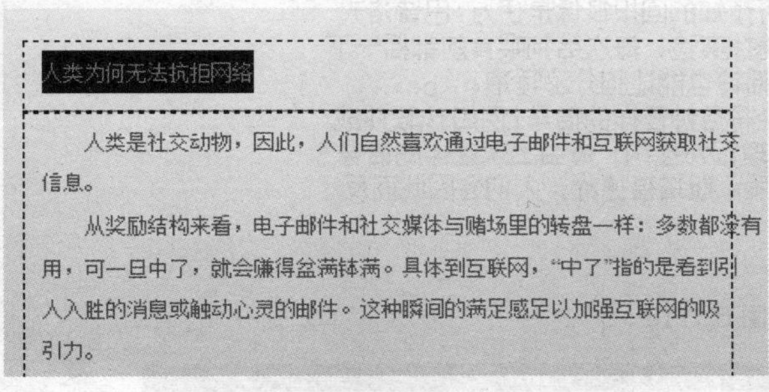

图 5-109

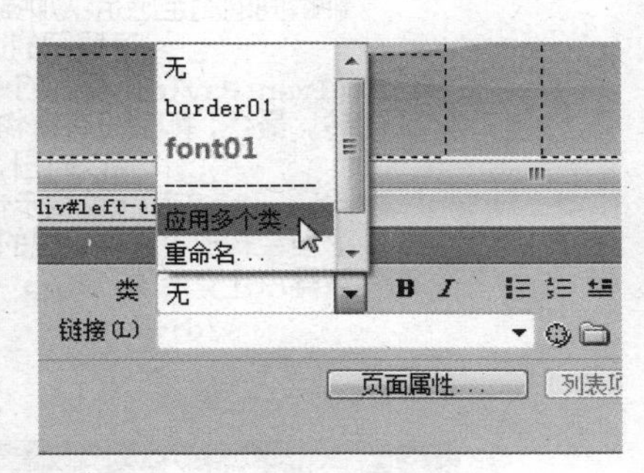

图 5-110

STEP 3 弹出“多类选区”对话框，选中需要为选中的文字所应用的多个类的 CSS 样式，如图 5-111 所示。单击“确定”按钮，即可将选中的多个类的 CSS 样式应用于所选中的文字，如图 5-112 所示。

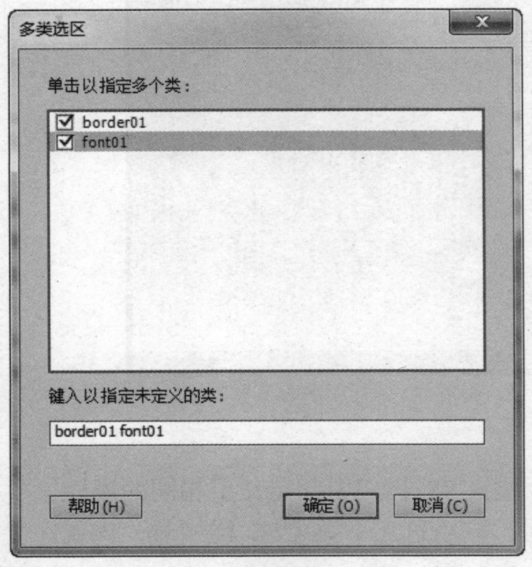

图 5-111

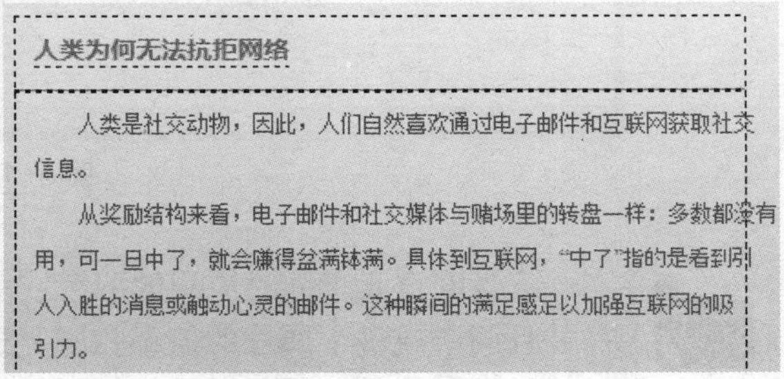

图 5-112

提示

在“多类选区”对话框中将显示当前页面的 CSS 样式中所有类的 CSS 样式，而 ID 样式、标签样式和复合样式等其他的 CSS 样式并不会显示在该对话框列表中，从列表中选择需要为选中元素应用的多个类的 CSS 样式即可。

STEP 4 转换到代码视图中，可以看到为刚选中的文字应用多个类的 CSS 样式的代码效果，如图 5-113 所示。使用相同的方法，为网页中相应的文字应用同样的多类 CSS 样式，保存页面，保存外部 CSS 样式文件，在浏览器中预览页面，效果如图 5-114 所示。

```
        <div id="left-title"><span class="border01 font01">
人类为何无法抗拒网络</span></div>
        <div id="left-text">    人类是社交动物，因此，人们自
然喜欢通过电子邮件和互联网获取社交信息。<br>
              从奖励结构来看，电子邮件和社交媒体与赌场里的转
盘一样：多数都没有用，可一旦中了，就会赚得盆满钵满。具体到
互联网，“中了”指的是看到引人入胜的消息或触动心灵的邮件。这
种瞬间的满足感足以加强互联网的吸引力。<br>
              互联网的这种不可预知的回报很像是伊万·巴普洛夫
(Ivan Pavlov)著名的“条件反射”实验：每次给狗喂食前都摇一下
铃，最终，即使没有食物，单凭摇铃也能让狗分泌唾液。<br>
              假以时日，人们会将各种各样的信号(例如IM软件或
Facebook主页上的提示音)与生理行为挂钩：每当出现这样的信号
，便会释放令大脑愉悦的化学物质。斯塔福德称，人们会因此而反
复寻求社交活动。<br>
        </div>
```

图 5-113

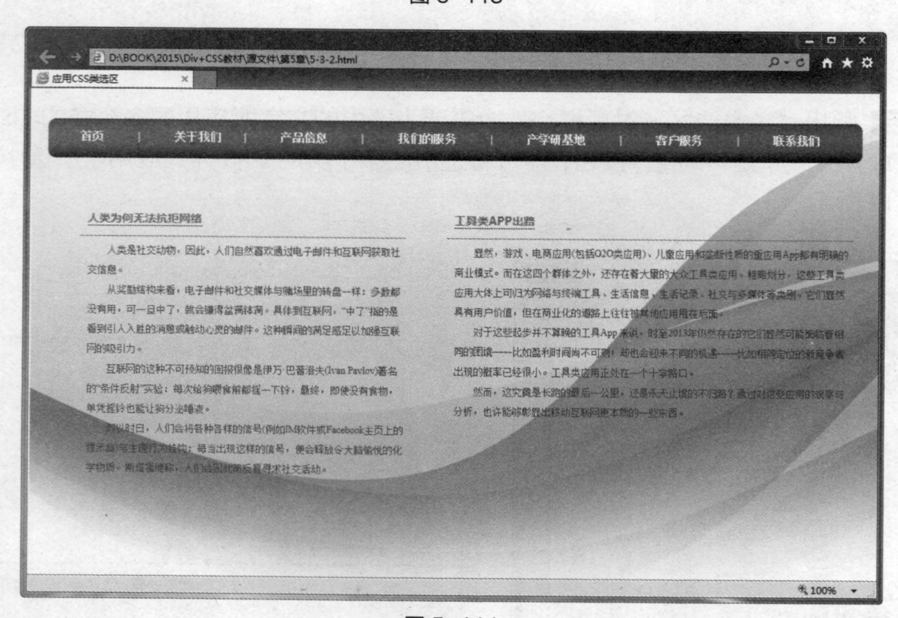

图 5-114

提示

当网页元素同时应用的两个或多个类 CSS 样式中都定义了相同的属性，并且两个或多个属性的值不相同，这时，应用这几个类 CSS 样式时，该属性就会发生冲突。

5.4 CSS 3.0 新增文本控制属性

在 CSS 3.0 中新增加了 3 种有关网页文字控制的属性，分别是 word-wrap、text-overflow、text-shadow，本节将分别进行介绍。

5.4.1 控制文本换行 word-wrap 属性

word-wrap 属性用于设置如果当前文本行超过指定容器的边界时是否断开转行，word-wrap 属性的语法格式如下。

```
word-wrap: normal | break-word;
```

word-wrap 属性的属性值说明如表 5-6 所示。

表 5-6 word-wrap 属性值说明

属性值	说　　明
normal	控制连续文本换行
break-word	内容将在边界内换行。如果需要，词内换行也会发生

word-wrap 属性主要是针对英文或阿拉伯数字进行强制换行，而中文内容本身具有遇到容器边界后自动换行的功能，所以将该属性应用于中文起不到什么效果。

5.4.2 文本溢出处理 text-overflow 属性

在网页中显示信息时，如果指定显示信息过长超过了显示区域的宽度，其结果就是信息撑破指定的信息区域，从而破坏了整个网页布局。如果设置的信息显示区域过长，就会影响整体页面的效果。以前遇到这种情况，需要使用 JavaScript 将超出的信息进行省略。现在，只需要使用 CSS 3.0 中新增的 text-overflow 属性，就可以解决这个问题。

text-overflow 属性用于设置是否使用一个省略标记（…）标记对象内文本的溢出。text-overflow 属性仅是注解，当文本溢出时是否显示省略标记，并不具备其他的样式属性定义。要实现溢出时产生省略号的效果还需要定义：强制文本在一行内显示（white-space: nowrap）及溢出内容为隐藏（overflow: hidden），只有这样才能实现溢出文本显示省略号的效果。text-overflow 属性的语法格式如下。

```
text-overflow: clip | ellipsis;
```

text-overflow 属性的属性值说明如表 5-7 所示。

表 5-7 text-overflow 属性值说明

属性值	说　　明
clip	不显示省略标记（…），而是简单的裁切
ellipsis	当对象内文本溢出时显示省略标记（…）

5.4.3 文字阴影 text-shadow 属性

在显示文字时，有时需要制作出文字的阴影效果，从而增强文字的瞩目性。通过 CSS 3.0 中新增的 text-shadow 属性就可以轻松地实现为文字添加阴影的效果，text-shadow 属性的语法格式如下。

```
text-shadow: none | <length> none | [<shadow>,]* <opacity>或 none | <color> [,<color>]* ;
```

text-shadow 属性的属性值说明如表 5-8 所示。

表 5-8 text-shadow 属性值说明

属性值	说 明
length	有浮点数字和单位标识符组成的长度值，可以为负值，用于指定阴影的水平延伸距离
color	指定阴影颜色
opacity	有浮点数字和单位标识符组成的长度值，不可以为负值，用于指定模糊效果的作用距离。如果仅仅需要模糊效果，将前两个 length 属性全部设置为 0

自测 16

实现网页文本的阴影效果

最终文件：云盘\最终文件\第 5 章\5-4-3.html

视　　频：云盘\视频\第 5 章\5-4-3.swf

36

STEP 1 执行“文件>打开”命令，打开页面“云盘\源文件\第 5 章\5-4-3.html”，页面效果如图 5-115 所示。切换到外部的 CSS 样式表文件中，找到名为#title 的 CSS 样式设置代码，如图 5-116 所示。

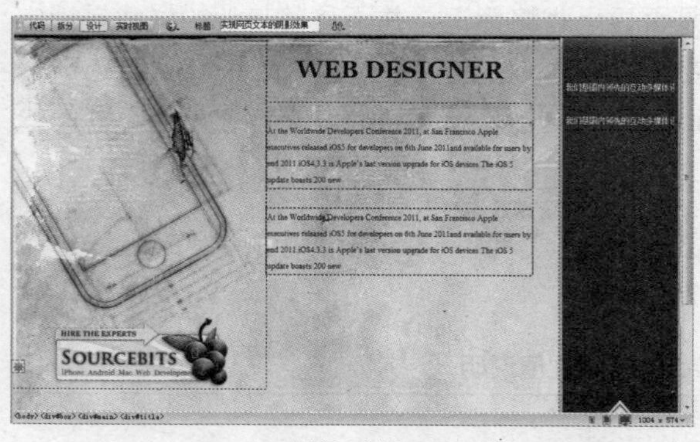

图 5-115

```
#title {
    height: 100px;
    font-family: "Times New Roman";
    font-size: 36px;
    font-weight: bold;
    line-height: 100px;
    color: #6D2C00;
    text-align: center;
}
```

图 5-116

STEP 2 在名为#title 的 CSS 样式设置代码中添加文字阴影的设置，如图 5-117 所示。保存页面，在浏览器中预览页面，效果如图 5-118 所示。

```
#title {
    height: 100px;
    font-family: "Times New Roman";
    font-size: 36px;
    font-weight: bold;
    line-height: 100px;
    color: #6D2C00;
    text-align: center;
    text-shadow: 5px 2px 6px #333;
}
```

图 5-117

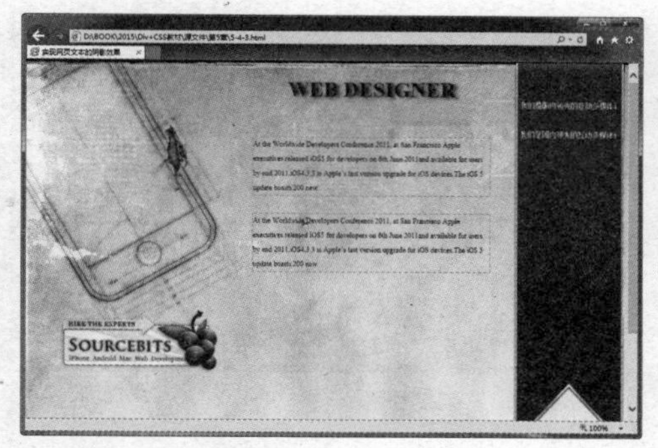

图 5-118

5.5 本章小结

本章主要讲解了使用 CSS 样式对网页中的文字和段落效果进行设置的方法和技巧，每个知识点都详细解析了语法及实战练习，操作性强。完成本章知识的学习后，读者不仅要对 CSS 样式中的文字和段落效果的各种属性和相应的属性质进行设置，还需要在以后制作网页的过程中更加深入地理解其中的含义。

5.6 课后测试题

一、选择题

1. 下列 CSS 属性中，用于设置文本水平对齐方式的属性是哪个？（　　）

   A. font-size　　B. text-transform　　C. text-align　　D. line-height

2. 下列 CSS 属性中，用于设置字体大小的属性是哪个？（　　）

   A. text-size　　B. font-size　　C. text-style　　D. text-indent

3. 下列 CSS 属性中，用于设置字体颜色的属性是哪个？（　　）

   A. text-color　　B. bgcolor　　C. font-color　　D. color

4. 如果需要网页中所有<p>标签中的文字加粗显示，以下正确的是？（　　）

   A. <p style="font-weight:bold">　　B. <p style="font-size:bold">

   C. p {text-size:bold}　　D. p {font-weight:bold}

二、填空题

1. 文本的水平对齐方式有 4 种，分别是（　　）、（　　）、（　　）和（　　）。
2. 如果需要设置字符间距，可以通过（　　）属性进行调整。
3. 用户设置字体的 CSS 属性是（　　）。

三、判断题

1. 如果浏览者没有安装网页上所设置的文字，则会以系统中默认的字体进行替代。（　　）
2. CSS 类选区的作用是可以将多个类 CSS 样式应用于页面中的同一个元素。（　　）
3. 使用 Web 字体功能可以在网页中实现特殊的字体效果。（　　）

PART 6

第 6 章 设置页面背景效果

本章简介：

在 Dreamweaver 中，使用 CSS 样式可以轻松地控制网页的背景图像和背景颜色，本章详细介绍如何使用 CSS 样式设置网页的背景颜色和背景图像的方法和技巧，并且还将介绍 CSS 3.0 中新增的颜色设置方法和背景控制属性。

本章重点：

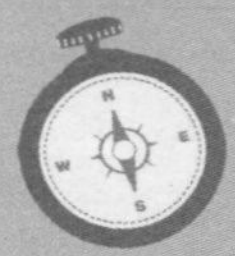

- 掌握使用 CSS 样式设置背景颜色的方法
- 掌握 CSS 3.0 中新增的 3 种颜色设置方式
- 掌握使用 CSS 样式设置背景图像的方法
- 了解 CSS3.0 新增的背景控制属性

6.1 使用 CSS 样式设置背景颜色

在网页设计中，使用 CSS 控制网页背景颜色是一种十分方便、简洁的方法。页面中背景颜色的合理设置可以给人一种协调、统一的视觉感，并且还有利于烘托页面主体。

6.1.1 background-color 属性

在 Dreamweaver 中，只需要在 CSS 样式中添加 background-color 属性，即可设置网页的背景颜色，它接受任何有效地颜色值，但是，如果对背景颜色没有进行相应的定义，将默认背景颜色为透明。

background-color 的语法格式如下。

```
background-color:color | transparent
```

表 6-1 所示为 background-color 属性的相关属性值介绍。

表 6-1 background-color 属性的相关属性值

属 性	说 明
color	设置背景的颜色，它可以采用英文单词、十六进制、RGB、HSL、HSLA 和 GRBA。
transparent	默认值，表明透明。

37

设置网页背景颜色
最终文件：云盘\最终文件\第 6 章\6-1-1.html
视 频：云盘\视频\第 6 章\6-1-1.swf

STEP 1 执行“文件>打开”命令，打开页面“云盘\源文件\第 6 章\6-1-1.html”，效果如图 6-1 所示，切换到外部的 CSS 样式表，找到名为 body 的 CSS 样式设置代码，如图 6-2 所示。

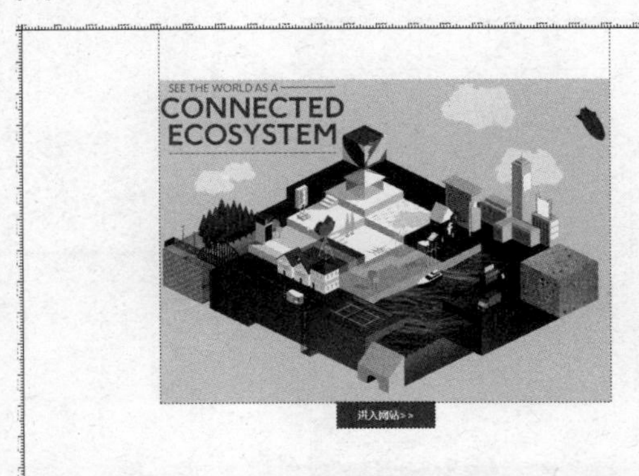

图 6-1

```
body {
    font-family: 微软雅黑;
    font-size: 14px;
    line-height: 30px;
}
```

图 6-2

STEP 2 在名为 body 的 CSS 样式添加 background-color 属性，如图 6-3 所示。保存外部样式表文件，在浏览器中预览页面，可以看到为页面添加背景颜色代码后的效果，如图 6-4 所示。

```
body {
    font-family: 微软雅黑;
    font-size: 14px;
    line-height: 30px;
    background-color: #D9E2F8;
}
```

图 6-3

图 6-4

提示

background-color 属性类似与 HTML 中的 bgcolor 属性。CSS 样式中的背景颜色更加实用，不仅是因为它可以用于页面中的任何元素。bgcolor 属性只对<body>、<table>、<tr>、<th>和<td>标签进行设置。通过 CSS 样式中的 background-color 属性可以设置页面中任意部分的背景颜色。

6.1.2　为网页元素设置不同的背景颜色

通过 background-color 属性，不仅可以为页面设置背景颜色，而且还可以设定 HTML 中几乎所有元素的背景颜色，因而，大多数页面都通过为元素设定不同的背景颜色来为页面分块。

38

自测 2

为网页元素设置不同的背景颜色

最终文件：云盘\最终文件\第 6 章\6-1-2.html

视　　频：云盘\视频\第 6 章\6-1-2.swf

STEP 1 执行"文件>打开"命令，打开页面"云盘\源文件\第 6 章\6-1-2.html"，效果如图 6-5 所示，切换到代码视图中，可以看到该页面的代码，如图 6-6 所示。

图 6-5

STEP 2 转换到外部 CSS 样式表，在名为 body 的 CSS 样式代码中添加 background-color 属性设置，如图 6-7 所示。返回设计视图，可以看到页面整体添加背景颜色代码后的效果，如图 6-8 所示。

```
<!doctype html>
<html>
<head>
<meta charset="utf-8">
<title>为网页元素设置不同的背景颜色</title>
<link href="style/6-1-2.css" rel="stylesheet" type="text/css">
</head>

<body>
<div id="box">
  <div id="logo"><img src="images/61201.jpg" width="76" height="75"  alt=""/></div>
  <div id="main">
    <div id="text">
      <p class="font01">计算机的快速发展</p>
      <p>计算机技术是世界上发展最快的科学技术之一，产品不断升级换代。当前计算机正朝着巨型化、微型化、智能化、网络化等方向发展，计算机本身的性能越来越优越，应用范围也越来越广泛，从而使计算机成为工作、学习和生活中必不可少的工具。</p>
    </div>
    <div id="menu">
      <ul>
        <li>网站首页</li>
        <li>关于我们</li>
        <li>服务项目</li>
        <li>工作案例</li>
        <li>联系我们</li>
      </ul>
    </div>
  </div>
</div>
</body>
</html>
```

图 6-6

```
body {
    font-family: 微软雅黑;
    font-size: 14px;
    color: #FFF;
    line-height: 30px;
    background-color: #F1F1F1;
}
```

图 6-7

图 6-8

STEP 3 转换到外部 CSS 样式表，在名为#main 的 CSS 样式代码中添加 background-color 属性设置，如图 6-9 所示。返回设计视图，可以看到名为 main 的 Div 设置的背景颜色效果，如图 6-10 所示。

```
#main {
    width: 1200px;
    height: 600px;
    background-image: url(../images/61202.png);
    background-repeat: no-repeat;
    background-position: -50px top;
    background-color: #4BB5EA;
}
```

图 6-9

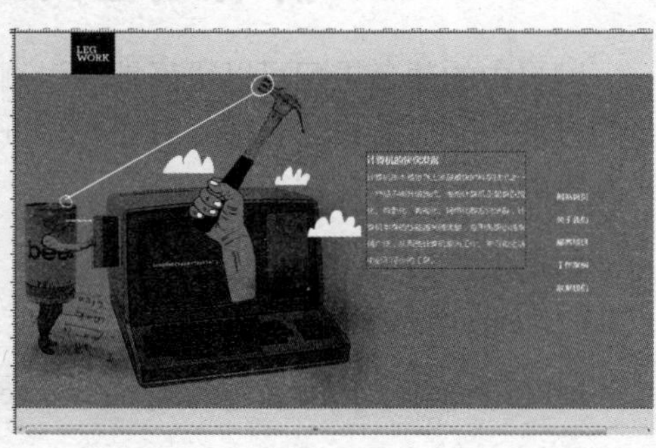

图 6-10

STEP 4 转换到外部 CSS 样式表，在名为#menu 的 CSS 样式代码中添加 background-color 属性设置，如图 6-11 所示。返回设计视图，可以看到名为 menu 的 Div 设置的背景颜色效果，如图 6-12 所示。

```
#menu {
    width: 260px;
    height: 400px;
    float: right;
    display: inline;
    padding-top: 200px;
    padding-left: 20px;
    background-color: #000;
}
```

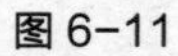

图 6-11

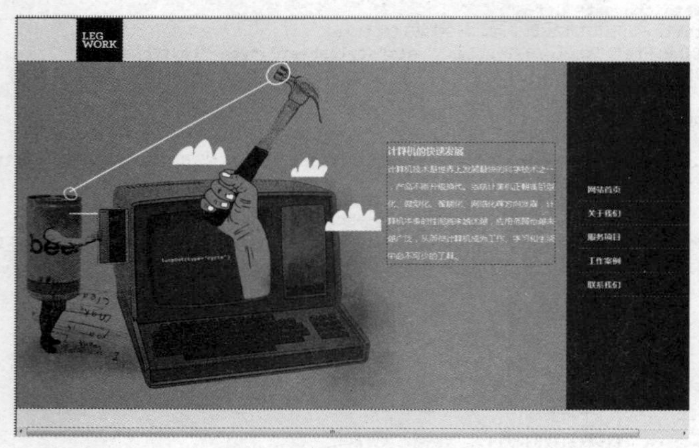

图 6-12

STEP 5 保存外部 CSS 样式表文件，在浏览器中预览页面，可以看到相应元素添加背景颜色设置后的效果，如图 6-13 所示。

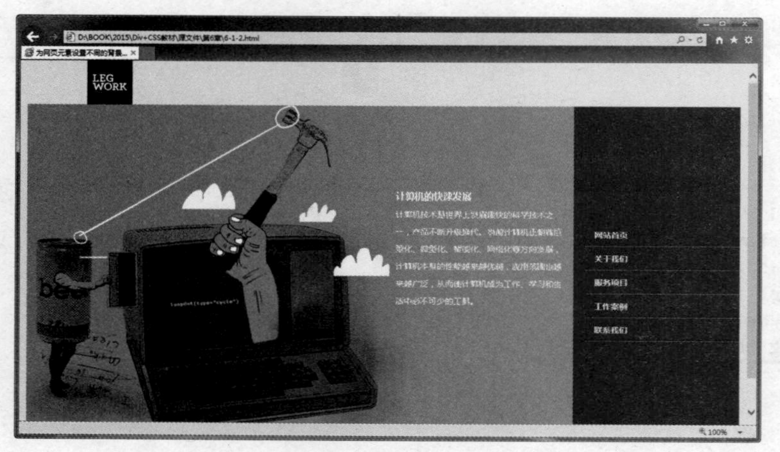

图 6-13

6.2 CSS3.0 新增颜色设置方式

网页中的颜色搭配可以更好地吸引浏览者的目光，在 CSS 3.0 中新增了 3 种网页中定义颜色的方法，分别是 HSL color、HSLA color 和 RGBA color，下面分别对这 3 种新增的网页中定义颜色的方法进行介绍。

6.2.1 HSL 颜色方式

CSS 3.0 中新增了 HSL 颜色设置方式，HSL 颜色定义语法如下。

```
hsl (<length>,<percentage>,<percentage>);
```

表 6-2 所示为 HSL 相关属性值的介绍。

表 6-2 HSL 的相关属性值

属性值	说　明
length	表示 Hue（色调），0（或 360）表示红色，120 表示绿色，240 表示蓝色，当然也可以取其他的数值来确定其他颜色
percentage	表示 Saturation（饱和度），取值为 0%到 100%之间的值
percentage	表示 Lightness（亮度），取值为 0%到 100%之间的值

6.2.2 HSLA 颜色方式

HSLA 是 HSL 颜色定义方法的扩展，在色相、饱和度和亮度三要素的基础上增加了不透明度的设置。使用 HSLA 颜色定义方法，能够灵活地设置各种不同的透明效果。HSLA 颜色定义的语法如下。

```
hsla (<length>,<percentage>,<percentage>,<opacity>);
```

前 3 个属性与 HSL 颜色定义方法的属性相同，第 4 个参数也就是 A 参数即用于设置颜色的不透明度，取值范围为 0~1 之间，如果值为 0，则表示颜色完全透明，如果值为 1，则表示颜色完全不透明。

6.2.3 RGBA 颜色方式

RGBA 是在 RGB 的基础上多了控制 Alpha 透明度的参数，RGBA 颜色定义语法如下。

```
rgba (r,g,b,<opacity>);
```

R、G 和 B 分别表示红色、绿色和蓝色 3 种原色所占的比重。R、G 和 B 的值可以是正整数或百分数，正整数值的取值范围为 0～255，百分比数值的取值范围为 0%～100%，超出范围的数值将被截至其最近的取值极限。注意，并非所有浏览器都支持百分数值。A 参数的取值在 0 到 1 之间。

39

自测 3

使用 RGBA 颜色方式设置半透明背景色

最终文件：云盘\最终文件\第 6 章\6-2-3.html

视　　频：云盘\视频\第 6 章\6-2-3.swf

STEP 1 执行“文件>打开”命令，打开页面“云盘\源文件\第 6 章\6-2-3.html”，效果如图 6-14 所示，切换到外部 CSS 样式表，找到名为#main 的 CSS 样式代码，如图 6-15 所示。

图 6-14

```
#main {
    height: 80px;
    margin: 300px 0px auto 0px;
    padding-top: 50px;
    text-align: center;
    background-color:#333;
}
```

图 6-15

STEP 2 在名为#main 的 CSS 样式设置代码中重新设置背景颜色，使用 RGBA 的颜色定义方法，如图 6-16 所示。保存外部样式表文件，在浏览器中预览页面，效果如图 6-17 所示。

```
#main {
    height: 80px;
    margin: 300px 0px auto 0px;
    padding-top: 50px;
    text-align: center;
    background-color: rgba(51,51,51,0.8);
}
```

图 6-16

图 6-17

6.3 使用 CSS 样式设置背景图像

在设计网站页面时，除了可以使用纯色作为背景外，还可以使用图片作为页面的背景，通过 CSS 样式可以对页面中的背景图片进行精确控制，包括对其位置、重复方式及对齐方式等的设置。

6.3.1 background-image 属性

在 CSS 样式中，可以通过 background-image 属性设置背景图像。background-image 属性的语法格式如下。

```
background-image: none | url;
```

表 6-3 所示为 background-image 相关属性值的介绍。

表 6-3　background-image 的相关属性值

属性值	说　明
none	该属性值是默认属性，表示无背景图片
url	该属性值定义了所需要使用的背景图片地址，图片地址可以是相对路径地址，也可以是绝对路径地址

40

自测 4

为网页设置背景图像

最终文件：云盘\最终文件\第 6 章\6-3-1.html

视　　频：云盘\视频\第 6 章\6-3-1.swf

STEP 1 执行“文件>打开”命令，打开页面“云盘\源文件\第 6 章\6-3-1.html”，效果如图 6-18 所示，切换到外部 CSS 样式表，找到名为 body 的 CSS 样式代码，如图 6-19 所示。

STEP 2 在名为#body 的 CSS 样式代码中添加 background-image 属性设置，如图 6-20 所示。保存外部 CSS 样式表，在浏览器中预览页面，可以看到设置网页背景图像的效果，如图 6-21 所示。

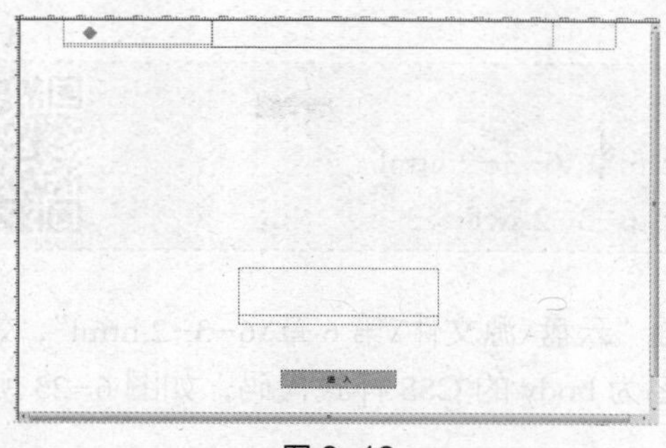

图 6-18

```
body {
    font-family: 微软雅黑;
    font-size: 14px;
    line-height: 28px;
}
```

图 6-19

```
body {
    font-family: 微软雅黑;
    font-size: 14px;
    line-height: 28px;
    background-image:url(../images/630102.jpg);
}
```

图 6-20

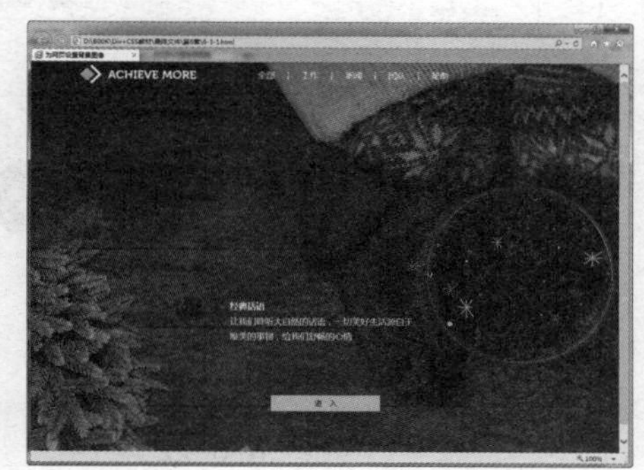

图 6-21

提示

使用 background-image 属性设置背景图像，背景图像默认在网页中是以左上角为原点显示的，并且背景图像在网页中会重复平铺显示。

6.3.2 background-repeat 属性

在默认情况下为网页设置的背景图像会以平铺的方式显示，在 CSS 中可以通过 background-repeat 属性设置背景图像重复或不重复的样式以及背景图像的重复方式。

background-repeat 属性的语法格式如下。

```
background-repeat: no-repeat | repeat-x | repeat-y | repeat;
```

表 6-4 所示为 background-repeat 相关属性值的介绍。

表 6-4 background-repeat 的相关属性值

属性值	说　明
no-repeat	设置 background-repeat 属性为该属性值，则表示背景图像不重复平铺，只显示一次
repeat-x	设置 background-repeat 属性为该属性值，则表示背景图像在水平方向重复平铺
repeat-y	设置 background-repeat 属性为该属性值，则表示背景图像在垂直方向重复平铺
repeat	设置 background-repeat 属性为该属性值，则表示背景图像在水平和垂直方向都重复平铺，该属性值为默认值

设置背景图像的重复方式

最终文件：云盘\最终文件\第 6 章\6-3-2.html

视　　频：云盘\视频\第 6 章\6-3-2.swf

41

STEP 1 执行“文件>打开”命令，打开页面“云盘\源文件\第 6 章\6-3-2.html”，效果如图 6-22 所示，切换到外部 CSS 样式表，找到名为 body 的 CSS 样式代码，如图 6-23 所示。

图 6-22

```
body {
    font-size: 14px;
    color: #333;
}
```

图 6-23

STEP 2 在名为 body 的 CSS 样式代码中添加背景图像和背景图像平铺的 CSS 属性设置，如图 6-24 所示。返回设计视图，可以看到背景图像的显示效果，如图 6-25 所示。

```
body {
    font-size: 14px;
    color: #333;
    background-image: url(../images/63201.gif);
    background-repeat:no-repeat;
}
```

图 6-24

图 6-25

STEP 3 转换到外部 CSS 样式表，在名为 body 的 CSS 样式代码中修改 background-repeat 属性设置，如图 6-26 所示。返回设计视图，可以看到背景图像在水平方向上平铺显示的效果，如图 6-27 所示。

```
body {
    font-size: 14px;
    color: #333;
    background-image: url(../images/63201.gif);
    background-repeat:repeat-x;
}
```

图 6-26

图 6-27

STEP 4 转换到外部 CSS 样式表，在名为 body 的 CSS 样式代码中修改 background-repeat 属性设置，如图 6-28 所示。返回设计视图，可以看到背景图像在垂直方向上平铺显示的效果，如图 6-29 所示。

```
body {
    font-size: 14px;
    color: #333;
    background-image: url(../images/63201.gif);
    background-repeat:repeat-y;
}
```

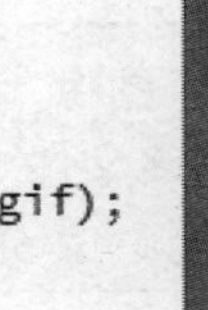

图 6-28

图 6-29

STEP 5 转换到外部 CSS 样式表，在名为 body 的 CSS 样式代码中修改 background-repeat 属性设置，如图 6-30 所示。返回设计视图，可以看到背景图像在水平和垂直方向上都是平铺显示的效果，保存外部 CSS 样式表，在浏览器中预览页面，效果如图 6-31 所示。

```
body {
    font-size: 14px;
    color: #333;
    background-image: url(../images/63201.gif);
    background-repeat:repeat;
}
```

图 6-30

图 6-31

提示

为背景图像设置重复方式，背景图像就会沿 X 或 Y 轴进行平铺。该方法一般用于设置渐变类背景图像，通过这种方法，可以使渐变图像沿设定的方向平铺，形成渐变背景、渐变网格等效果，从而达到减小背景图片大小。

6.3.3 background-attachment 属性

在网站页面中设置的背景图像，在默认情况下，在浏览器中预览时，当拖动滚动条，页面背景会自动跟随滚动条的下拉操作与页面的其余部分一起滚动。在 CSS 样式表中，针对背景元素的控制，提供了 background-attachment 属性，通过对该属性的设置可以使页面的背景不受滚动条的限制，始终保持在固定位置。

background-attachment 属性的语法格式如下。

```
background-attachment: scroll | fixed;
```

表 6-5 所示为 background-attachment 相关属性值的介绍。

表 6-5 background-attachment 的相关属性值

属性值	说　明
scroll	该属性是默认值，当页面滚动时，页面背景图像会自动跟随滚动条的下拉操作与页面的其余部分一起滚动
fixed	该属性值用于设置背景图像在页面的可见区域，也就是背景图像固定不动

实现固定不动的背景图像

最终文件：云盘\最终文件\第 6 章\6-3-3.html

视　　频：云盘\视频\第 6 章\6-3-3.swf

42

STEP 1 执行“文件>打开”命令，打开页面“云盘\源文件\第 6 章\6-3-3.html”，效果如图 6-32 所示，在浏览器中预览页面，可以看到页面背景图像会自动跟随滚动条的下拉操作与页面的其余部分一起滚动，如图 6-33 所示。

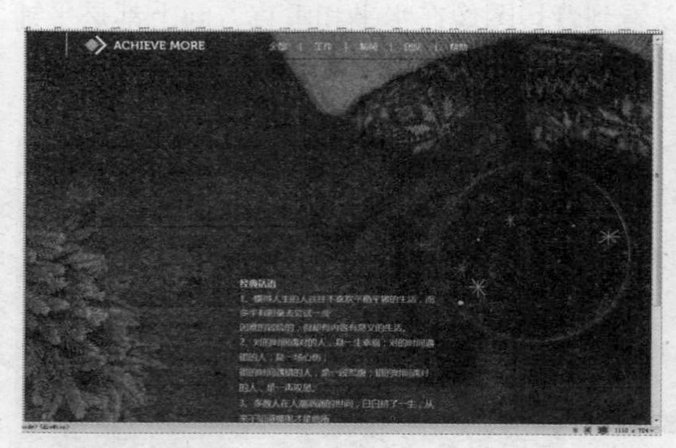

图 6-32

图 6-33

STEP 2 切换到外部 CSS 样式表，找到名为 body 的 CSS 样式设置代码，如图 6-34 所示。在名为 body 的 CSS 样式代码中添加 background-attachment 属性设置，如图 6-35 所示。

```
body {
    font-family: 微软雅黑;
    font-size: 14px;
    line-height: 28px;
    background-image:url(../images/630102.jpg);
}
```

图 6-34

```
body {
    font-family: 微软雅黑;
    font-size: 14px;
    line-height: 28px;
    background-image:url(../images/630102.jpg);
    background-attachment:fixed;
}
```

图 6-35

提示

background 属性也可以将各种关于背景的样式设置集成到一个语句上，这样不仅可以节省大量的代码，而且加快了网络下载页面的速度。例如，background: url(images/bg.jpg) no-repeat scroll center center;。

STEP 3 保存外部 CSS 样式表文件，在浏览器中预览页面，可以看到当滚动页面时，背景图像固定不动，效果如图 6-36 所示。

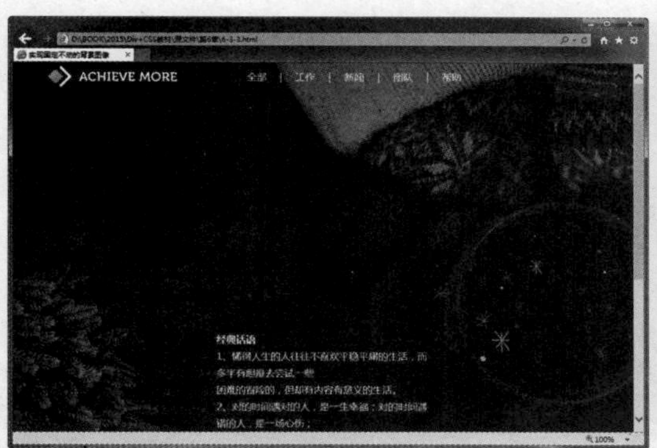

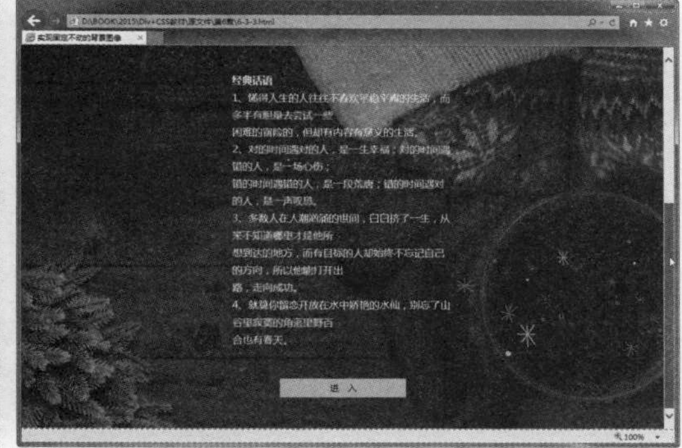

图 6-36

6.3.4 background-position 属性

在传统的网页布局方式中，还没有办法实现精确到像素单位的背景图像定位。CSS 样式打破了这种局限，通过 CSS 样式中的 background-position 属性，能够在页面中精确定位背景图像，更改初始背景图像的位置。

background-position 属性的语法格式如下。

```
background-position: length | percentage | top | center | bottom | left | right;
```

表 6-6 所示为 background-position 相关属性值的介绍。

表 6-6 background-position 的相关属性值

属　性	说　明
length	该属性用于设置背景图像与边距水平和垂直方向的距离长度，长度单位为 cm（厘米）、mm（毫米）、和 px（像素）等
percentage	该属性值用于根据页面元素的宽度或高度的百分比放置背景图像
top	该属性用于设置图像背景顶部显示
center	该属性用于设置图像背景居中显示
bottom	该属性用于设置图像背景底部显示
left	该属性用于设置图像背景居左显示
right	该属性用于设置图像背景居右显示

自测 7 控制背景图像的位置

最终文件：云盘\最终文件\第 6 章\6-3-4.html
视　　频：云盘\视频\第 6 章\6-3-4.swf

43

STEP 1 执行“文件>打开”命令，打开页面“云盘\源文件\第 6 章\6-3-4.html”，效果如图 6-37 所示，切换到外部 CSS 样式表，找到名为#box 的 CSS 样式代码，如图 6-38 所示。

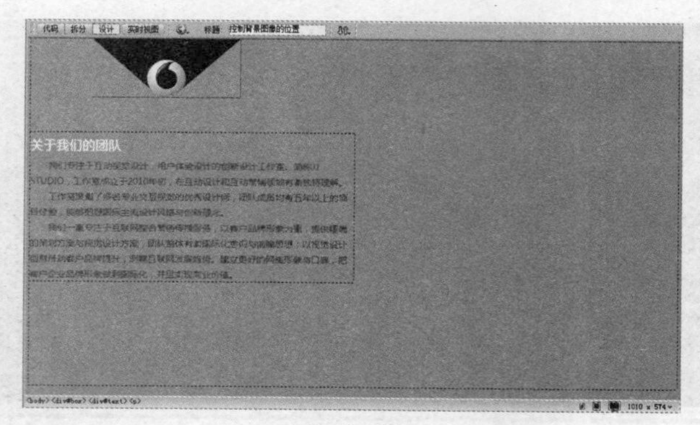

图 6-37

```
#box {
    width: 1000px;
    height: 408px;
    margin: 0px auto;
    padding-top: 150px;
}
```

图 6-38

STEP 2 在名为#box 的 CSS 样式代码中添加背景图像和背景图像平铺方式的设置代码，如图 6-39 所示。保存外部样式表文件，返回设计视图，可以看到所添加的背景图像的显示效果，如图 6-40 所示。

```
#box {
    width: 1000px;
    height: 408px;
    margin: 0px auto;
    padding-top: 150px;
    background-image: url(../images/63402.png);
    background-repeat: no-repeat;
}
```

图 6-39

图 6-40

STEP 3 转换到外部 CSS 样式表，在名为#box 的 CSS 样式代码中添加背景图像定位的设置代码，如图 6-41 所示。保存外部样式表文件，在浏览器中预览页面，可以看到背景图像的显示效果，如图 6-42 所示。

```
#box {
    width: 1000px;
    height: 408px;
    margin: 0px auto;
    padding-top: 150px;
    background-image: url(../images/63402.png);
    background-repeat: no-repeat;
    background-position: right top;
}
```

图 6-41

图 6-42

提示

background-position 属性的默认值为 top left，它与 0% 0%是一样的。与 background-repeat 属性相似，该属性的值不从包含的块继承。background-position 属性可以与 background-repeat 属性一起使用，在页面上水平或者垂直放置重复的图像。

6.4 CSS 3.0 新增背景控制属性

在 CSS 3.0 中新增加了 3 种有关网页背景控制的属性，分别是 background-size 属性、background-origin 属性和 background-clip 属性，下面分别对这 3 种新增的背景设置属性进行介绍。

6.4.1 背景图像显示区域 background-origin 属性

在默认情况下，background-position 属性总是以元素左上角原点作为背景图像定位，使用 CSS 3.0 中新增的 background-origin 属性可以改变这种背景图像定位方式，通过该属性可以大大改善背景图像的定位方式，能够更加灵活地对背景图像进行定位。

background-origin 属性的语法格式如下。

```
background-origin: border | padding | content
```

表 6-7 所示为 background-origin 相关属性值的介绍。

表 6-7 background-origin 的相关属性值

属性值	说明
border	从 border 区域开始显示背景图像
padding	从 padding 区域开始显示背景图像
content	从 center 区域开始显示背景图像

6.4.2 背景图像裁剪区域 background-clip 属性

在 CSS 3.0 中新增了背景图像裁剪区域属性 background-clip，通过该属性可以定义背景图像的裁剪区域。background-clip 属性与 background-origin 属性类似，background-clip 属性用于判断背景图像是否包含边框区域，而 background-origin 属性用于决定 background-position 属性定位的参考位置。background-clip 属性的语法格式如下。

```
background-clip: border-box | padding-box | content-box | no-clip
```

如果设置 background-clip 属性值为 border-box，则从 border 区域向外裁剪背景图像。如果设置 background-clip 属性值为 padding-box，则从 padding 区域向外裁剪背景图像。如果设置 background-clip 属性值为 content-box，则从 content 区域向外裁剪背景图像。如果设置 background-clip 属性值为 no-clip，则与 border-box 属性值相同，从 border 区域向外裁剪背景图像。

6.4.3 背景图像大小 background-size 属性

以前在网页中背景图像的大小是无法控制的，如果想让背景图像填充整个页面背景，则需要事先设计一个较大的背景图像，只能让背景图像以平铺的方式来填充页面元素。在 CSS 3.0 中新增了一个 background-size 属性，通过该属性可以自由控制背景图像的大小。

background-size 属性的语法格式如下。

```
background-size: [<length> | <percentage> | auto]{1,2} | cover | contain
```

表 6-8 所示为 background-size 相关属性值的介绍。

表 6-8　background-size 的相关属性值

属性值	说　明
length	由浮点数字和单位标识符组成的长度值，不可以为负值
percentage	取值为 0%至 100%之间的值，不可以为负值
cover	保持背景图像本身的宽高比，将背景图像缩放到正好完全覆盖所定义的背景区域
contain	保持背景图像本身的宽高比，将图片缩放到宽度和高度正好适应所定义的背景区域

自测 8

设置网页中背景图像的大小

最终文件：云盘\最终文件\第 6 章\6-4-3.html

视　　频：云盘\视频\第 6 章\6-4-3.swf

44

STEP 1 执行“文件>打开”命令，打开页面“云盘\源文件\第 6 章\6-4-3.html”，效果如图 6-43 所示，切换到外部 CSS 样式表，找到名为#main 的 CSS 样式代码，如图 6-44 所示。

图 6-43

```
#main {
    width: 800px;
    height: 444px;
    float: left;
    border: solid 8px #C8AF72;
}
```

图 6-44

STEP 2 在名为#main 的 CSS 样式中添加背景图像和背景图像平铺方式的设置代码，如图 6-45 所示。保存外部样式表文件，在浏览器中预览页面，可以看到为该 Div 设置背景图像的效果，如图 6-46 所示。

STEP 3 转换到外部 CSS 样式表文件中，在名为#main 的 CSS 样式代码中添加 background-size 属性，如图 6-47 所示。保存外部样式表文件，在浏览器中预览页面，可以看到控制背景图像显示大小的颜色效果，如图 6-48 所示。

```
#main {
    width: 800px;
    height: 444px;
    float: left;
    border: solid 8px #C8AF72;
    background-image: url(../images/64305.jpg);
    background-repeat: no-repeat;
}
```

图6-45

图6-46

```
#main {
    width: 800px;
    height: 444px;
    float: left;
    border: solid 8px #C8AF72;
    background-image: url(../images/64305.jpg);
    background-repeat: no-repeat;
    background-size: 1000px auto;
}
```

图6-47

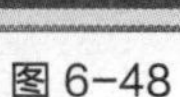

图6-48

提示

使用 background-size 属性设置背景图像的大小，可以以像素或百分比的方式指定背景图像有大小。当使用百分比值时，大小会由所在区域的宽度、高度和位置所决定。

6.5　本章小结

本章详细地介绍了CSS样式中对网页背景颜色和背景图像进行控制的各种CSS样式属性的设置和使用方法，并通过实例的制作使读者能够快速地理解和掌握通过CSS样式对网页背景颜色和背景图像的控制。并且还介绍了 CSS 3.0 中新增的颜色设置方式和背景图像设置属性，通过本章内容的学习，读者能够灵活掌握使用CSS控制背景的方法和技巧。

6.6　课后测试题

一、选择题

1. 在CSS样式中用于设置背景颜色的属性是哪个？（　　）

A. background-color　　B. bgcolor

C. background-bgcolor　　D. color

2. 如果希望所设置的背景图像能够在垂直方向上平铺显示，正确的 CSS 属性设置是（　　）。

A. background-repeat: repeat;　　B. background-repeat: repeat-x;

C. background-repeat: repeat-y;　　D. background-repeat: no-repeat;

3. 使用 CSS 样式对背景图像进行控制时，可以实现哪些控制效果？（　　）（多选）

A. 背景图像的重复方式　　B. 背景图像的定位

C. 背景图像的不透明度　　D. 背景图像是否固定

4. 用于设置背景图像显示区域的 CSS 样式属性是哪个？（　　）

A. background-clip　　B. background-origin

C. background-position　　D. background-size

二、判断题

1. 使用 CSS 样式可以控制网页中的背景图像固定不动。（　　）

2. color:#666666;可以缩写为 color:#666;。（　　）

3. 使用 RGBA 颜色设置方式设置颜色时，A 参数的取值范围是 0%至 100%。（　　）

三、简答题

1. background-position 属性用于设置背景图像定位，该属性可以设置哪些属性值？

2. 使用 background-image 属性为网页设置背景图像时，在默认情况下背景图像如何显示？

PART 7 第7章 使用CSS样式设置图片效果

本章简介：

在网页设计中，使用 CSS 控制图片样式是较为常用的一项技术，它有效地避免了 HTML 对页面元素控制所带来的不必要的麻烦。通过 CSS 样式的灵活运用，可以使整个页面丰富多彩起来。

本章重点：

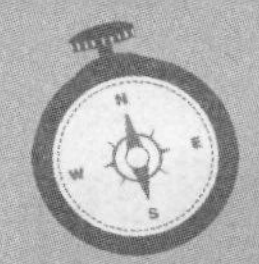

- 掌握使用 CSS 样式控制网页中图片缩放的方法
- 掌握使用 CSS 样式设置图片水平和垂直对齐的方法
- 掌握使用 CSS 样式设置图片边框的方法
- 掌握使用 CSS 样式实现图文混排的方法
- 掌握 CSS 3.0 中新增的边框控制属性的使用方法

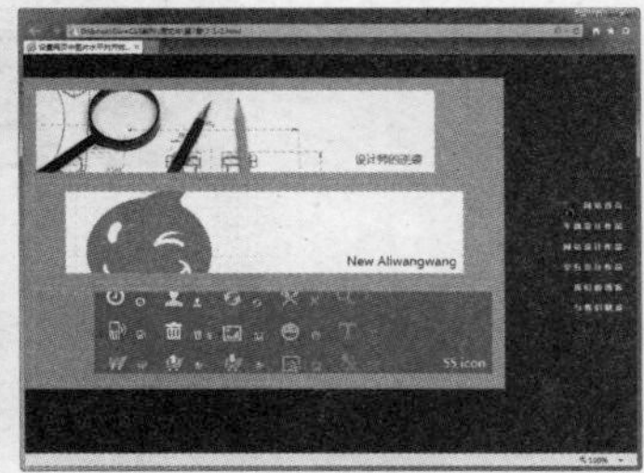

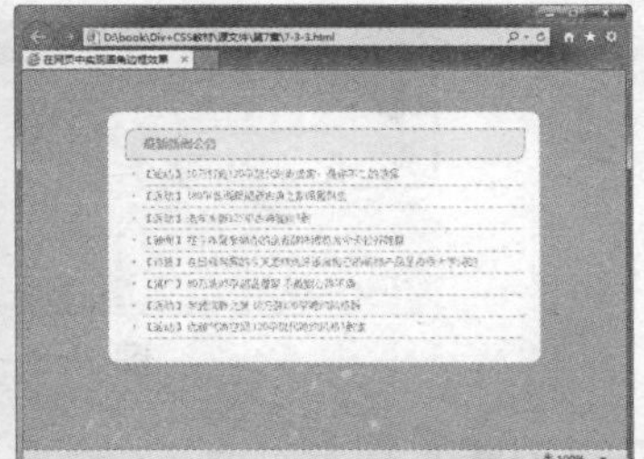

7.1 使用 CSS 样式设置图片

图片的属性可以通过 HTML 页面直接进行控制，但如果在 HTML 页面中对图片直接进行控制，不仅制作烦琐，而且后期对图片属性修改时也会非常麻烦。设计者在制作网页页面时不仅要考虑如何才能实现图片的特殊效果，而且还要考虑在制作完成后如何更利于修改。因此在网页制作中更多时候会选用 CSS 样式来设置图片样式。

7.1.1 控制图片缩放

在默认情况下，网页上的图片都是以原始大小显示的。在 CSS 样式中，可以通过 width 和 height 两个属性来实现图像的缩放。网页设计中，可以为图片的 width 和 height 属性设置绝对值和相对值实现相应的缩放。

45

自测 1

实现自适应浏览器窗口宽度的图片

最终文件：云盘\最终文件\第 7 章\7-1-1.html

视　　频：云盘\视频\第 7 章\7-1-1.swf

STEP 1 执行“文件>打开”命令，打开页面“云盘\源文件\第 7 章\7-1-1.html”，页面效果如图 7-1 所示。光标移至名为 box 的 Div 中，将多余的文字内容删除，在该 Div 中插入图像“云盘\源文件\第 7 章\images\71101.jpg”，效果如图 7-2 所示。

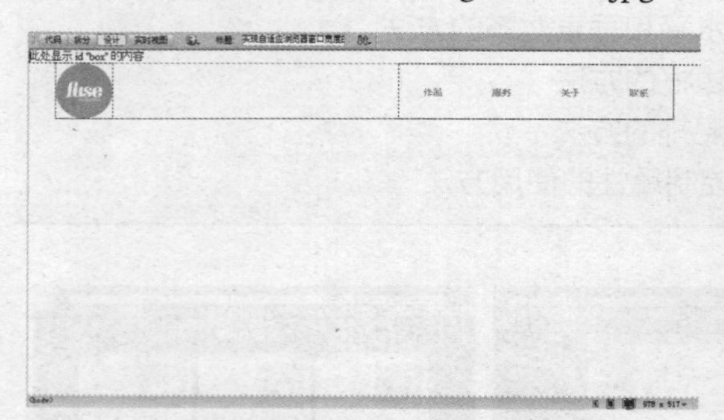

图 7-1

图 7-2

STEP 2 选中刚插入的图像，在“属性”面板上将“宽”和“高”属性值删除，如图 7-3 所示。转换到所链接的外部 CSS 样式表文件中，创建名为#box img 的 CSS 样式，设置图像的宽度和高度为固定值，如图 7-4 所示。

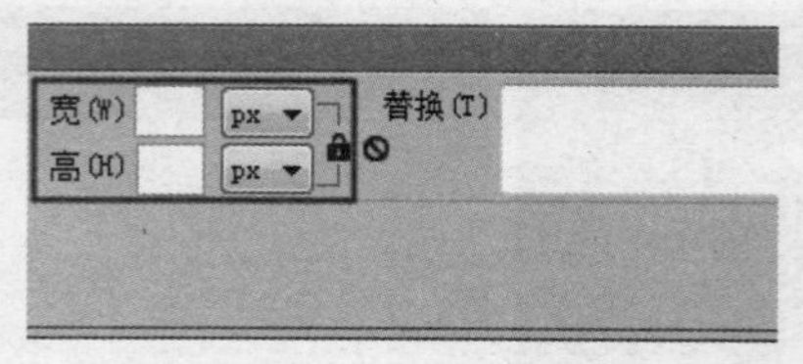

图 7-3

```
#box img {
    width: 1200px;
    height: 750px;
}
```

图 7-4

STEP 3 保存页面，在浏览器中预览该页面，如图 7-5 所示。当缩放浏览器窗口时，可以看到使用绝对值设置的图像并不会跟随浏览器窗口进行缩放，始终保持所设置的大小，效果如图 7-6 所示。

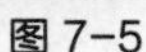

图 7-5

图 7-6

通过上面的图片效果可以看出，使用绝对值对图片进行缩放后，图片的大小是固定的，不能随浏览器界面的变化而改变。

STEP 4 返回外部 CSS 样式表文件中，修改名为#box img 的 CSS 样式设置，宽度设置为百分比值，高度设置为固定值，如图 7-7 所示。保存外部 CSS 样式文件，在浏览器中预览页面，当缩放浏览器窗口时，图片的宽度会跟随浏览器窗口进行缩放，而高度始终保持不变，效果如图 7-8 所示。

```
#box img {
    width: 100%;
    height: 750px;
}
```

图 7-7

图 7-8

在使用相对数值对图片进行缩放时可以看到，图片的宽度、高度都发生了变化，但有些时候不需要图片在高度上发生变化，只需要对宽度缩放，那么可以将图片高度设置为绝对数值，将宽度设置为相对数值。

STEP 5 返回外部 CSS 样式表文件中，修改名为#box img 的 CSS 样式设置，宽度设置为百分比值，高度设置为自动，如图 7-9 所示。返回网页设计视图中，可以看到名为 box 的图像的显示效果，如图 7-10 所示。

```
#box img {
    width: 100%;
    height: auto;
}
```

图 7-9

图 7-10

提示

百分比指的是基于包含该图片的块级对象的百分比，如果将图片的元素置于 Div 元素中，图片的块级对象就是包含该图片的 Div 元素。在使用相对数值控制图片缩放效果时需要注意，图片的宽度可以随相对数值的变化而发生变化，但高度不会随相对数值的变化而发生改变，所以在使用相对数值对图片设置缩放效果时，只需要设置图片宽度的相对数值即可。

STEP 6 保存外部 CSS 样式文件，在浏览器中预览页面，可以看到网页中图像的效果，如图 7-11 所示。当缩放浏览器窗口时，可以看到使用相对值设置的图像会跟随浏览器窗口进行等比例缩放，如图 7-12 所示。

图 7-11

图 7-12

提示

使用绝对值对图片进行缩放后，图片的大小是固定的，不会随着浏览器界面的变化而变化；使用相对值对图片进行缩放就可以实现图片随浏览器变化而变化的效果。

7.1.2 图片水平对齐

排版格式整齐是一个优秀网页必备的条件，图片的对齐方式是页面排版的基础，网页中需要将对齐到合理的位置。其中，图片的对齐分为水平对齐和垂直对齐，在 CSS 样式中，text-align 属性用于设置图片的水平对齐方式。text-align 属性的基本语法格式如下。

```
text-align:对齐方式;
```

定义图片的水平对齐有 3 种方式，当 text-align 属性值为 left、center、right 时，分别代表图片水平方向上的左对齐、居中对齐和右对齐。

自测 2

设置网页中图片水平对齐效果

最终文件：云盘\最终文件\第 7 章\7-1-2.html

视　　频：云盘\视频\第 7 章\7-1-2.swf

46

STEP 1 执行“文件>打开”命令，打开页面“云盘\源文件\第 7 章\7-1-2.html”，页面效果如图 7-13 所示。转换到所链接的外部 CSS 样式表文件中，可以看到分别放置 3 张图片的 3 个 Div 的 CSS 样式设置，如图 7-14 所示。

图 7-13

```
#pic1 {
    height: auto;
    overflow: hidden;
    padding: 5px;
    border: dashed 1px #CCC;
}
#pic2 {
    height: auto;
    overflow: hidden;
    padding: 5px;
    border: dashed 1px #CCC;
    margin-top: 10px;
}
#pic3 {
    height: auto;
    overflow: hidden;
    padding: 5px;
    border: dashed 1px #CCC;
    margin-top: 10px;
}
```

图 7-14

STEP 2 分别在各 Div 的 CSS 样式中添加水平对齐的设置代码，如图 7-15 所示。保存页面，在浏览器中预览页面，效果如图 7-16 所示。

```
#pic1 {
    height: auto;
    overflow: hidden;
    padding: 5px;
    border: dashed 1px #CCC;
    text-align: left;
}
#pic2 {
    height: auto;
    overflow: hidden;
    padding: 5px;
    border: dashed 1px #CCC;
    margin-top: 10px;
    text-align: center;
}
#pic3 {
    height: auto;
    overflow: hidden;
    padding: 5px;
    border: dashed 1px #CCC;
    margin-top: 10px;
    text-align: right;
}
```

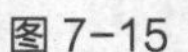

图 7-15

图 7-16

在 CSS 样式中，定义图片的对齐方式不能直接定义图片样式，因为<img>标签本身没有水平对齐属性，需要在图片的上一个标记级别，即父标签中定义，让图片继承父标签的对齐方式。需要使用 CSS 继承父标签的 text-align 属性来定义图片的水平对齐方式。

7.1.3 图片垂直对齐

通过 CSS 样式中的 vertical-align 属性可以为图片设置垂直对齐样式，即定义行内元素的基线对于该元素所在行的基线的垂直对齐，允许指定负值和百分比。vertical-align 属性的基本语法格式如下。

```
vertical-align: baseline | sub | super | top | text-top | middle | bottom | text-bottom | length;
```

vertical-align 的相关属性值说明如表 7-1 所示。

表 7-1　vertical-align 的相关属性值

属性值	说　明
baseline	设置图片基线对齐
sub	设置垂直对齐文本的下标
super	设置垂直对齐文本的上标
top	设置图片顶部对齐
text-top	设置对齐文本顶部
middle	设置图片居中对齐
bottom	设置图片底部对齐
text-bottom	设置对齐文本底部
length	设置具体的长度值或百分数，可以使用正值或负值，定义由基线算起的偏移量。基线对于数值来说为 0，对于百分数来说为 0%

47

自测 3

设置网页中图片垂直对齐效果

最终文件：云盘\最终文件\第 7 章\7-1-3.html

视　　频：云盘\视频\第 7 章\7-1-3.swf

STEP 1 执行“文件>打开”命令，打开页面“云盘\源文件\第 7 章\7-1-3.html”，页面效果如图 7-17 所示。转换到代码视图中，可以看到页面的 HTML 代码，如图 7-18 所示。

STEP 2 转换到外部 CSS 样式文件中，分别定义多个类 CSS 样式，在每个类 CSS 样式中定义不同的图片垂直对齐方式，如图 7-19 所示。分别为各图片应用相应的类 CSS 样式，保存页面，在浏览器中预览页面，可以看到图片的垂直对齐效果，效果如图 7-20 所示。

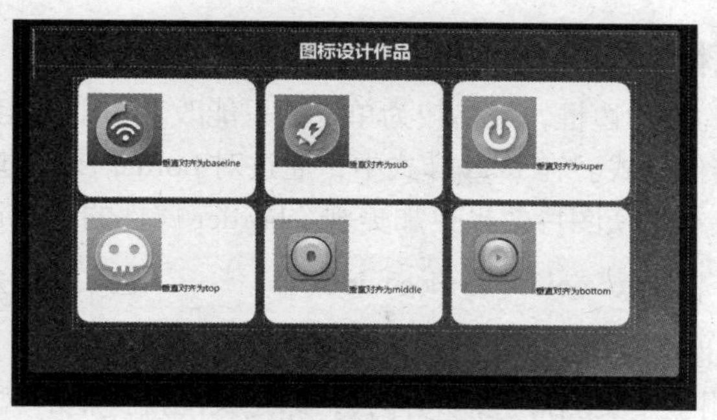

图 7-17

```
<body>
<div id="box">
<div id="title">图标设计作品</div>
<div id="pic">
  <div id="pic01"><img src="images/71303.jpg" width="120" height="120" alt=""  />
垂直对齐为baseline</div>
  <div id="pic02"><img src="images/71304.jpg" width="120" height="120" alt="" />
垂直对齐为sub</div>
  <div id="pic03"><img src="images/71305.jpg" width="120" height="120" alt="" />
垂直对齐为super</div>
  <div id="pic04"><img src="images/71306.jpg" width="120" height="120" alt="" />
垂直对齐为top</div>
  <div id="pic05"><img src="images/71307.jpg" width="120" height="120" alt="" />
垂直对齐为middle</div>
  <div id="pic06"><img src="images/71308.jpg" width="120" height="120" alt="" />
垂直对齐为bottom</div>
</div>
</div>
</body>
</html>
```

图 7-18

```
.baseline{
    vertical-align:baseline;
}
.sub{
    vertical-align:sub;
}
.super{
    vertical-align:super;
}
.top{
    vertical-align:top;
}
.middle{
    vertical-align:middle;
}
.bottom{
    vertical-align:bottom;
}
```

图 7-19

图 7-20

7.1.4 图片边框效果

通过 HTML 定义的图片边框，风格较为单一，只能改变边框的粗细，边框显示的都是黑色，无法设置边框的其他样式。在 CSS 样式中，通过对 border 属性进行定义，可以使图片边框有更加丰富的样式，从而使图片效果更加美观。border 属性的基本语法格式如下。

```
border: border-style | border-color | border-width;
```

- border-style 属性

border-style 属性用于定义图片边框的样式，即定义图片边框的风格。

border-style 的语法格式如下。

```
border-style: none | hidden | dotted | dashed | solid | double | groove | ridge | inset | outset;
```

border-style 属性的相关属性值说明如表 7-2 所示。

表 7-2　border-style 的相关属性值

属性值	说　明
none	定义无边框
hidden	与 none 相同，用于解决表格边框的冲突
dotted	定义点状边框
dashed	定义虚线边框
solid	定义实线边框
double	定义双线边框，双线宽度等于 border-width 的值
groove	定义 3D 凹槽边框，其效果取决于 border-color 的值
ridge	定义脊线式边框
inset	定义内嵌效果的边框
outset	定义突起效果的边框

以上所介绍的边框样式属性还可以定义在一个图片边框中，它是按照顺时针的方向分别对边框的上、右、下、左进行边框样式定义，可以形成样式多样化的边框。

例如，下面所定义的边框样式。

```
P { border-style: dashed solid double dotted; }
```

此外，根据网页设计的需要，可以通过表 7-3 所示的属性，单独地对某一边框的样式进行定义。

表 7-3　各边框样式属性

属　性	说　明
border-top-style	定义图片上边框的样式
border-right-style	定义图片右边框的样式
border-bottom-style	定义图片下边框的样式
border-left-style	定义图片左边框的样式

● border-color 属性

在定义页面元素的边框时，不仅可以对边框的样式进行设置，为了突出显示边框的效果，还可以通过 CSS 样式中的 border-color 属性来定义边框的颜色。

border-color 的语法格式如下。

```
border-color: color;
```

color 属性值用于设置边框的颜色，其颜色值可以通过十六进度和 RGB 等方式进行定义。

border-color 与 border-style 的属性相似，它可以为边框设置一种颜色的同时，也可以通过表 7-4 所示的属性为边框的 4 条边分别设定不同的颜色。

表 7-4 各边框颜色属性

属性	说明
border-top-color	定义图片上边框的颜色
border-right-color	定义图片右边框的颜色
border-bottom-color	定义图片下边框的颜色
border-left-color	定义图片左边框的颜色

● border-width 属性

在 Dreamweaver 中，可以通过 CSS 样式中的 border-width 来定义边框的宽度，以增强边框的效果。

border-width 的语法格式如下。

```
border-width: medium | thin | thick | length;
```

border-width 属性的相关属性值说明如表 7-5 所示。

表 7-5 border-width 的相关属性值

属性值	说明
medium	该值为默认值，中等宽度
thin	比 medium 细
thick	比 medium 粗
length	自定义宽度

border-top-width、border-right-width、border-bottom-width 和 border-left-width 是 border-width 的综合性属性，同样可以根据页面设计的需要，利用这几种属性，可以对边框的 4 条边进行粗细不等的设置。表 7-6 所示为各边框的宽度属性。

表 7-6 各边框宽度属性

属性	说明
border-top-width	定义图片上边框的宽度
border-right-width	定义图片右边框的宽度
border-bottom-width	定义图片下边框的宽度
border-left-width	定义图片左边框的宽度

48

设置网页中图片的边框效果

最终文件：云盘\最终文件\第 7 章\7-1-4.html

视　　频：云盘\视频\第 7 章\7-1-4.swf

STEP 1 执行“文件>打开”命令，打开页面“云盘\源文件\第 7 章\7-1-4.html”，页面效果如图 7-21 所示。转换到外部 CSS 样式文件中，创建名为.border01 的 CSS 样式，如图 7-22 所示。

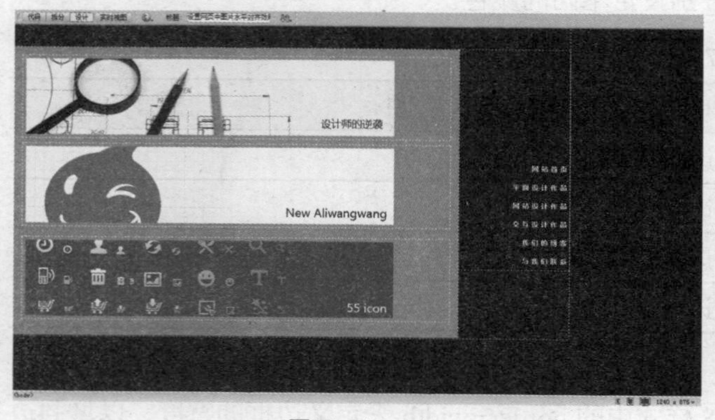

图 7-21

```
.border01 {
    border: solid 5px #069;
}
```

图 7-22

STEP 2 返回设计视图中，选中页面相应的图像，在“属性”面板上的 Class 下拉列表中选择刚创建的类 CSS 样式 border01 应用，如图 7-23 所示。在网页设计视图中可以看到为该图像应用边框的效果，如图 7-24 所示。

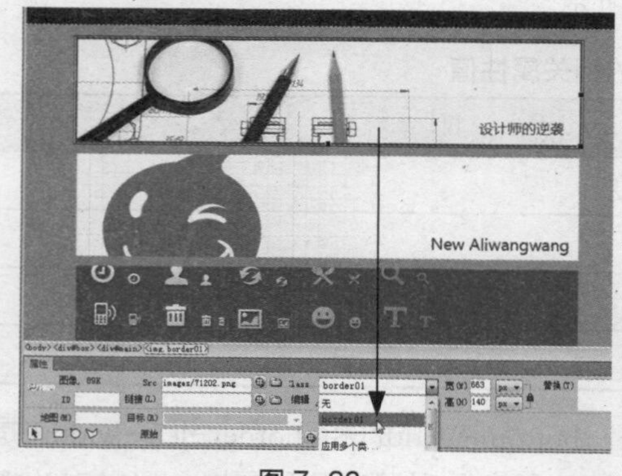

图 7-23

图 7-24

STEP 3 转换到外部 CSS 样式文件中，创建名为.border02 的 CSS 样式，如图 7-25 所示。返回设计视图中，选中页面相应的图像，在“属性”面板上的 Class 下拉列表中选择刚创建的类 CSS 样式 border02 应用，可以看到图像边框的效果，如图 7-26 所示。

STEP 4 转换到外部 CSS 样式文件中，创建名为.border03 的 CSS 样式，如图 7-27 所示。返回设计视图，选中页面相应的图像，在“属性”面板上的 Class 下拉列表中选择刚创建的类 CSS 样式 border03 应用，如图 7-28 所示。

STEP 5 在网页设计视图中可以看到为该图像应用边框的效果，如图 7-29 所示。保存页面，并保存外部样式表文件，在浏览器中预览该页面，效果如图 7-30 所示。

```
.border02 {
    border: dashed 5px #333;
}
```

图 7-25

图 7-26

```
.border03 {
    border-top: dotted 5px #333;
    border-right: groove 5px #069;
    border-bottom: double 5px #069;
    border-left: ridge 5px #333;
}
```

图 7-27

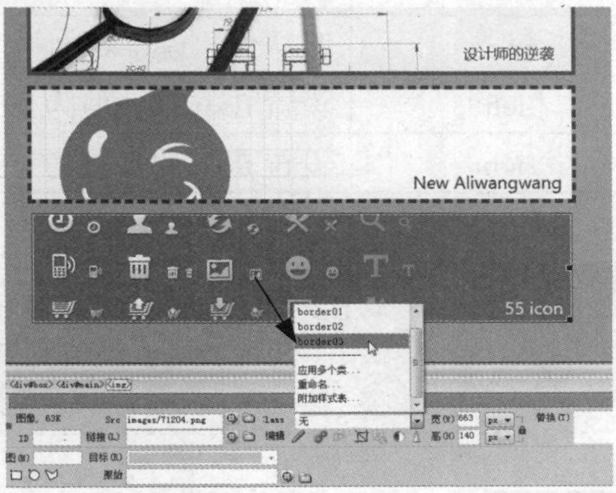

图 7-28

图 7-29

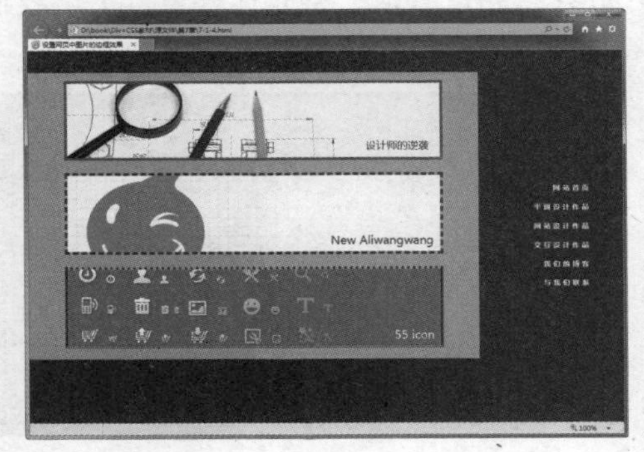

图 7-30

图片的边框属性可以不完全定义，仅单独定义宽度与样式，不定义边框的颜色，通过这种方法设置的边框，默认颜色是黑色。如果单独定义宽度与样式，图片边框也会有效果，但是如果单独定义颜色，图片边框不会有任何效果。

7.2 实现图文混排效果

网站页面中，文字可以详细和清晰地表达主题，图片能够形象和鲜明地展现情境，文字与图片合理结合能够丰富网页页面，增强表达效果。关于图片和文字搭配的页面，比较常见的是图文混排的效果。在网页中，通过 CSS 样式可以实现图文混排的效果。

7.2.1　使用 CSS 样式实现图文混排效果

通过 CSS 样式能够实现文本绕图效果，即将文字设置成环绕图片的形式。CSS 样式中的 float 属性不仅能够定义网页元素浮动，应用于图像还可以实现文本绕图的效果。实现文本绕图的基本语法格式如下。

```
float: none | left | right;
```

float 属性的相关属性值说明如表 7-7 所示。

表 7-7　float 的相关属性值

属性值	说　明
none	默认值，设置对象不浮动
left	设置 float 属性值为 left，可以实现文本环绕在图像的右边
right	设置 float 属性值为 left，可以实现文本环绕在图像的左边

49

自测 5

制作网页中的图文混排效果

最终文件：云盘\最终文件\第 7 章\7-2-1.html

视　　频：云盘\视频\第 7 章\7-2-1.swf

STEP 1 执行"文件>打开"命令，打开页面"云盘\源文件\第 7 章\7-2-1.html"，页面效果如图 7-31 所示。将光标移至"关于我们"文字之前，插入图像"云盘\源文件\第 7 章\images\72104.png"，效果如图 7-32 所示。

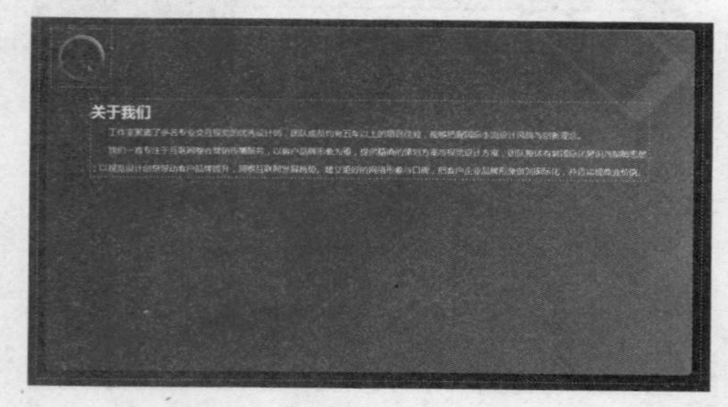

图 7-31

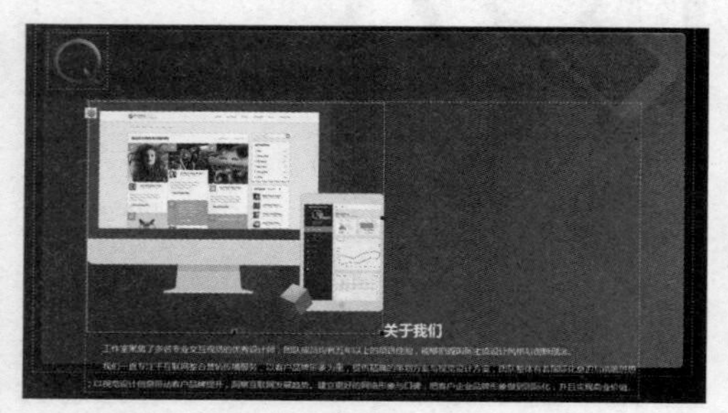

图 7-32

STEP 2 转换到 CSS 样式表文件中，创建名为#text img 的 CSS 样式，如图 7-33 所示。保存页面，在浏览器中预览页面，可以看到图文混排的效果，如图 7-34 所示。

```
#text img {
    float: left;
}
```

图 7-33

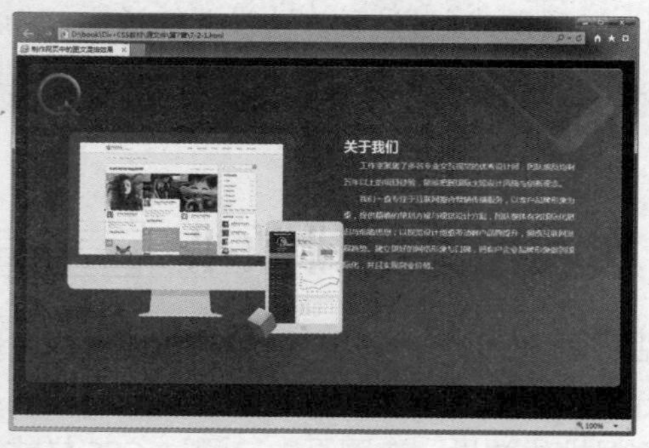

图 7-34

STEP 3 返回外部CSS样式表文件中，修改#text img样式的设置，如图7-35所示。保存外部样式表文件，在浏览器中预览页面，可以看到图文混排的效果，如图7-36所示。

```
#text img {
    float: right;
}
```

图7-35

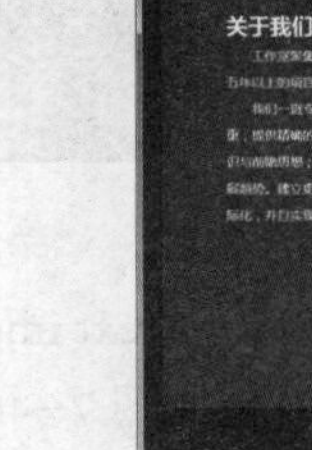

图7-36

提示

图文混排的效果是随着float属性的改变而改变的，因此，当float的属性值设置为right时，图片则会移至文本内容的右边，从而使文字形成左边环绕的效果；反之，当float的属性值设置为left时，图片则会移至文本内容的左边，从而使文字形成右边环绕的效果。

7.2.2 控制文本绕图间距

在设置图文混排的时候，如果希望图片和文字之间有一定的距离，可以通过CSS样式中的margin属性来设置。margin属性的基本语法格式如下。

```
margin: margin-top | margin-right | margin-bottom | margin-left;
```

margin属性的相关属性值如表7-8所示。

表7-8 margin的相关属性值

属性值	说　明
margin-top	设置文本距离图片顶部的边框
margin-right	设置文本距离图片右部的边距
margin-bottom	设置文本距离图片底部的边距
margin-left	设置文本距离图片左部的边距

50

自测 6

控制图文混排图片与文字间距

最终文件：云盘\最终文件\第7章\7-2-2.html

视　　频：云盘\视频\第7章\7-2-2.swf

STEP 1 执行“文件>打开”命令，打开页面“云盘\源文件\第7章\7-2-2.html”，页面效果如图7-37所示。将光标移至“关于我们”文字之前，插入图像“云盘\源文件\第7章\images\72104.png”，效果如图7-38所示。

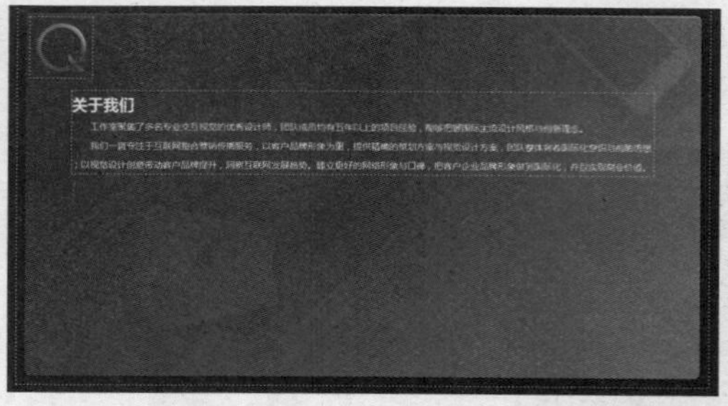

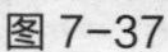
图 7-37

图 7-38

STEP 2 转换到 CSS 样式表文件中，创建名为#text img 的 CSS 样式，如图 7-39 所示。返回设计视图中，可以看到实现的图文混排效果，如图 7-40 所示。

```
#text img {
    float: left;
}
```

图 7-39

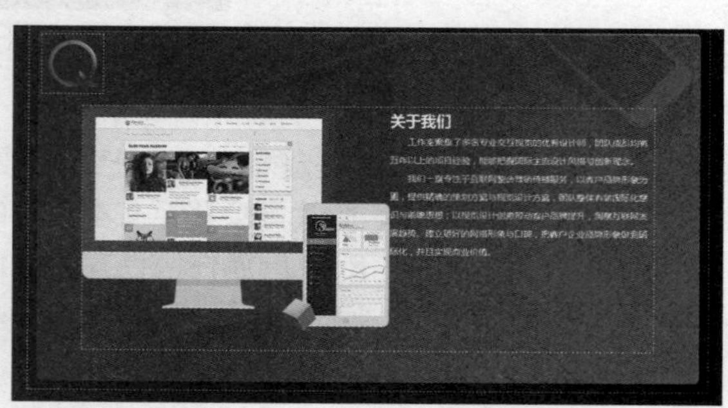

图 7-40

STEP 3 转换到 CSS 样式表文件中，在名为#text img 的 CSS 样式中添加右边距的设置，使图像右侧与文字内容有一定的距离，如图 7-41 所示。保存页面，并保存外部样式表文件，在浏览器中预览页面，效果如图 7-42 所示。

```
#text img {
    float: left;
    margin-right: 30px;
}
```

图 7-41

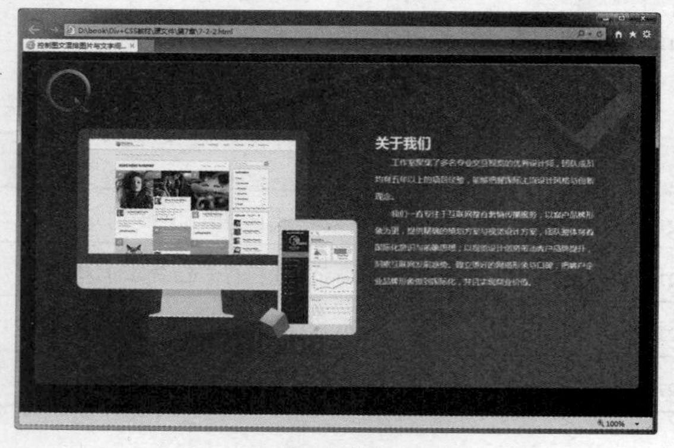

图 7-42

7.3 CSS 3.0 新增边框控制属性

在 CSS 3.0 中新增加了 3 种有关边框（border）控制的属性，分别是 border-colors 属性、border-radius 属性和 border-image 属性，下面分别对这 3 种新增的边框设置属性进行介绍。

7.3.1 多重边框颜色 border-colors 属性

border-color 属性可以用于设置对象边框的颜色，在 CSS 3.0 中增强了该属性的功能，如果设置了边框的宽度为 *N* px，那么就可以在这个边框上使用 *N* 种颜色，每种颜色显示 1 px 的宽度，如果所设置的边框的宽度为 10 px，但只声明了 5 或 6 种颜色，那么最后一个颜色将被添加到剩下的宽度，border-colors 属性的语法格式如下。

```
border-colors: <color> <color> <color>…;
```

border-colors 属性还可以分开分别为四边设置多重颜色，四边分别为 border-top-colors、border-right-colors、border-bottom-colors 和 border-left-colors。

7.3.2 图像边框 border-image 属性

为了增强边框效果，CSS 3.0 中新增了 border-image 属性，用于实现使用图像作为对象的边框效果，border-image 属性的语法格式如下。

```
border-image: none | <image> [ <number> | <percentage> ] {1,4} [ /<border-width> {1,4}] ?
[stretch | repeat | round ] {0,2};
```

border-image 属性的相关属性值如表 7-9 所示。

表 7-9 border-image 的相关属性值

属性值	说　明
none	none 为默认值，表示无图像
image	用于设置边框图像，可以使用绝对地址或相对地址
number	边框宽度或者边框图像的大小，使用固定像素值表示
percentage	用于设置边框图像的大小，即边框宽度，用百分比表示
stretch | repeat | round	拉伸 | 重复 | 平铺（其中 stretch 是默认值）

为了能够更加方便灵活地定义边框图像，CSS 3.0 允许从 border-image 属性派生出众多的子属性，border-image 的派生子属性如表 7-10 所示。

表 7-10 border-image 的派生子属性

属　性	说　明
border-top-image	定义上边框图像
border-right-image	定义右边框图像
border-bottom-image	定义下边框图像
border-left-image	定义左边框图像
border-top-left-image	定义边框左上角图像
border-top-right-image	定义边框右上角图像
border-bottom-left-image	定义边框左下角图像
border-bottom-right-image	定义边框右下角图像
border-image-source	定义边框图像源，即图像的地址
border-image-slice	定义如何裁切边框图像
border-image-repeat	定义边框图像重复属性
border-image-width	定义边框图像的大小
border-image-outset	定义边框图像的偏移位置

7.3.3 圆角边框 border-radius 属性

在 CSS 3.0 出现之前，如果需要在网页中实现圆角边框的效果，通常都是使用图像来实现，而在 CSS 3.0 中新增了圆角边框的定义属性 border-radius，通过该属性，可以轻松地在网页中实现圆角边框效果，border-radius 属性的语法格式如下。

```
border-radius: none | <length> {1,4} [ /<length> {1,4} ]?;
```

border-radius 属性的相关属性值说明如表 7-11 所示。

表 7-11　border-radius 的相关属性值

属　　性	说　　明
none	none 为默认值，表示不设置圆角效果
length	用于设置圆角度数值，由浮点数字和单位标识符组成，不可以设置为负值

自测 7

在网页中实现圆角边框效果

最终文件：云盘\最终文件\第 7 章\7-3-3.html

视　　频：云盘\视频\第 7 章\7-3-3.swf

51

STEP 1 执行"文件>打开"命令，打开页面"云盘\源文件\第 7 章\7-3-3.html"，页面效果如图 7-43 所示。在浏览器中预览该页面，可以看到页面的效果，如图 7-44 所示。

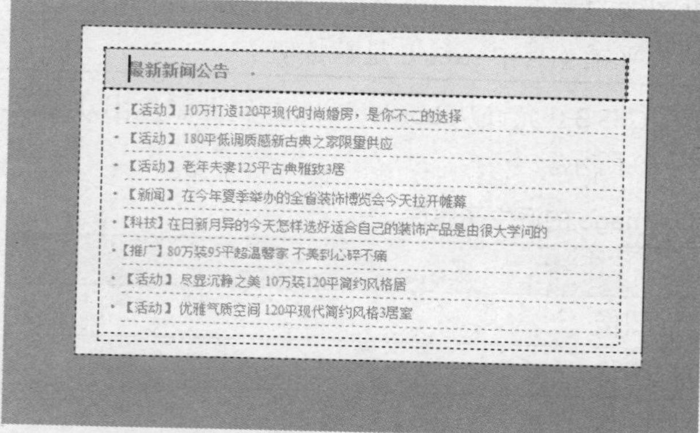

图 7-43

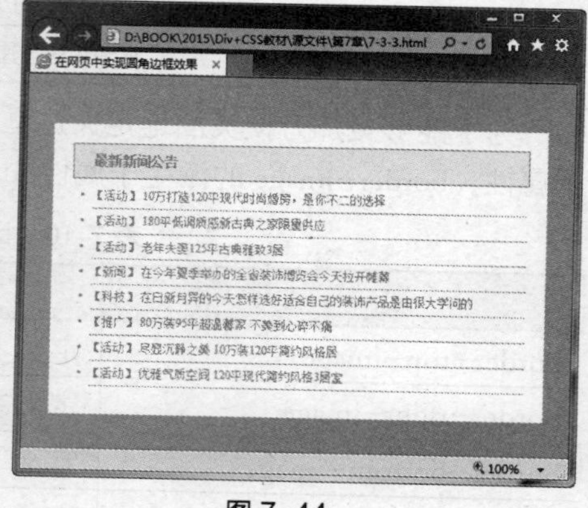

图 7-44

STEP 2 切换所链接的外部 CSS 样式表文件中，找到名为#box 的 CSS 样式设置代码，如图 7-45 所示。在名为#box 的 CSS 样式中添加圆角边框样式设置，如图 7-46 所示。

```
#box {
    width: 480px;
    height: 280px;
    background-color: #FFF;
    margin: 50px auto 0px auto;
    padding: 20px 0px 0px 20px;
}
```

图 7-45

```
#box {
    width: 480px;
    height: 280px;
    background-color: #FFF;
    margin: 50px auto 0px auto;
    padding: 20px 0px 0px 20px;
    border-radius: 12px;
}
```

图 7-46

提示：border-radius 属性可以分开，分别为 4 个角设置相应的圆角值，分别为 border-top-right-radius（右上角）、border-bottom-right-radius（右下角）、border-bottom-left-radius（左下角）和 border-top- left-radius（左上角）。

STEP 3 保存外部 CSS 样式表文件，在浏览器中预览页面，可以看到所实现的圆角边框的效果，如图 7-47 所示。返回外部的 CSS 样式表文件中，找到名为#title 的 CSS 样式设置代码，如图 7-48 所示。

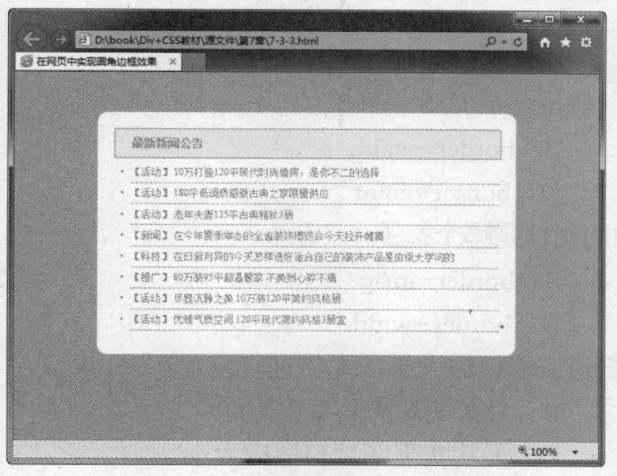

图 7-47

```
#title {
    font-size: 14px;
    font-weight: bold;
    width: 440px;
    height: 30px;
    background-color: #CFF;
    padding: 5px 0px 0px 20px;
    border: #0C9 1px solid;
}
```

图 7-48

STEP 4 在名为#title 的 CSS 样式中添加圆角边框样式设置，如图 7-49 所示。保存外部 CSS 样式表文件，在浏览器中预览页面，可以看到所实现的圆角边框的效果，如图 7-50 所示。

```
#title {
    font-size: 14px;
    font-weight: bold;
    width: 440px;
    height: 30px;
    background-color: #CFF;
    padding: 5px 0px 0px 20px;
    border: #0C9 1px solid;
    border-radius: 12px 0px 12px 0px;
}
```

图 7-49

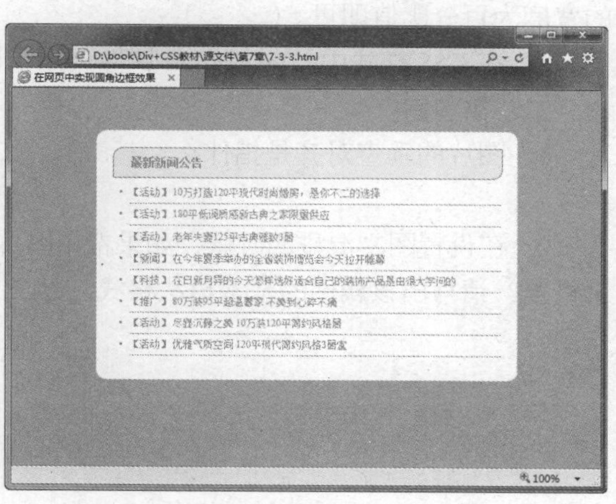

图 7-50

border-radius 属性的第一个值是水平半径值，如果第二个值省略，则它等于第一个值，这时这个角就是一个四分之一圆角。如要任意一个值为 0，则这个角是矩形，不会是圆的。所设置的角不允许为负值。

7.4 本章小结

本章主要向读者详细介绍了使用 CSS 控制图片样式的相关知识以及具体的设置和使用方法。通过 CSS 对图片样式进行控制，可以使整个网页页面内容更加丰富，形式更加新颖。通过学习本章内容，希望读者能够熟练掌握使用 CSS 控制图片样式的具体方法，并且根据网页设计的需要，合理地对图片进行设置。

7.5 课后测试题

一、选择题

1. 如果需要设置图片的边框属性，可以使用什么 CSS 属性？（　　）

A. border　　B. border-width

C. border-style　　D. border-color

2. CSS 3.0 中新增的用于实现圆角边框的属性是哪个？（　　）

A. border-colors　　B. border-image

C. border-radius　　D. border-width

3. 如果希望插入到网页中的图像能够自适应窗口的大小，如何进行设置？（　　）

A. 设置图片的宽度为 100%　　B. 设置图片的高度为 100%

C. 设置图片的宽度为固定值　　D. 无法实现图片自适应大小

二、判断题

1. 在设置边框属性时，如果同时设置边框的类型、宽度和颜色，则需要按顺序进行设置。（　　）

2. 如果需要插入网页中的图片实现自适应窗口大小，则只需要通过 CSS 样式设置该图片的宽度为百分比值即可。（　　）

3. 在 CSS 样式中，text-align 属性可用于设置图片的水平对齐方式。（　　）

三、简答题

1. 图片的垂直对齐是指什么？

2. 在设置图文混排的时候，如果希望图片和文字之间有一定的距离，可以通过什么属性来设置？请写出该属性的基本语法格式。

PART 8 第 8 章 使用CSS样式设置列表效果

本章简介：

在网页界面中经常涉及项目列表的使用，项目列表是用于整理网页界面中一系列相互关联的文本信息，其中包括有序列表、无序列表和自定义 3 种。在 Dreamweaver 中，可以通过 CSS 属性对列表样式进行更好的控制，从而达到美化网页界面、提高网站使用性的作用。

本章重点：

- 了解网页列表的相关知识
- 掌握使用 CSS 样式设置项目列表和有序列表的方法
- 掌握使用 CSS 样式设置定义列表的方法
- 掌握使用列表制作导航菜单的方法
- 掌握 CSS 3.0 新增属性的使用方法

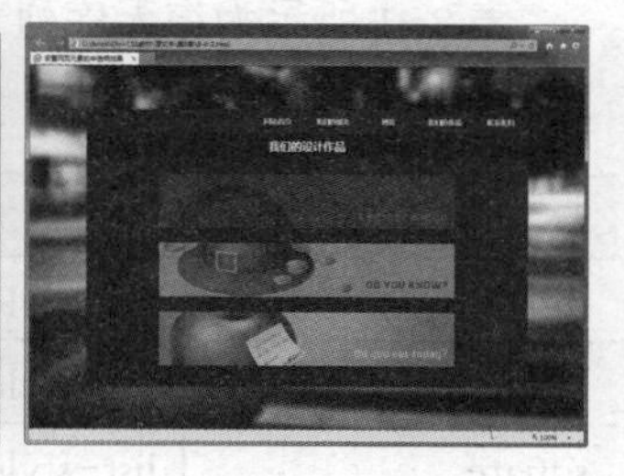

8.1 认识网页中的列表

列表元素是网页中非常重要的应用形式之一，在网页的设计中，通过使用 CSS 属性控制列表可以轻松实现网页界面整齐、直观的页面效果。列表形式的布局在网页中占有很大部分的比重，可以使页面信息的显示非常清晰、直观，使浏览者能够很方便、快捷地对页面进行查看和单击。

如今，大部分网站页面都是使用 Div+CSS 进行布局的，使用该布局形式的页面一般提倡使用 HTML 中自带的<ul>和<ol>标签。虽然这些标签在早期的版本中就已经存在，但是，由于 CSS 在当时没有强大的样式进行控制，因此，得不到网页设计者的重视。自从 CSS 2 出现后，<ul>和<ol>在 CSS 中便拥有了较多的样式属性，从而能够抛弃表格独立制作列表。使用 CSS 样式制作的列表，代码数量减少了很多，方便网页设计者进行读取，如图 8-1 和图 8-2 所示。

```
<ul>
  <li>列表内容</li>
  <li>列表内容</li>
  <li>列表内容</li>
</ul>
```

图 8-1

• 列表内容
• 列表内容
• 列表内容

图 8-2

8.2 使用 CSS 样式控制列表

在 Dreamweaver 中，通过 CSS 属性来控制列表的样式可以更加方便地控制项目列表的外观，提高网站页面的使用性，在 CSS 样式中有专门的属性用于设置项目列表，设置后的项目列表简洁、易懂，非常方便网页设计者的使用，下面就一一向大家进行介绍。

8.2.1 ul 无序列表

无序列表是网页中常见的元素之一，用于将一组相关的列表项目排列在一起，并且列表中的项目没有特别的顺序。无序列表使用<li>标签来罗列各个项目，并且每个项目前面都带有特殊符号，例如黑色实心圆等。在 CSS 中，可以通过 list-style-type 属性对无序列表前面的符号进行控制。

list-style-type 属性的语法格式如下。

```
list-style-type: 参数 1, 参数 2,…;
```

表 8-1 所示为在无序列表中 list-style-type 属性包含的各属性值的说明。

表 8-1 list-style-type 属性的属性值

属性值	方式	说明
disc	list-style-type: disc	项目列表前的符号为实心圆
circle	list-style-type: circle	项目列表前的符号为空心圆
square	list-style-type: square	项目列表前的符号为实心方块
none	list-style-type: none	项目列表前不使用任何项目符号

制作新闻列表

最终文件：云盘\最终文件\第 8 章\8-2-1.html

视　　频：云盘\视频\第 8 章\8-2-1.swf

52

STEP 1 执行“文件>打开”命令，打开页面“云盘\源文件\第 8 章\8-2-1.html”，页面效果如图 8-3 所示。将光标移至名为 box 的 Div 中，将多余文字删除，单击“插入”面板中的“结构”选项中“项目列表”按钮，如图 8-4 所示。

图 8-3

图 8-4

STEP 2 即可在页面中光标所在位置插入项目列表，效果如图 8-5 所示。转换到代码视图中，可以看到插入的项目列表标签代码，如图 8-6 所示。

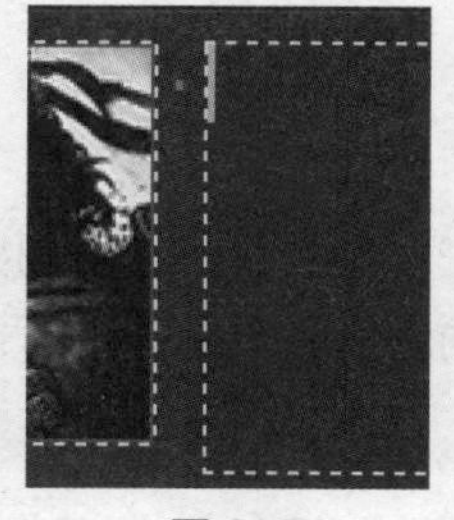

图 8-5

```
<div id="news">
  <ul>
    <li></li>
  </ul>
</div>
```

图 8-6

STEP 3 返回设计视图中，在列表项后面输入相应的文字，如图 8-7 所示。按键盘上的 Enter 键，自动插入第 2 个列表项，如图 8-8 所示。

图 8-7

图 8-8

STEP 4 转换到代码视图中，可以看到自动生成第 2 个列表项的标签代码，如图 8-9 所示。返回设计视图中，在第 2 个列表项后输入相应的文字，效果如图 8-10 所示。

```
<div id="news">
  <ul>
    <li>专访世界第一英雄劳模Keilantra</li>
    <li></li>
  </ul>
</div>
```

图 8-9

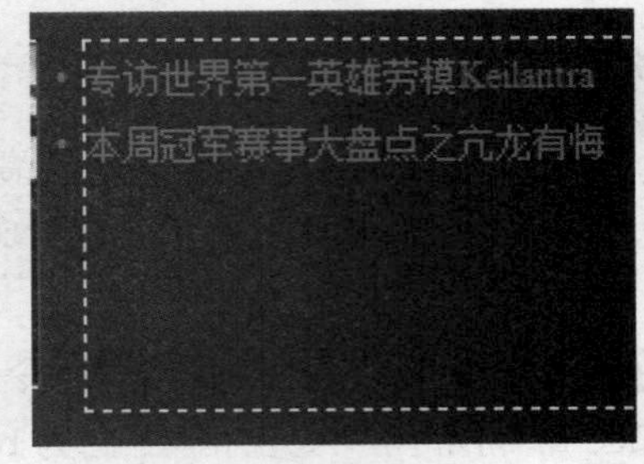

图 8-10

STEP 5 使用相同的制作方法，可以制作出其他列表项内容，效果如图 8-11 所示。转换到外部 CSS 样式表文件中，创建名为#news li 的 CSS 样式，如图 8-12 所示。

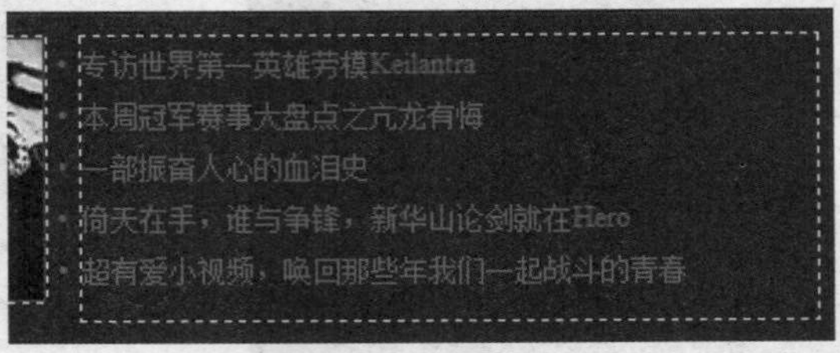

专访世界第一英雄劳模Keilantra
本周冠军赛事大盘点之亢龙有悔
一部振奋人心的血泪史
倚天在手，谁与争锋，新华山论剑就在Hero
超有爱小视频，唤回那些年我们一起战斗的青春

图 8-11

```
#news li {
    list-style-position: inside;
    border-bottom: dashed 1px #FF9966;
}
```

图 8-12

提示

如果希望单击“属性”面板上的“项目列表”按钮在网页中创建项目列表，则需要在页面中选中段落文本。段落文本的输入方法是在段落后按键盘上的 Enter 键，即可在页面中插入一个段落。

STEP 6 返回设计视图中，可以看到网页中项目列表的效果，如图 8-13 所示。保存页面，并保存外部 CSS 样式表文件，在浏览器中预览页面，可以看到网页中项目列表的效果，如图 8-14 所示。

图 8-13

图 8-14

8.2.2 list-style-type 属性

当给<ul>标签或者<ol>标签设置 list-style-type 属性时，标签中的所有<li>标签都将应用该设置，如果想要<li>标签具有单独的样式，则可以对<li>标记单独设置 list-style-type 属性，那么，该样式仅仅只会对该条件项目起作用。

53

自测 2

设置列表符号

最终文件：云盘\最终文件\第 8 章\8-2-2.html

视　　频：云盘\视频\第 8 章\8-2-2.swf

STEP 1 执行“文件>打开”命令，打开页面“云盘\源文件\第 8 章\8-2-2.html”，页面效果如图 8-15 所示。转换到链接的外部 CSS 样式表文件中，创建名称为.list01 的类 CSS 样式，如图 8-16 所示。

图 8-15

```
.list01 {
    list-style-type: square;
    font-weight: bold;
}
```

图 8-16

STEP 2 返回设计视图中，为相应的列表项文字应用刚定义的名为 list01 的类 CSS 样式，如图 8-17 所示。保存页面，并保存外部 CSS 样式表文件，在浏览器中预览页面，可以看到设置列表项符号的效果，如图 8-18 所示。

图 8-17

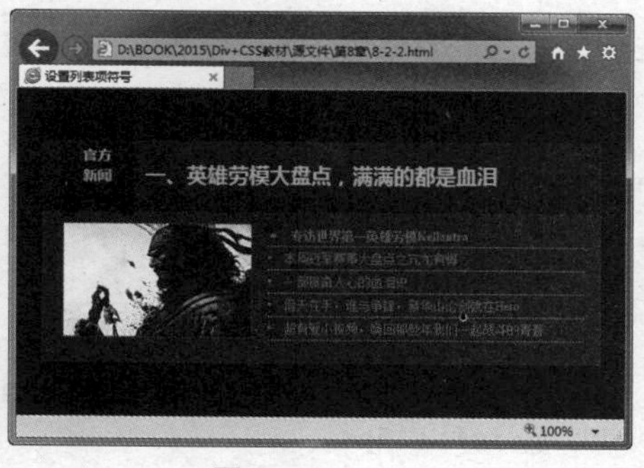

图 8-18

提示

由于<ol>标签的默认属性值是 decimal，<ul>标签的默认属性值是 disc，因此，通过 display:list-item 创建的项目列表，其默认属性值也是 disc。

8.2.3 list-style-image 属性

在网页设计中，除了可以使用 CSS 样式中的列表符号，还可以使用 list-style-image 属性自定义列表符号。

list-style-image 属性的基本语法如下。

```
list-style-image: 图片地址;
```

在 CSS 样式中，list-style-image 属性用于设置图片作为列表样式，只需要输入图片的路径作为属性值即可。

54

自测 3

自定义列表项符号

最终文件：云盘\最终文件\第 8 章\8-2-3.html

视　　频：云盘\视频\第 8 章\8-2-3.swf

STEP 1 执行“文件>打开”命令，打开页面“云盘\源文件\第 8 章\8-2-3.html”，页面效果如图 8-19 所示。转换到链接的外部 CSS 样式表文件中，找到名为#news li 的 CSS 样式设置代码，如图 8-20 所示。

图 8-19

```
#news li {
    list-style-position: inside;
    border-bottom: dashed 1px #FF9966;
}
```

图 8-20

STEP 2 在名为#news li 的 CSS 样式中添加相应的属性设置代码，如图 8-21 所示。返回设计视图中，保存页面，在浏览器中预览页面，如图 8-22 所示。

```
#news li {
    list-style-position: inside;
    border-bottom: dashed 1px #FF9966;
    list-style-type: none;
    list-style-image: url(../images/82301.gif);
    padding-left: 5px;
}
```

图 8-21

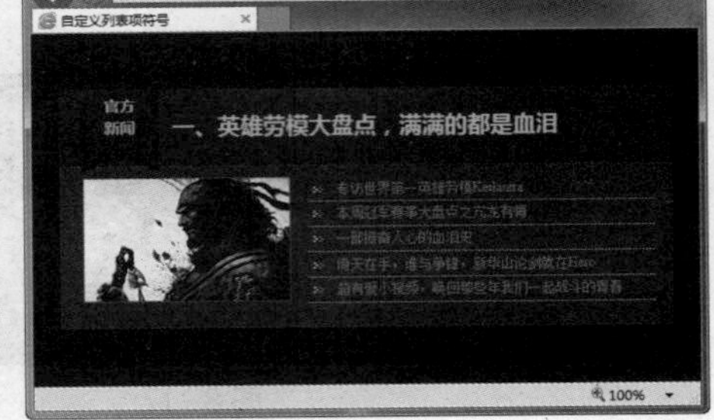

图 8-22

提示

除了可以使用 CSS 样式中的 list-style-image 属性定义列表符号，还可以使用 background-image 属性来实现，首先在列表项左边添加填充，为图像符号预留出需要占用的空间，然后将图像符号作为背景图像应用于列表项即可。在网页页面中，经常将图片作为列表样式，用于美化网页界面、提升网页整体视觉效果。

8.2.4 ol 有序列表

有序列表与无序列表相反，有序列表可以创建具有先后顺序的列表，例如在每条信息前加上 1、2、3……等。在 CSS 样式中，与无序项目列表一样，可以通过 list-style-type 属性对有序列表进行控制，只是属性值不一样而已。

list-style-type 属性的语法格式如下。

```
list-style-type: 参数 1,参数 2,…;
```

表 8-2 所示为在设置有序列表时，list-style-type 属性常用的属性值说明。

表 8-2 有序列表常用属性值

属性值	方 式	说 明
decimal	list-style-type: decimal	表示有序列表前使用十进制数字标记（1、2、3……）
decimal-leading-zero	list-style-type: decimal-leading-zero	表示有序列表前使用有前导零的十进制数字标记（01、02、03……）
lower-roman	list-style-type: lower-roman	表示有序列表前使用小写罗马数字标记（i、ii、iii……）
upper-roman	list-style-type: upper-roman	表示有序列表前使用大写罗马数字标记（I、II、III……）
lower-alpha	list-style-type: lower-alpha	表示有序列表前使用小写英文字母标记（a、b、c...）
upper-alpha	list-style-type: upper-alpha	表示有序列表前使用大写英文字母标记（A、B、C...）
none	list-style-type: none	表示有序列表前不使用任何形式的符号
inherit	list-style-type: inherit	表示有序列表继承父级元素的 list-style-type 属性设置

55

制作有序排行列表

最终文件：云盘\最终文件\第 8 章\8-2-4.html

视　　频：云盘\视频\第 8 章\8-2-4.swf

STEP 1 执行“文件>打开”命令，打开页面“云盘\源文件\第 8 章\8-2-4.html”，页面效果如图 8-23 所示。将光标移至名为 box 的 Div 中，将多余文字删除，单击“插入”面板上的“结构”选项卡中的“编号列表”按钮，如图 8-24 所示。

STEP 2 即可在网页中当前光标位置插入有序编号列表，效果如图 8-25 所示。转换到代码视图中，可以看到自动添加的有序编号列表的标签代码，如图 8-26 所示。

图 8-23

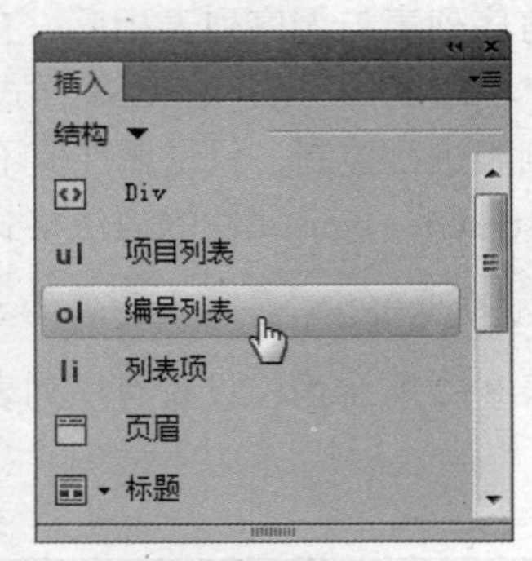

图 8-24

图 8-25

```
<div id="box">
  <ol>
    <li></li>
  </ol>
</div>
```

图 8-26

STEP 3 返回设计视图中，在编号列表后输入相应的文字，如图 8-27 所示。按键盘上的 Enter 键，自动插入第 2 个列表项，如图 8-28 所示。

图 8-27

图 8-28

STEP 4 转换到代码视图中，可以看到自动添加的第 2 个列表项标签，如图 8-29 所示。返回设计视图中，在第 2 个列表项符号后输入相应的文字，如图 8-30 所示。

STEP 5 使用相同的制作方法，可以完成其他编号列表项的制作，可以看到默认的编辑列表的效果，如图 8-31 所示。转换到 CSS 样式表文件中，创建名为#box li 的 CSS 样式，如图 8-32 所示。

```
<div id="box">
  <ol>
    <li>生如夏花</li>
    <li></li>
  </ol>
</div>
```

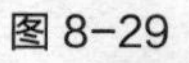

图 8-29

图 8-30

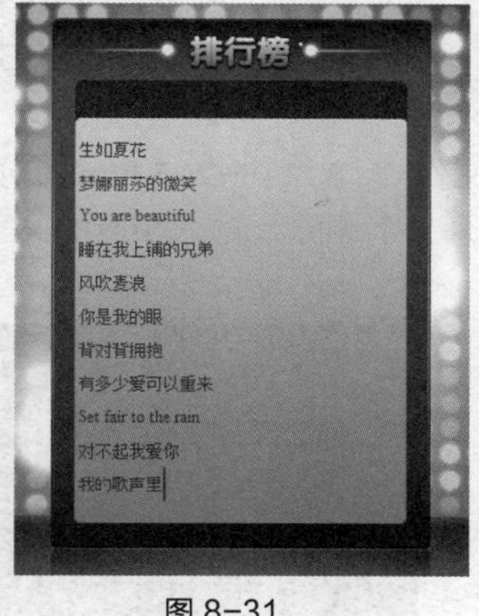

图 8-31

```
#box li{
    border-bottom: #F6c 1px dashed;
    padding-left: 5px;
    list-style-position: inside;
}
```

图 8-32

STEP 6 返回设计视图中，可以看到网页中编辑列表的效果，如图 8-33 所示。保存页面，并保存外部 CSS 样式表文件，在浏览器中预览页面，可以看到制作有序列表的效果，如图 8-34 所示。

图 8-33

图 8-34

提示

如果在“列表属性”对话框中的“列表类型”下拉列表中选择“编号列表”选项，则“样式”下拉列表框有 6 个选项，分别为“默认”“数字”“小写罗马字母”“大写罗马字母”“小写字母”和“大写字母”，这是用于设置编号列表里每行开头的编辑号符号。

8.2.5　dl 定义列表

定义列表是一种比较特殊的列表形式，相对于有序列表和无序列表来说，应用的比较少。定义列表的<dl>标签是成对出现的，并且需要网页设计者在“代码”视图中手动添加。从<dl>开始到</dl>结束，列表中每个元素的标题使用<dt></dt>标签，后面跟随<dd></dd>标签，用于描述列表中元素的内容。

自测 5　　56

制作复杂新闻列表

最终文件：云盘\最终文件\第 8 章\8-2-5.html

视　　频：云盘\视频\第 8 章\8-2-5.swf

STEP 1 执行“文件>打开”命令，打开页面“云盘\源文件\第 8 章\8-2-5.html”，页面效果如图 8-35 所示。将光标移至名为 news 的 Div 中，将多余文字删除，输入相应的文字，如图 8-36 所示。

图 8-35

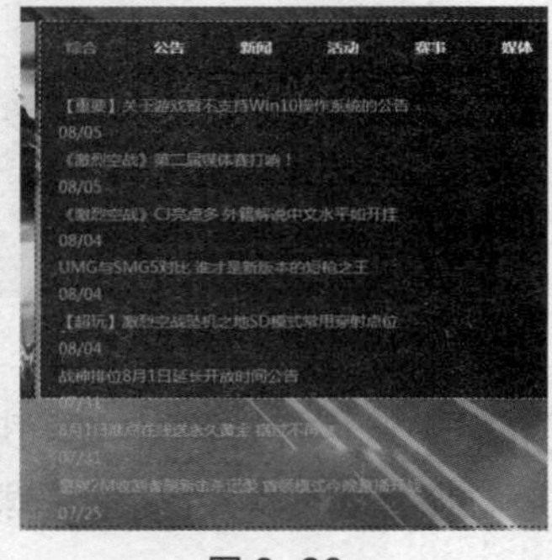

图 8-36

STEP 2 转换到代码视图中，为文字添加相应的定义列表标签，如图 8-37 所示。转换到 CSS 样式表文件中，创建名称为#news dt 和#news dd 的 CSS 样式，如图 8-38 所示。

```
<div id="news">
  <dl>
    <dt>【重要】关于游戏暂不支持 windous 10 操作系统的公告</dt><dd>08/05</dd>
    <dt>《激烈空战》第二届媒体赛打响！ </dt><dd>08/05</dd>
    <dt>《激烈空战》CJ亮点多 外籍解说中文水平如开挂</dt><dd>08/04</dd>
    <dt>UMG与SMG5对比 谁才是新版本的短枪之王</dt><dd>08/04</dd>
    <dt>【超玩】激烈空战坠机之地SD模式常用穿射点位</dt><dd>08/04</dd>
    <dt>战神排位8月1日延长开放时间公告</dt><dd>07/31</dd>
    <dt>8月1日准点在线送永久黄金 错过不再有</dt><dd>07/31</dd>
    <dt>皇族2M收割者刷新击杀记录 首领模式今晚直播开战</dt><dd>07/25</dd>
  </dl>
</div>
```

图 8-37

```
#news dt {
    width: 330px;
    float: left;
    line-height: 33px;
    background-image: url(../images/82504.png);
    background-repeat: no-repeat;
    background-position: left center;
    padding-left: 20px;
}
```

```
#news dd {
    width: 75px;
    float: left;
    color: #425767;
    line-height: 33px;
    text-align: right;
}
```

图 8-38

提示 在 Dreamweaver 中并没有提供定义列表的可视化创建操作，设计者可以转换到代码视图中，手动添加相关的<dl>、<dt>和<dd>标签来创建定义列表，注意，<dl>、<dt>和<dd>标签都是成对出现的。

STEP 3 返回设计视图中，可以看到所制作的定义列表的效果，如图 8-39 所示。保存页面，保存外部 CSS 样式表文件，在浏览器中预览页面，效果如图 8-40 所示。

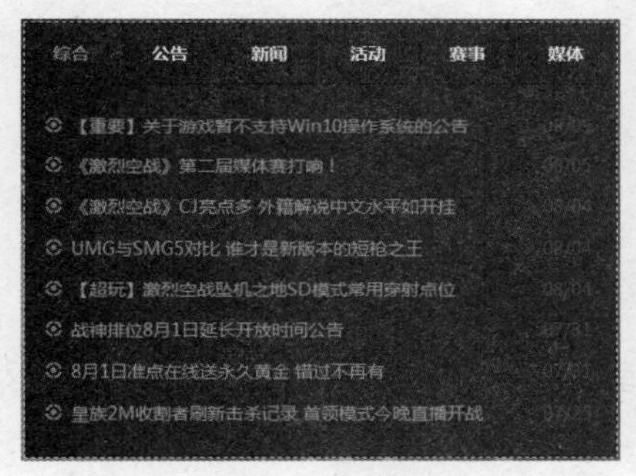

图 8-39

图 8-40

8.3 使用列表制作网页导航

在 Dreamweaver 中，由于项目列表的项目符号可以通过 list-style-type 属性将其设置为 none，因此，可以利用这一优势轻松地制作各种各样的菜单和导航条。由此可见，通过 CSS 属性对项目列表进行控制可以产生很多意想不到的效果。接下来将向读者介绍一些如何使用列表标签制作既实用又美观的网站导航菜单的方法。

8.3.1 横向网页导航

横向导航菜单在网页中很常见，通常位于网页的头部，不同页面之间的链接主要是通过它来实现的。网站导航菜单显示网页的头部信息，在网站中的重要性不言而喻，因此为网页设计一个美观、大方的导航菜单是网页设计中最为重要的第一步。

57

自测 6

使用 CSS 样式制作横向网页导航

最终文件：云盘\最终文件\第 8 章\8-3-1.html

视　　频：云盘\视频\第 8 章\8-3-1.swf

STEP 1 执行“文件>打开”命令，打开页面“云盘\源文件\第 8 章\8-3-1.html”，效果如

图 8-41 所示。光标移至名为 menu 的 Div 中，将多余文字删除，单击“插入”面板上“结构”选项中“项目列表”按钮，如图 8-42 所示。

图 8-41

图 8-42

STEP 2 在页面中光标所在位置插入项目列表，效果如图 8-43 所示。转换到代码视图中，可以看到自动生成的项目列表的相关标签代码，如图 8-44 所示。

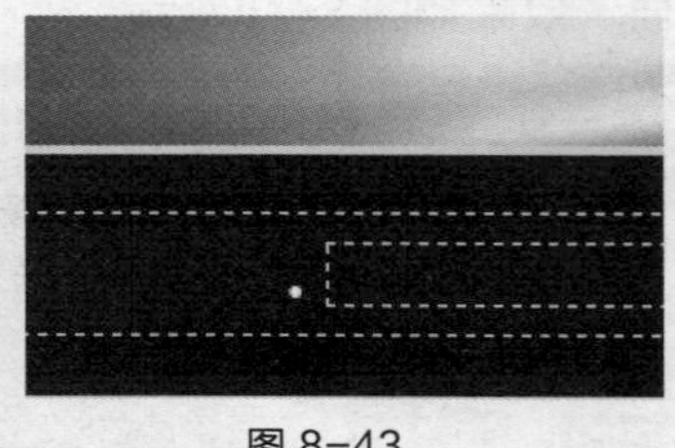

图 8-43

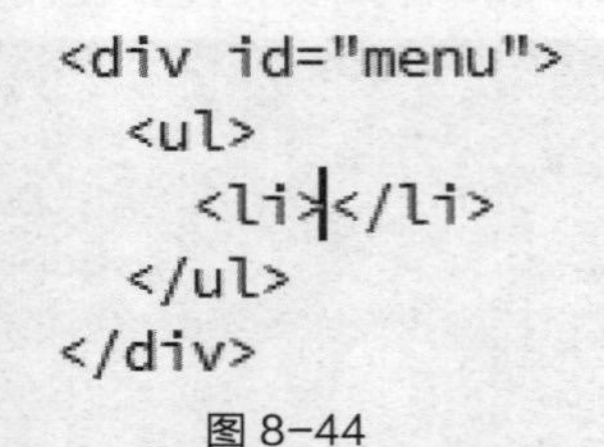

```
<div id="menu">
  <ul>
    <li></li>
  </ul>
</div>
```

图 8-44

STEP 3 返回设计视图中，在刚插入的项目列表符号后输入菜单项文字，如图 8-45 所示。按键盘上的 Enter 键，插入第 2 个列表项，效果如图 8-46 所示。

图 8-45

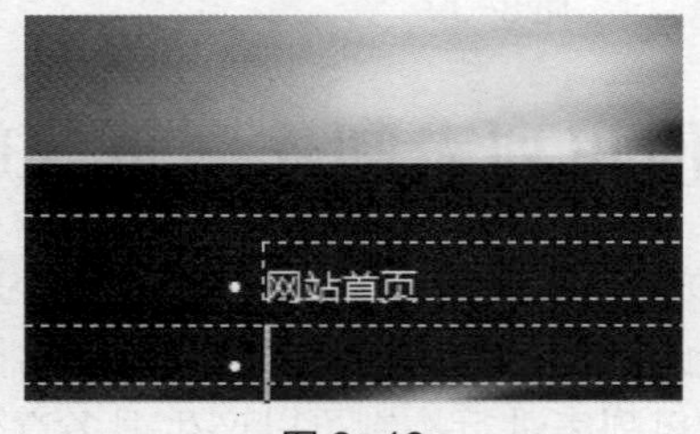

图 8-46

STEP 4 转换到代码视图中，可以看到自动插入的列表项标签，如图 8-47 所示。返回设计视图中，输入第 2 个菜单项文字，如图 8-48 所示。

```
<div id="menu">
  <ul>
    <li>网站首页</li>
    <li></li>
  </ul>
</div>
```

图 8-47

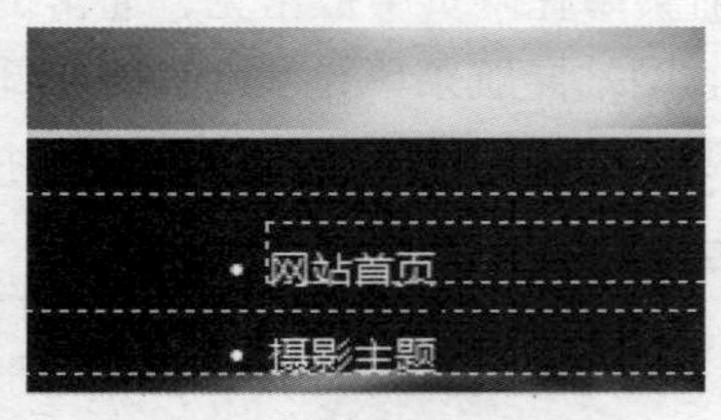

图 8-48

STEP 5 使用相同的制作方法，可以完成其他菜单项的制作，效果如图 8-49 所示。转换到代码视图中，可以看到该部分内容的 HTML 代码，如图 8-50 所示。

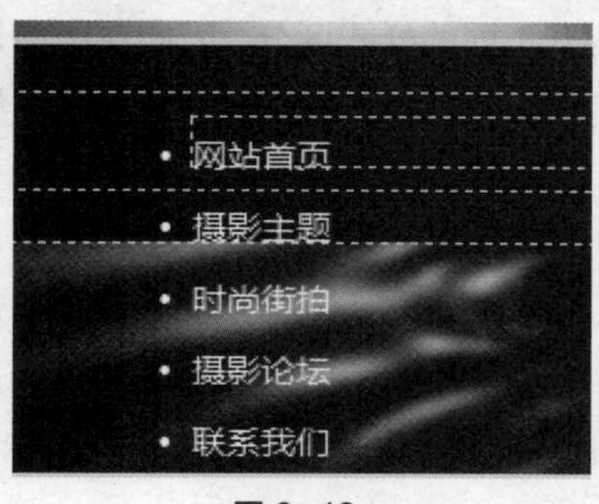

图 8-49

```
<div id="menu">
  <ul>
    <li>网站首页</li>
    <li>摄影主题</li>
    <li>时尚街拍</li>
    <li>摄影论坛</li>
    <li>联系我们</li>
  </ul>
</div>
```

图 8-50

STEP 6 转换到 CSS 样式表文件中，创建名为#menu li 的 CSS 样式，如图 8-51 所示。返回网页设计视图中，可以看到项目列表的显示效果，如图 8-52 所示。

```
#menu li {
    font-weight: bold;
    line-height: 20px;
    list-style-type: none;
    width: 90px;
    float: left;
    text-align: center;
    border-left: solid 2px #996600;
}
```

图 8-51

网站首页 | 摄影主题 | 时尚街拍 | 摄影论坛 | 联系我们

图 8-52

在 Dreamweaver 中使用项目列表制作横向导航菜单时，如果不设置<ul>或者<ol>标签的宽度属性，那么当浏览器的宽度缩小时，该导航菜单就会自动换行，这是使用<table>标签制作导航菜单无法实现的效果。

STEP 7 保存页面，并保存外部 CSS 样式表文件，在浏览器中预览页面，可以看到所制作的横向导航菜单的效果，如图 8-53 所示。

图 8-53

横向导航菜单一般用作网站的主导航菜单，门户类网站更是如此。由于门户网站的分类导航较多，且每个频道均有不同的样式区分，因此在网站顶部固定一个区域设计统一样式且不占用过多空间的横向导航菜单是最理想的选择。

8.3.2 垂直网页导航

与横向导航菜单相对的是竖向菜单，通过 CSS 样式不仅可以创建横向导航菜单，还可以创建竖向导航菜单。竖向菜单在网页中起着导航、美化页面的作用，创建的方法与横向菜单类似，先通过 CSS 样式设置列表外观，再为其添加相应的链接。

58

自测 7

使用 CSS 样式制作垂直网页导航

最终文件：云盘\最终文件\第 8 章\8-3-2.html

视　　频：云盘\视频\第 8 章\8-3-2.swf

STEP 1 执行“文件>打开”命令，打开页面“云盘\源文件\第 8 章\8-3-2.html”，效果如图 8-54 所示。将光标移至名为 text 的 Div 中，将多余文字删除，单击“插入”面板上的“结构”选项中的“项目列表”按钮，如图 8-55 所示。

图 8-54

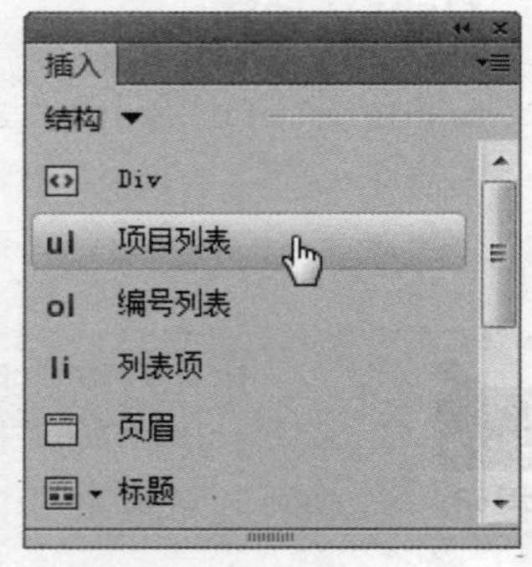

图 8-55

STEP 2 在页面中光标所在位置插入项目列表，效果如图 8-56 所示。转换到代码视图中，可以看到自动生成的项目列表的相关标签代码，如图 8-57 所示。

图 8-56

```
<div id="text">
  <ul>
    <li></li>
  </ul>
</div>
```

图 8-57

STEP 3 返回设计视图中，在刚插入的项目列表符号后输入菜单项文字，如图 8-58 所示。按键盘上的 Enter 键，插入第 2 个列表项，效果如图 8-59 所示。

图 8-58

图 8-59

STEP 4 转换到代码视图中，可以看到自动插入的列表项标签，如图 8-60 所示。返回设计视图中，输入第 2 个菜单项文字，如图 8-61 所示。

```
<div id="text">
  <ul>
    <li>移动客户端</li>
    <li></li>
  </ul>
</div>
```

图 8-60

图 8-61

STEP 5 使用相同的制作方法，其他菜单项的制作，效果如图 8-62 所示。转换到代码视图中，可以看到该部分内容的 HTML 代码，如图 8-63 所示。

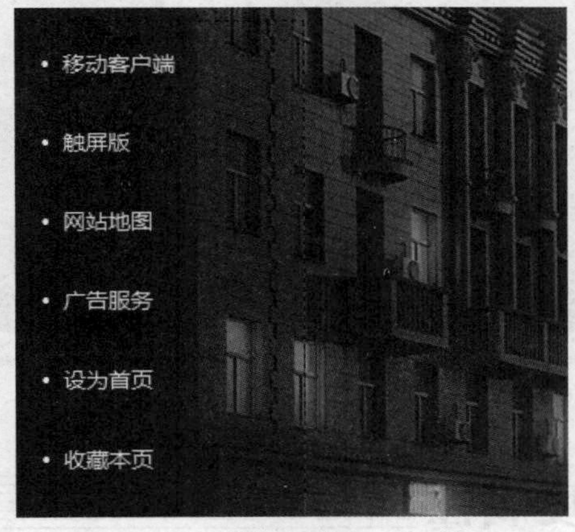

图 8-62

```
<div id="text">
  <ul>
    <li>移动客户端</li>
    <li>触屏版</li>
    <li>网站地图</li>
    <li>广告服务</li>
    <li>设为首页</li>
    <li>收藏本页</li>
  </ul>
</div>
```

图 8-63

STEP 6 转换到 CSS 样式表文件中，创建名称为#text li 的 CSS 样式，如图 8-64 所示。返回网页设计视图中，可以看到项目列表的显示效果，如图 8-65 所示。

纵向导航菜单很少用于门户网站中，纵向导航菜单更倾向于表达产品分类。例如，很多购物网站和电子商务网站的左侧都提供了对全部的商品进行分类的导航菜单，以方便浏览者快速找到想要的内容。

```
#text li{
    list-style-type:none;
    font-weight: bold;
    border-bottom: dashed 1px #CCCCCC;
    margin-right: 30px;
}
```

图 8-64

图 8-65

STEP 7 保存页面，并保存外部 CSS 样式表文件，在浏览器中预览页面，可以看到所制作的垂直网页导航菜单的效果，如图 8-66 所示。

图 8-66

8.4 CSS 3.0 新增内容和透明度属性

在 CSS 3.0 中还新增加了控制元素和透明度的新属性，通过新增的属性，可以非常方便地为容器赋予内容或者设置元素的不透明度。本节将向读者分别介绍这两个新增的 CSS 3.0 属性。

8.4.1 内容 content 属性

content 属性用于在网页中插入生成内容。content 属性与:before 及:after 伪元素配合使用，可以将生成的内容放在一个元素内容的前面或后面。

content 属性的语法格式如下。

```
content: normal | string | attr() | url() | counter();
```

content 属性的各属性值介绍如表 8-3 所示。

表 8-3 content 属性值

属性值	说　明
normal	默认值，表示不赋予内容
string	赋予文本内容
attr()	赋予元素的属性值
url()	赋予一个外部资源（图像、声音、视频或浏览器支持的其他任何资源）
counter()	计数器，用于插入赋予标记

自测 8

为网页元素赋予内容

最终文件：云盘\最终文件\第 8 章\8-4-1.html

视　　频：云盘\视频\第 8 章\8-4-1.swf

59

STEP 1 执行“文件>打开”命令，打开页面“云盘\源文件\第 8 章\8-4-1.html”，效果如图 8-67 所示。将光标移至名为 title 的 Div 中，将多余文字删除，转换到 CSS 元素表文件中，创建名为#title:before 的 CSS 样式，如图 8-68 所示。

图 8-67

```
#title:before {
    content:"最新设计作品";
}
```

图 8-68

提示

可以使用 content 属性为网页中的容器赋予相应的内容，但是 content 属性必须与:after 或者:before 伪类元素结合使用。

STEP 2 返回设计视图中，可以看到页面的效果，如图 8-69 所示。保存页面，并保存外部 CSS 样式表文件，在浏览器中预览页面，可以看到通过 content 属性为 ID 名为 title 的 Div 赋予文字内容效果，如图 8-70 所示。

图 8-69

图 8-70

8.4.2 透明度 opacity 属性

opacity 属性用于设置一个元素的透明度，opacity 取值为 1 时是完全不透明的，反之，取值为 0 时是完全透明的。1~0 之间的任何值都表示该元素的透明度。

opacity 属性的语法格式如下。

```
opacity: <length> | inherit;
```

opacity 属性的各属性值介绍如表 8-4 所示。

表 8-4 opacity 属性值

属性值	说明
length	由浮点数字和单位标识符组成的长度值，不可以为负值，默认值为 1
inherit	默认继承父级元素的 opacity 属性设置

60

自测 9

设置网页元素的半透明效果

最终文件：云盘\最终文件\第 8 章\8-4-2.html

视　　频：云盘\视频\第 8 章\8-4-2.swf

STEP 1 执行“文件>打开”命令，打开页面“云盘\源文件\第 8 章\8-4-2.html”，页面效果如图 8-71 所示。转换到 CSS 样式表文件中，分别创建名为.img01、.img02 和.img03 的 3 个类 CSS 样式，如图 8-72 所示。

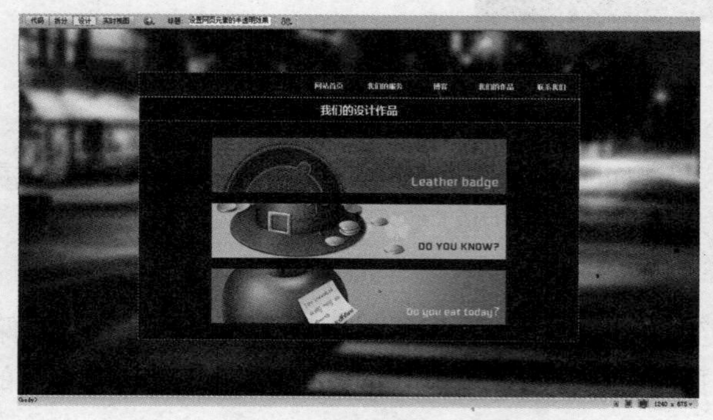

图 8-71

```
.img01{
    opacity:0.3;
}
.img02{
    opacity:0.6;
}
.img03{
    opacity:0.8;
}
```

图 8-72

STEP 2 返回设计视图中，选中要进行透明度设置的图片，在“属性”面板上分别给3张图片应用刚刚定义的3个类CSS样式，如图8-73所示。保存页面，并保存外部CSS样式文件，在浏览器中预览页面，可以看到半透明图像的效果，如图8-74所示。

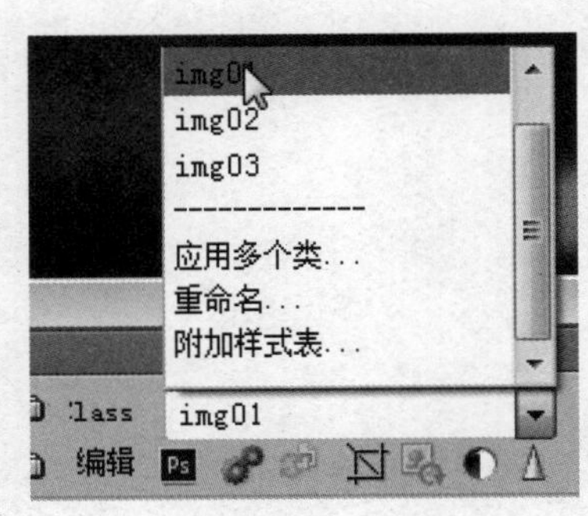

图8-73

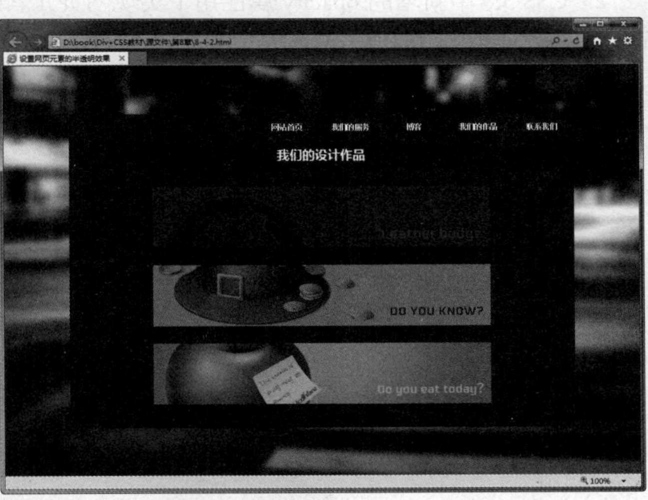

图8-74

8.5 本章小结

本章主要向读者讲述了如何使用CSS属性控制项目列表的样式，并且详细介绍了设置列表样式的每种属性值的方法，读者应该在学会运用的同时要更深入地理解其中的含义。学习完本章的知识后，相信读者对使用CSS属性控制项目列表样式已经有所了解，但是，CSS样式的效果多种多样，需要学习的东西也还很多，希望读者再接再厉。

8.6 课后测试题

一、选择题

1. 在CSS样式中，哪个属性可以用于设置项目列表图像？（　　）

   A. background-image　　B. list-style-type

   C. list-style-position　　D. list-style-image

2. 如果将项目列表前的符号设置为实心小方块，CSS样式如何设置？（　　）

   A. list-type: square　　B. type: 2

   C. type: square　　D. list-style-type: square

3. 如果希望编号列表以大写罗马数字进行标记，正确的CSS样式设置是？（　　）

   A. list-style-type: lower-roman;　　B. list-style-type: upper-alpha;

   C. list-style-type: upper-roman;　　D. list-style-type: decimal-leading-zero;

4. CSS 3.0中新增的content属性主要用于实现什么效果？（　　）

   A. 为网页元素赋予内容　　B. 设置网页元素不透明度

   C. 控制网页元素位置　　D. 实现网页元素的任意拖拽

二、判断题

1. list-style-type 属性既可以设置项目列表前的符号效果，也可以设置编号列表前的符号效果。(　　)

2. CSS 3.0 中新增的 opacity 属性用于实现网页元素的半透明效果，opacity 取值为 1 时是完全透明的，反之，取值为 0 时是完全不透明的。(　　)

3. 除了可以使用 CSS 样式中的 list-style-image 属性自定义列表符号外，还可以使用 background-image 属性来自定义列表符号。(　　)

三、简答题

1. 网页中的列表形式主要有几种?

2. 如何通过 CSS 样式为网页元素赋予相应的内容?

PART 9 第9章 使用CSS样式设置超链接效果

本章简介：

通过超链接可以实现页面的跳转、功能的激活等，超链接将每个相对独立的页面紧紧地关联在一起。通过CSS样式设置，可以得到千变万化、丰富多彩等效果的超链接，从而得到更多的页面样式和超链接效果。本章向读者详细介绍使用CSS样式设置超链接效果的方法。

本章重点：

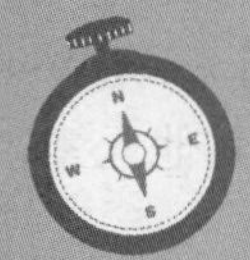

- 了解什么是网页超链接
- 理解并掌握4种CSS样式伪类的使用
- 掌握如何使用CSS样式实现超链接效果
- 如何设置网页中的光标效果
- 掌握CSS 3.0新增的多列布局属性

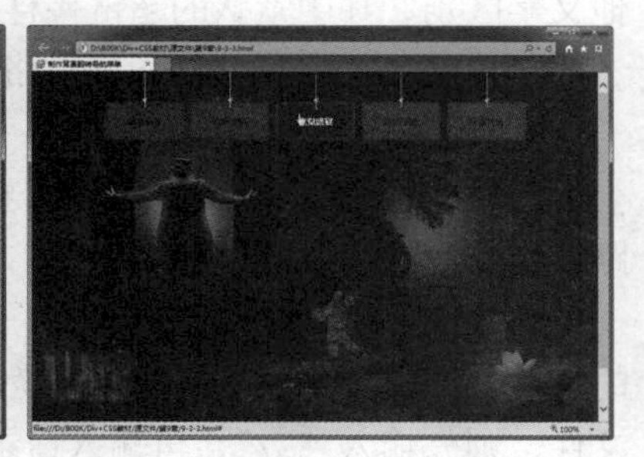

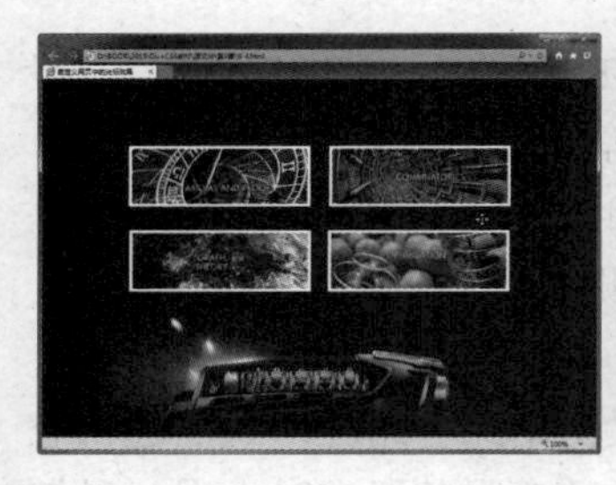

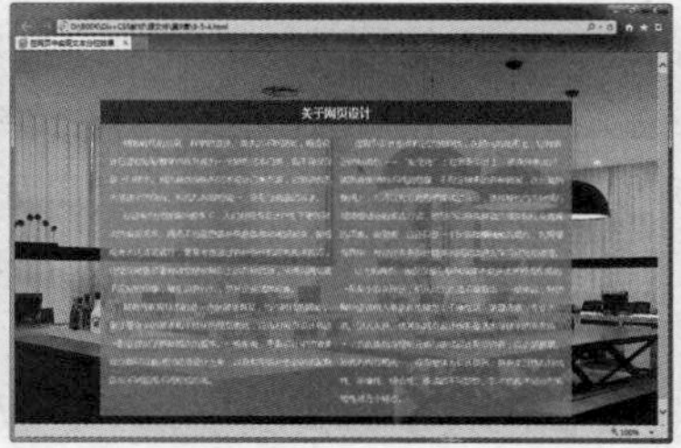

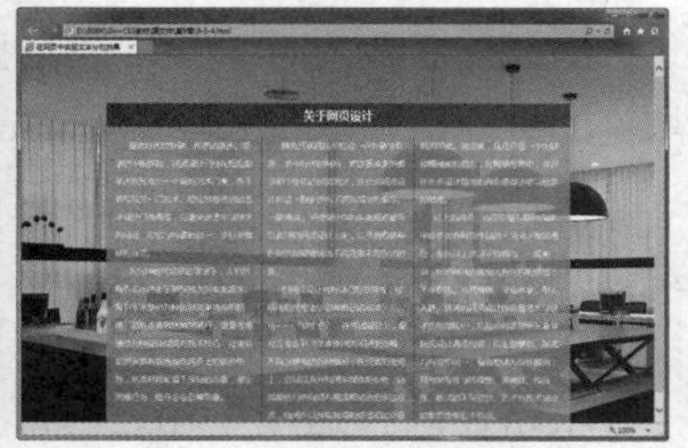

9.1 了解网页超链接

超链接是网页中最重要最根本的元素之一。网站中的每一个网页都是通过超链接的形式关联在一起的，如果页面之间是彼此独立的，那么这样的网站将无法正常运行。

9.1.1 什么是超链接

超链接是指从一个网页指向一个目标的连接关系。这个目标可以是另一个网页，也可以是相同网页上的不同位置，还可以是一个图片、一个电子邮件、一个文件，甚至是一个应用程序。而用于超链接的对象，可以是一段文本或者是一个图片。

超链接由源地址文件和目标地址文件构成，当访问者单击超链接时，浏览器会从相应的目标地址检索网页并显示在浏览器中。如果目标地址不是网页而是其他类型的文件，浏览器会自动调用本地计算机上的相关程序打开访问的文件。

在网页中创建一个完整的超链接，通常需要由 3 个部分组成。

- 超链接<a>标签

通过为网页中的文本或图像添加超链接<a>标签，将相应的网页元素标识为超链接。

- href 属性

href 属性是超链接<a>标签中的属性，用于标识超链接地址。

- 超链接地址

超链接地址（又称为 URL）是指超链接所链接到文件路径和文件名。URL 用于标识 Web 或本地计算机中的文件位置，可以指向某个 HTML 页面，也可以指向文档引用的其他元素，如图形、脚本或其他文件。

9.1.2 关于链接路径

超链接是由<a></a>标签组成的，添加了超链接的文字具有自己默认的样式，从而与其他文字区别，其中默认的超链接样式为蓝色文字，有下画线。

链接路径主要可以分为相对路径、绝对路径和根路径 3 种。

- 相对路径

相对路径最适合网站的内部链接。只要是属于同一网站，即使不在同一个目录中，相对路径也非常的适合。

如果链接到同一目录中，则只需要输入要链接文档的名称；如果要链接到下一级目录中的文件，只需要先输入目录名，然后加“/”，再输入文件名；如果要链接到上一级目录中的文件，则先输入“../”，再输入目录名、文件名。

- 绝对路径

绝对路径为文件提供完整的路径，包括使用的协议（如 HTTP、FTP、RTSP 等）。一般常见的绝对路径如 http://www.sina.com.cn、ftp://202.113.234.1/等。

采用绝对路径的缺点在于这种方式的超链接不利于测试。如果在站点中使用绝对路径，要想测试链接是否有效，必须在 Internet 服务器端对超链接进行测试。

- 根路径

根路径同样适用于创建内部链接，但大多数情况下，不建议使用此种路径形式。通常它只在以下两种情况下使用，一种是当站点的规模非常大，放置于几个服务器上时；另一种情况是当一个服务器上同时放置几个站点时。

根路径以“\”开始，然后是根目录下的目录名和文件名。

9.1.3 超链接对象

在网页中可以为多种网页元素设置超链接，按照使用对象的不同，超链接可以分为以下几种类型。

- 文本超链接

建立一个文本超链接的方法非常简单，首先选中要建立成超链接的文本，然后在“属性”面板内的“链接”框内输入要跳转到的目标网页的路径及名字即可。

- 图像超链接

创建图像超链接的方法和文本超链接方法基本一致，选中图像，在“属性”面板中输入链接地址即可。较大的图片中如果要实现多个链接，可以使用图像热点链接的方式实现。

- E-mail 链接

在网页中为 E-mail 添加链接的方法是利用 mailto 标签，在“属性”面板上的“链接”框内输入要提交的邮箱即可，如图 9-1 所示。

图 9-1

- 锚记链接

锚点就是在文档中设置位置标记，并给该位置一个名称，以便引用。通过创建锚点，可以使链接指向当前文档或不同文档中的指定位置。锚点常常被用于跳转到特定的主题或文档的顶部，使访问者能够快速浏览到选定的位置，加快信息检索速度。

- 空链接

网页在制作或开发过程中有时候需要利用空链接来模拟链接，用于响应鼠标事件，可以防止页面出现各种问题，在“属性”面板上的“链接”框内输入要使用#符号即可创建空链接。

9.2 CSS 样式伪类

对于网页中超链接文本的修饰，通常可以采用 CSS 样式伪类。伪类是一种特殊的选择器，能被浏览器自动识别。其最大的用处是在不同状态下可以对超链接定义不同的样式效果，是 CSS 本身定义的种类。CSS 样式中用于超链接的伪类有如下 4 种。

:link 伪类，用于定义超链接对象在没有访问前的样式。

:hover 伪类，用于定义当鼠标移至超链接对象上时的样式。

:active 伪类，用于定义当鼠标单击超链接对象时的样式。

:visited 伪类，用于定义超链接对象已经被访问过后的样式。

9.2.1 :link 伪类

这种超链接伪类用于设置<a>对象在没有被访问时的样式。在很多的超链接应用中，可能

会直接定义<a>标签的 CSS 样式，这种方法与定义 a:link 的 CSS 样式有什么不同呢？

HTML 代码如下。

```
<a>超链接文字样式</a>
<a href="#">超链接文字样式</a>
```

CSS 样式代码如下。

```
a {
  color: black;
}
a:link {
  color: red;
}
```

预览效果中<a>标签的样式表显示为黑色，使用 a:link 显示为红色。也就是说 a:link 只对拥有 href 属性的<a>标签产生影响，也就是拥有实际链接地址的对象，而对直接使用<a>标签嵌套的内容不会发生实际效果。如图 9-2 所示。

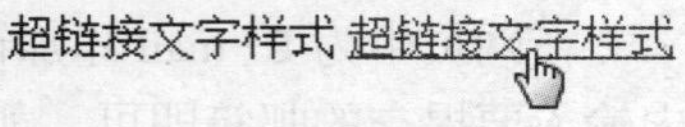

图 9-2

9.2.2　:hover 伪类

这种超链接伪类用于设置对象在其鼠标悬停时的样式表属性。该状态是非常实用的状态之一，当鼠标移动到链接对象上时，改变其颜色或者是改变下划线状态，这些都可以通过:hover 状态控制实现。对于没有 href 属性的<a>标签，此伪类不发生作用。

在 CSS 样式中该伪类可以应用于任何对象。

CSS 样式代码如下。

```
a {
    color: #ffffff;
    background-color: #CCCCCC;
    text-decoration: none;
    display: block;
    float:left;
    padding: 20px;
    margin-right: 1px;
}
a:hover {
    background-color: #FF9900
}
```

在浏览器中预览，当鼠标没有移至超链接对象上时，初始背景为灰色；当鼠标经过链接区域时，背景色由灰色变成橙色。效果如图 9-3 所示。

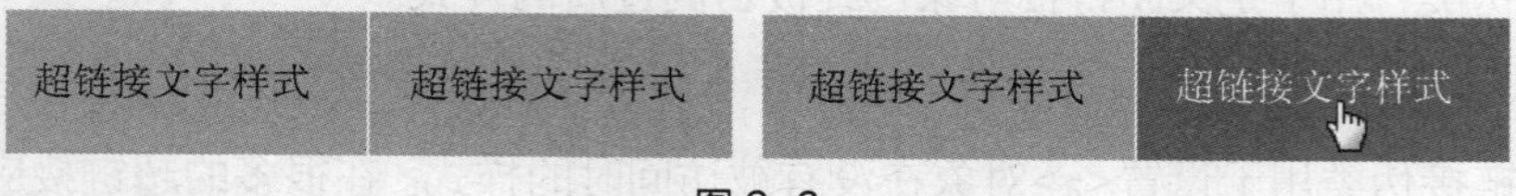

图 9-3

9.2.3 :active 伪类

这种超链接伪类用于设置链接对象在被用户激活（在被单击与释放之间发生的事件）时的样式。实际应用中，本状态很少使用，对于没有 href 属性的<a>标签，此伪类不发生作用。在 CSS 样式中该伪类可以应用于任何对象，并且:active 状态可以和:link 以及:visited 状态同时发生。

CSS 样式代码如下。

```
a:active {
    background-color:#0099FF;
}
```

在浏览器中预览，当鼠标没有移至超链接对象上时，初始背景为灰色；当鼠标单击链接而且还没有释放之前，链接块呈现出 a:active 中定义的蓝色背景。效果如图 9-4 所示。

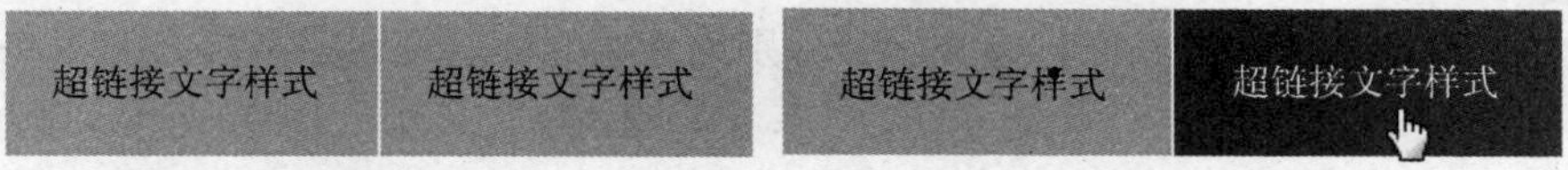

超链接文字样式 超链接文字样式 超链接文字样式 超链接文字样式

图 9-4

9.2.4 :visited 伪类

这种超链接伪类用于设置超链接对象在其链接地址已被访问过后的样式属性。页面中每一个链接被访问过之后在浏览器内部都会做一个特定的标记，这个标记能够被 CSS 所识别，:visited 伪类就是能够针对浏览器检测已经被访问过的链接进行样式设置。通过:visited 伪类样式设置，能够设置访问过的链接呈现为另外一种颜色，或删除线的效果。定义网页过期时间或用户清空历史记录将影响该伪类的作用，对于无 href 属性的<a>标签，该伪类不发生作用。

CSS 样式代码如下。

```
a:link {
    color: #FFFFFF;
    text-decoration: none;
}
a:visited {
    color: #FF0000;
}
```

在浏览器中预览，当鼠标没有移至超链接对象上时，初始背景为灰色；当单击设置了超链接的文本并释放鼠标左键后，被访问过后的链接文本会由白色变为红色，如图 9-5 所示。

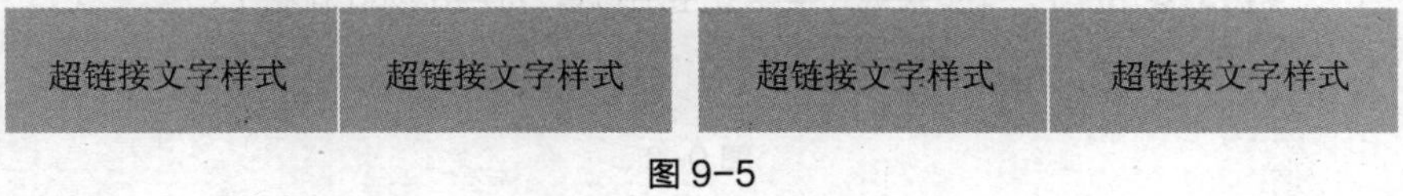

超链接文字样式 超链接文字样式 超链接文字样式 超链接文字样式

图 9-5

9.3 使用 CSS 样式实现网页中超链接效果

超链接是网页中最常使用的元素，使用超链接 CSS 样式不仅可以对网页中的超链接文字

效果进行设置，还可以通过 CSS 样式对超链接的 4 种伪类进行设置，从而实现网页中许多常见的效果，例如按钮导航菜单等。

9.3.1　设置网页中链接文字效果

浏览器在默认的显示状态下，超链接文本显示为蓝色并且有下画线，被单击过的超链接文本显示为紫色并且也有下画线。通过 CSS 样式的设置，可以轻松地控制超链接下画线的样式以及清除下画线，综合应用 CSS 样式的各种属性可以制作出千变万化的超链接效果。

61

美化网页超链接文字

最终文件：云盘\最终文件\第 9 章\9-3-1.html

视　　频：云盘\视频\第 9 章 9-3-1.swf

STEP 1 执行“文件>打开”命令，打开页面“云盘\源文件\第 9 章\9-3-1.html”，效果如图 9-6 所示，选中页面中的新闻标题文字，分别为各新闻标题设置空链接，如图 9-7 所示。

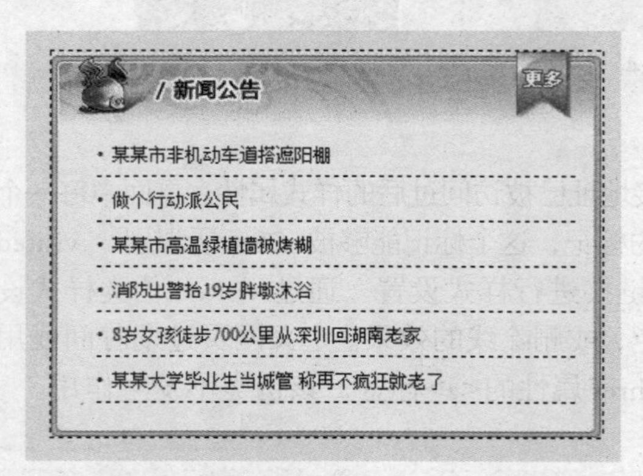

图 9-6

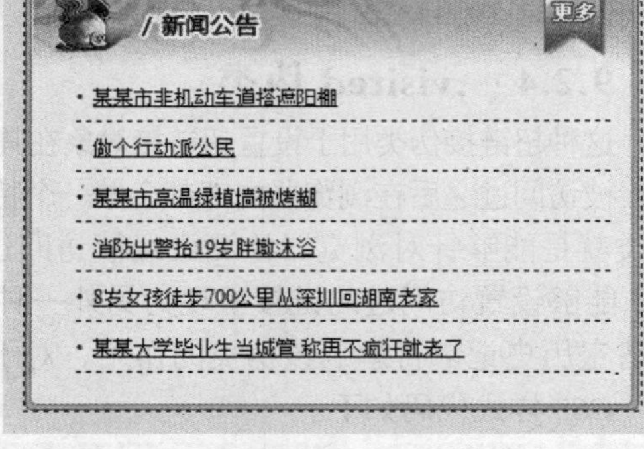

图 9-7

STEP 2 切换到代码视图中，可以看到所设置的超链接代码，如图 9-8 所示。在浏览器中预览页面，可以看到默认的超链接文字效果，如图 9-9 所示。

```
<div id="news">
  <ul>
    <li><a href="#">某某市非机动车道搭遮阳棚</a></li>
    <li><a href="#">做个行动派公民</a></li>
    <li><a href="#">某某市高温绿植墙被烤糊</a></li>
    <li><a href="#">消防出警抬19岁胖墩沐浴</a></li>
    <li><a href="#">8岁女孩徒步700公里从深圳回湖南老家</a></li>
    <li><a href="#">某某大学毕业生当城管 称再不疯狂就老了</a></li>
  </ul>
</div>
```

图 9-8

STEP 3 转换到该网页所链接的外部 CSS 样式表文件中，创建名为.link1 的类 CSS 样式的 4 种伪类样式，如图 9-10 所示。返回到页面设计视图中，选中第一条新闻标题，在“类”下拉列表中选择刚定义的类 CSS 样式 link1 应用，如图 9-11 所示。

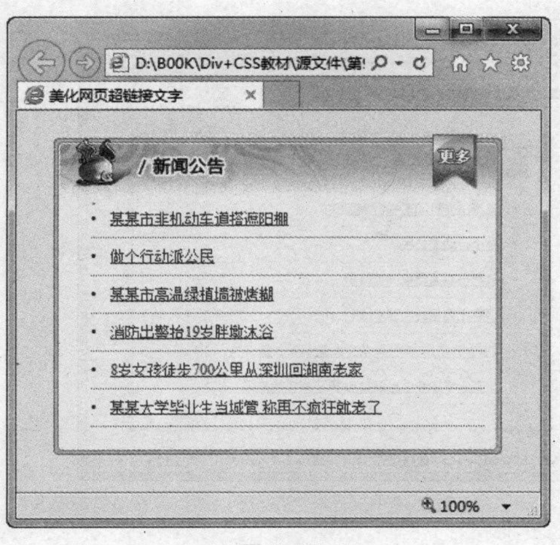

图 9-9

```
.link1:link{
    color:#004359;
    text-decoration:none;
}
.link1:hover{
    color: #F60;
    text-decoration:underline;
}
.link1:active{
    color: #900;
    text-decoration:underline;
}
.link1:visited{
    color: #999;
}
```

图 9-10

STEP 4 在设计视图中可以看到应用 CSS 样式后超链接文本的效果，如图 9-12 所示。切换到代码视图中，可以看到名为.link1 的类 CSS 样式是直接应用在<a>标签中的，如图 9-13 所示。

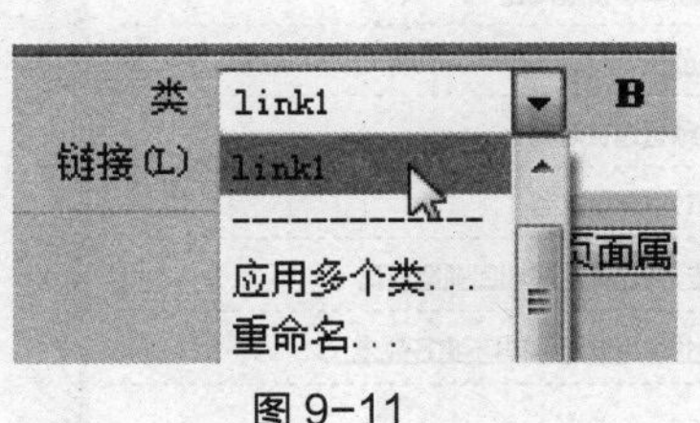

图 9-11

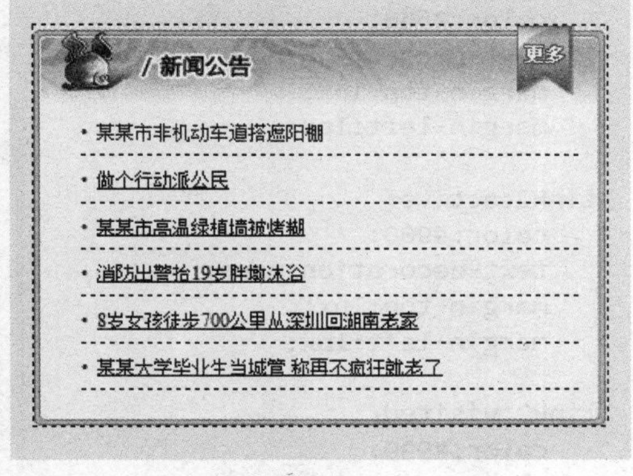

图 9-12

```
<div id="news">
  <ul>
    <li><a href="#" class="link1">某某市非机动车道搭遮阳棚</a></a></li>
    <li><a href="#">做个行动派公民</a></li>
    <li><a href="#">某某市高温绿植墙被烤糊</a></li>
    <li><a href="#">消防出警抬19岁胖墩沐浴</a></li>
    <li><a href="#">8岁女孩徒步700公里从深圳回湖南老家</a></li>
    <li><a href="#">某某大学毕业生当城管  称再不疯狂就老了</a></li>
  </ul>
</div>
```

图 9-13

STEP 5 保存页面，并保存外部 CSS 样式表文件，在浏览器中预览页面，可以看到使用 CSS 样式实现的文本超链接的效果，如图 9-14 所示。

STEP 6 返回到外部 CSS 样式表文件中，创建名为.link2 的类 CSS 样式的 4 种伪类 CSS 样式，如图 9-15 所示。返回设计视图中，选中第二条新闻标题，在“类”下拉列表中选择刚定义的 CSS 样式进行应用，使用相同的方法，为其他新闻标题应用所创建的类 CSS 样式，如图 9-16 所示。

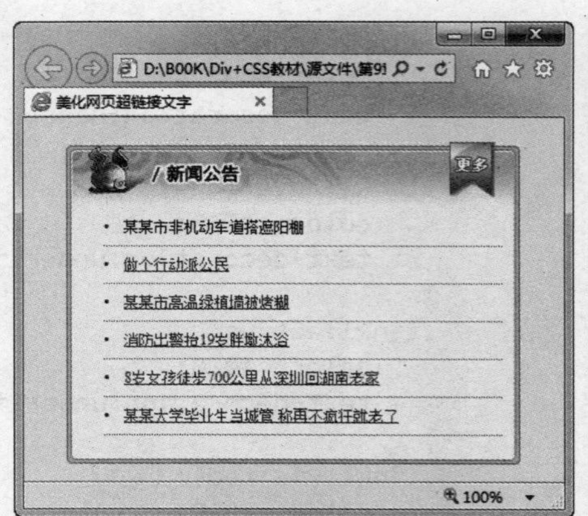

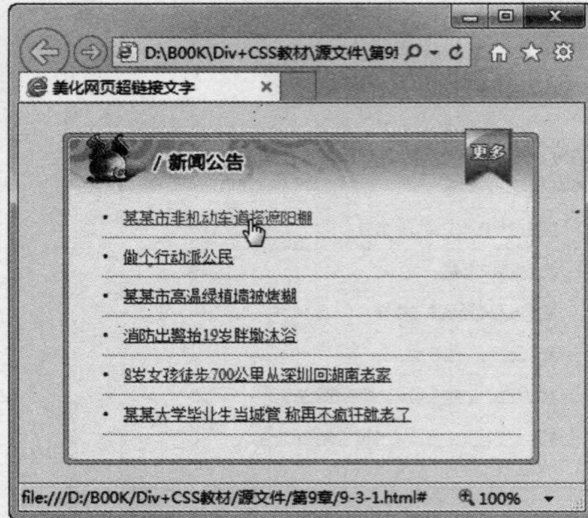

图 9-14

```
.link2:link{
    color:#004359;
    text-decoration:underline;
}
.link2:hover{
    color:#F60;
    text-decoration:none;
    margin-top:1px;
    margin-left:1px;
}
.link2:active{
    color:#900;
    text-decoration:none;
    margin-top:1px;
    margin-left:1px;
}
.link2:visited{
    color:#999;
    text-decoration:none;
}
```

图 9-15

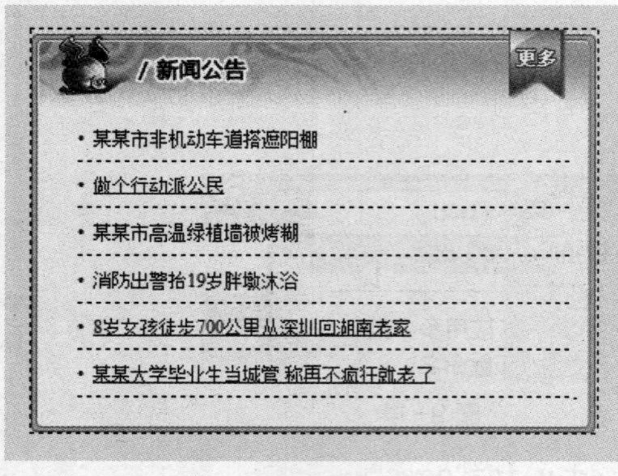

图 9-16

STEP 7 保存页面，并保存外部 CSS 样式表文件。在浏览器中预览页面，可以看到使用 CSS 样式实现的文本超链接效果，如图 9-17 所示。

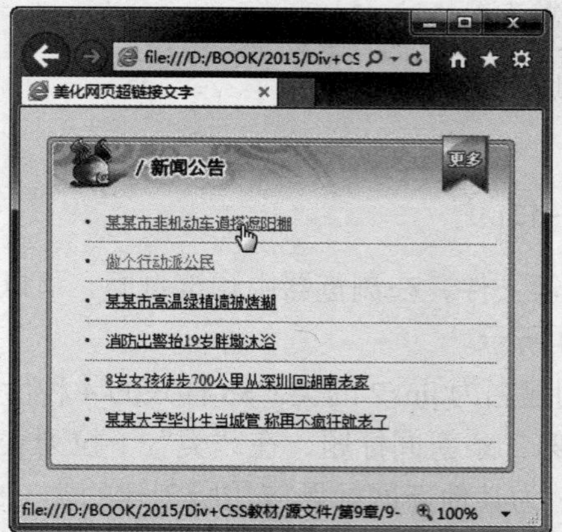

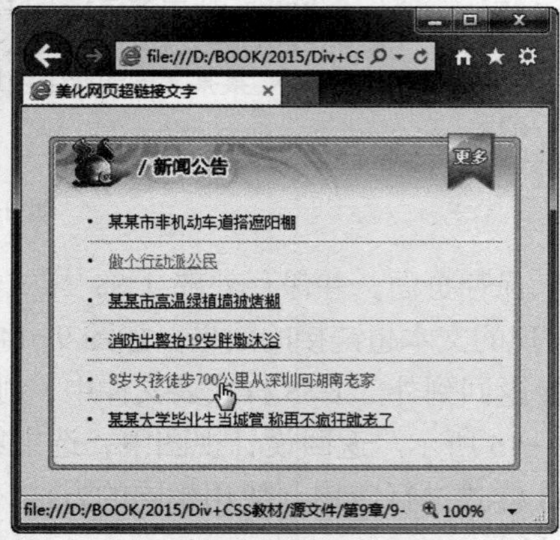

图 9-17

提示

在本实例中，定义类 CSS 样式的 4 种伪类，再将该类 CSS 样式应用于<a>标签，同样可以实现超链接文本样式的设置。如果直接定义<a>标签的 4 种伪类，则对页面中的所有<a>标签起作用，这样页面中的所有链接文本的样式效果都是一样的，通过定义 CSS 样式的 4 种伪类，就可以在页面中实现多种不同的文本超链接样式效果。

9.3.2 按钮式超链接

在很多网页中，超链接都制作成各种按钮的效果，这些效果大多采用图像的方式来实现。通过 CSS 样式的设置，同样可以制作出类似于按钮效果的导航菜单超链接。

自测 2

制作网页导航菜单

最终文件：云盘\最终文件\第 9 章\9-3-2.html

视　　频：云盘\视频\第 9 章\9-3-2.swf

62

STEP 1 执行“文件>打开”命令，打开页面“云盘\源文件\第 9 章\9-3-2.html”，效果如图 9-18 所示，光标移至名为 menu 的 Div 中，将多余的文字删除，输入相应的段落文字，将所输入的段落文字创建为项目列表，如图 9-19 所示。

图 9-18

图 9-19

STEP 2 转换到该网页所链接的外部 CSS 样式表文件中，创建名为#menu li 的 CSS 样式，如图 9-20 所示。返回到设计视图中，可以看到网页中各导航菜单项的效果，如图 9-21 所示。

```
#menu li {
    list-style-type: none;
    float: left;
}
```

图 9-20

图 9-21

STEP 3 分别为各导航菜单项文字创建空链接，效果如图 9-22 所示。切换到代码视图中，可以看到各导航菜单项的超链接代码，如图 9-23 所示。

图 9-22

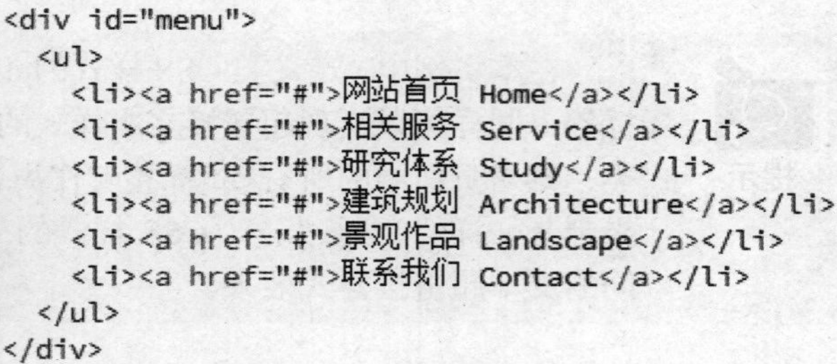

```
<div id="menu">
  <ul>
    <li><a href="#">网站首页 Home</a></li>
    <li><a href="#">相关服务 Service</a></li>
    <li><a href="#">研究体系 Study</a></li>
    <li><a href="#">建筑规划 Architecture</a></li>
    <li><a href="#">景观作品 Landscape</a></li>
    <li><a href="#">联系我们 Contact</a></li>
  </ul>
</div>
```

图 9-23

提示

使用 Dreamweaver 创建链接既简单又方便，只要选中需要设置成链接的文字或图像，然后在“属性”面板上的“链接”文本框中添加相应的 URL 地址即可，也可以拖动指向文件的指针图标指向链接的文件，同时可以使用“浏览”按钮在当地和局域网上选择链接的文件。

STEP 4 转换到外部 CSS 样式表文件中，创建名为#menu li a 的 CSS 样式，如图 9-24 所示。返回到设计视图中，可以看到所设置的超链接文字效果，如图 9-25 所示。

```
#menu li a {
    width: 130px;
    height: 30px;
    line-height: 30px;
    color: #FFF;
    text-align: center;
    margin-left: 4px;
    margin-right: 4px;
    float: left;
}
```

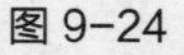

图 9-24

图 9-25

STEP 5 转换到外部 CSS 样式表文件中，分别创建名为#menu li a:link,#menu li a:visited 和#menu li a:hover 的 CSS 样式，如图 9-26 所示。返回到页面设计视图中，可以看到网页中各导航菜单项的效果，如图 9-27 所示。

```
#menu li a:link,#menu li a:visited{
    border: solid 1px #0099FF;
    background-color: rgba(255,255,255,0.8);
    color: #4287ca;
    text-decoration: none;
}
#menu li a:hover {
    border: solid 1px #F90;
    background-color: rgba(51,153,255,0.8);
    color:#FFF;
    text-decoration: none;
}
```

图 9-26

图 9-27

STEP 6 保存页面，并保存外部 CSS 样式文件。在浏览器中预览页面，可以看到使用 CSS

样式实现的按钮式超链接效果，如图 9-28 所示。

图 9-28

9.3.3 为超链接添加背景

在浏览网页页面时，当鼠标经过一些添加超链接的页面部分时，页面总会实现一些交替变换的绚丽背景，使整个页面显得更加美观且具有欣赏性。同样，也可以利用 CSS 为超链接添加背景效果。

63

自测 3

制作背景翻转导航菜单

最终文件：云盘\最终文件\第 9 章\9-3-3.html

视　　频：云盘\视频\第 9 章\9-3-3.swf

STEP 1 执行“文件>打开”命令，打开页面“云盘\源文件\第 9 章\9-3-3.html”，效果如图 9-29 所示。光标移至名为 menu 的 Div 中，将多余的文字删除，输入相应的段落文本，全选所输入的段落文本，单击“属性”面板上的“项目列表”按钮，将段落文本转换为项目列表，效果如图 9-30 所示。

图 9-29

图 9-30

STEP 2 转换到该网页所链接的外部 CSS 样式表文件中，创建名为#menu li 的 CSS 样式，如图 9-31 所示。返回到设计视图中，可以看到网页中各导航菜单项的效果，如图 9-32 所示。

STEP 3 分别为各导航菜单项文字创建空链接，效果如图 9-33 所示。切换到代码视图中，可以看到为各导航菜单项文字添加的超链接代码，如图 9-34 所示。

```
#menu li{
    font-family: 微软雅黑;
    font-size: 14px;
    list-style-type:none;
    float:left;
}
```

图 9-31

图 9-32

图 9-33

```
<div id="menu">
  <ul>
    <li><a href="#">航海历险</a></li>
    <li><a href="#">游戏资料</a></li>
    <li><a href="#">视觉盛宴</a></li>
    <li><a href="#">游戏下载</a></li>
    <li><a href="#">玩家社区</a></li>
  </ul>
</div>
```

图 9-34

STEP 4 转换到外部 CSS 样式表文件中，创建名为#menu li a 的 CSS 样式，如图 9-35 所示。返回设计视图中，可以看到网页中各导航菜单项的效果，如图 9-36 所示。

```
#menu li a{
    width:129px;
    height:45px;
    padding-top:70px;
    margin-left:6px;
    margin-right:5px;
    line-height:25px;
    text-align:center;
    float:left;
}
```

图 9-35

图 9-36

STEP 5 转换到外部 CSS 样式表文件中，分别创建名为#menu li a:link,#menu li a:active,#menu li a:visited 和#menu li a:hover 的 CSS 样式，如图 9-37 所示。返回到设计视图中，可以看到网页中各导航菜单项的显示效果，如图 9-38 所示。

```
#menu li a:link,#menu li a:active,#menu li a:visited{
    background-image:url(../images/93302.gif);
    background-repeat:no-repeat;
    color: #033;
    text-decoration:none;
}
#menu li a:hover{
    background-image:url(../images/93303.gif);
    background-repeat:no-repeat;
    color:#FFF;
    text-decoration:none;
}
```

图 9-37

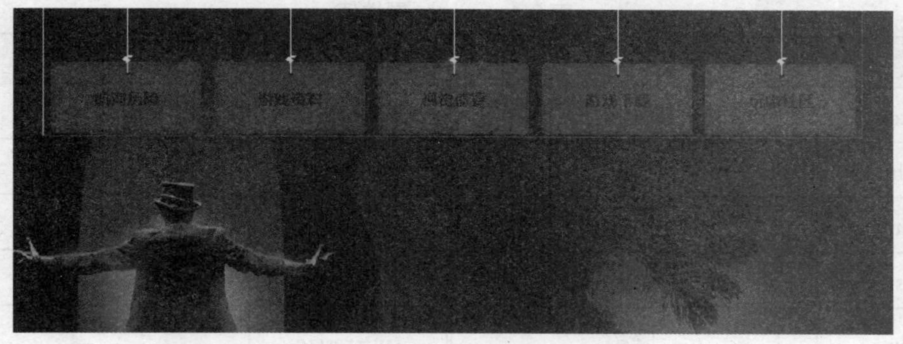

图 9-38

STEP 6 保存页面，并保存外部 CSS 样式表文件。在浏览器中预览页面，可以看到所制作的背景翻转导航菜单的效果，如图 9-39 所示。

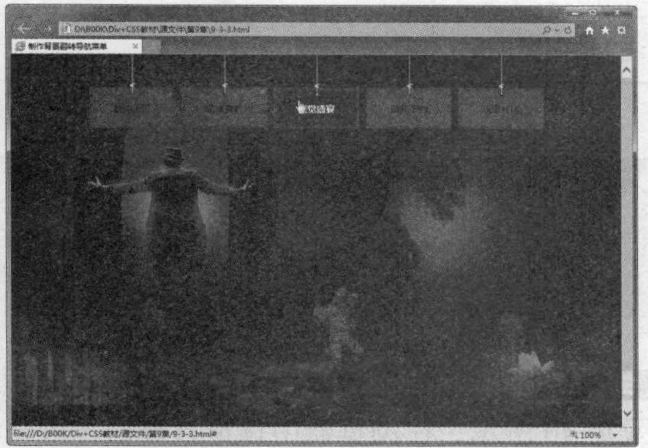

图 9-39

提示

浏览器在默认的显示状态下，超链接文本显示为蓝色并且有下画线，被单击过的超链接文本显示为紫色并且也有下画线。通过 CSS 样式的 text-decoration 属性可以轻松地控制超链接下画线的样式以及清除下画线，综合应用 CSS 样式的各种属性可以制作出千变万化的超链接效果。

9.4 设置网页中的光标效果

通常在浏览网页时，看到的鼠标指针的形状有箭头、手形和 I 字形，而通常在 Windows 环境下实际看到的鼠标指针种类要比这个多得多。CSS 样式弥补了 HTML 语言在这方面的不足，通过 cursor 属性可以设置各式各样的光标效果。

cursor 属性包含 17 个属性值，对应光标的 17 种样式，而且还可以通过 url 链接地址自定义光标指针。

cursor 属性的相关属性值介绍如表 9-1 所示。

表 9-1　cursor 属性值

属　　性	说　　明	属　　性	说　　明
auto	浏览器默认设置	nw-resize	
crosshair		pointer	
default		se-resize	
e-resize		s-resize	
help		sw-resize	
inherit	继承	text	
move		wait	
ne-resize		w-resize	
n-resize			

64

自测 4　**自定义网页中的光标效果**

最终文件：云盘\最终文件\第 9 章\9-4.html

视　　频：云盘\视频\第 9 章\9-4.swf

STEP 1 执行“文件>打开”命令，打开页面“云盘\源文件\第 9 章\9-4.html”，效果如图 9-40 所示，在浏览器中预览该页面，可以看到光标指针，如图 9-41 所示。

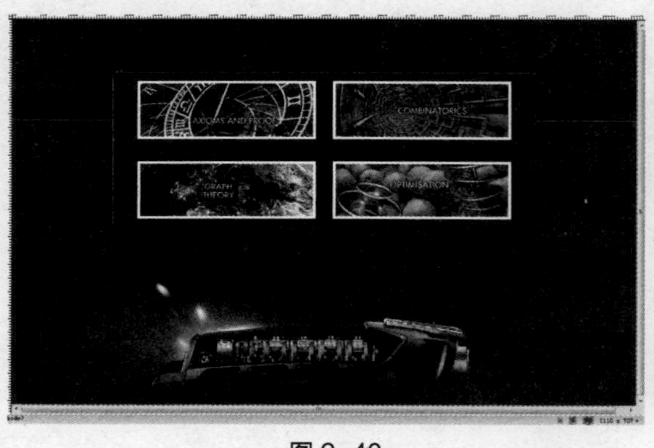

图 9-40

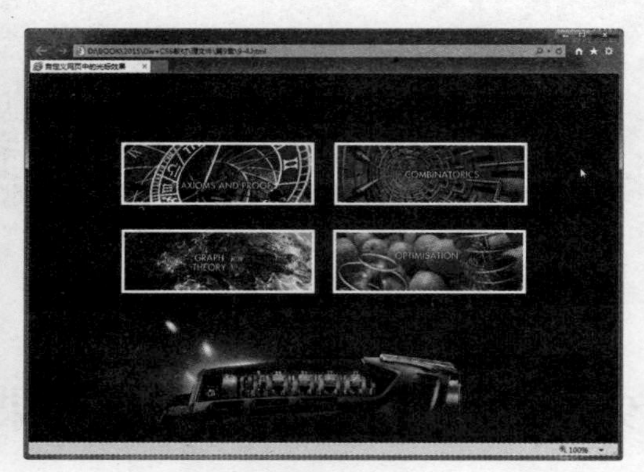

图 9-41

STEP 2 切换到外部 CSS 样式表文件中，在名为 body 标签的 CSS 样式中添加 cursor 属性设置，如图 9-42 所示。执行“文件>保存”命令，在浏览器预览页面，可以看到网页中光标指针的效果，如图 9-43 所示。

STEP 3 切换到外部 CSS 样式表文件中，创建名为.mouse 的类 CSS 样式，如图 9-44 所示。返回设计视图中，将相应图像应用刚创建的类 CSS 样式，如图 9-45 所示。

```
body {
    font-size: 12px;
    color: #FFF;
    line-height: 30px;
    background-color: #171717;
    cursor: move;
}
```

图 9-42

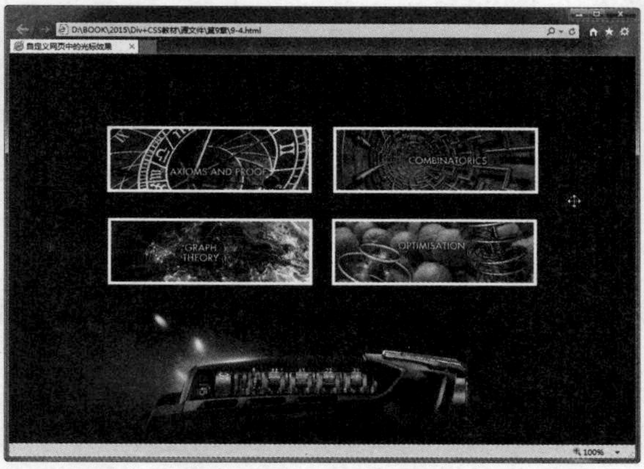

图 9-43

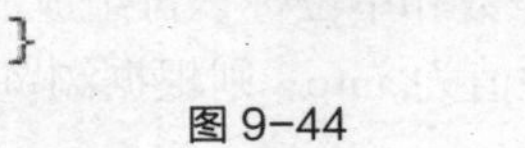

```
.mouse{
    cursor:help;
}
```

图 9-44

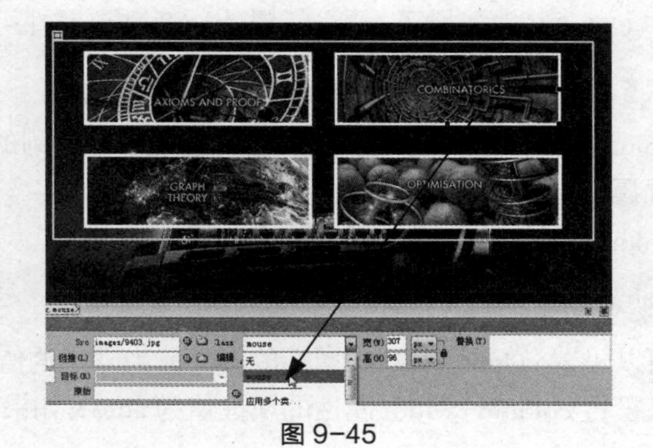

图 9-45

> **提示** 可以在多个类 CSS 样式中定义不同的 cursor 属性，将光标指针定义为多种不同的效果，在页面中分别为相应的区域或元素应用相应的类 CSS 样式即可。

STEP 4 保存页面，并保存外部 CSS 样式表文件，在浏览器中预览页面，可以看到自定义网页中的光标效果，如图 9-46 所示。

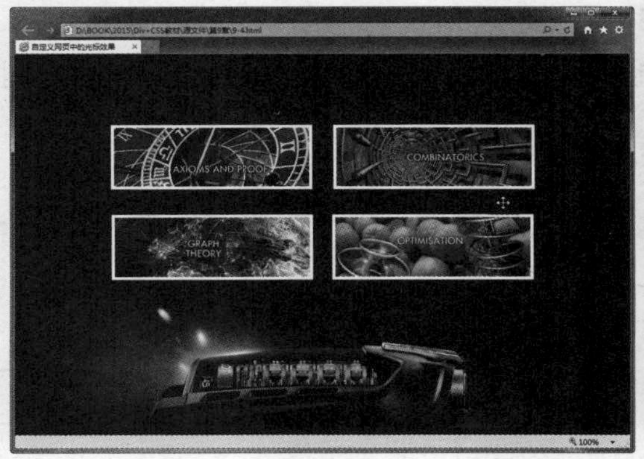

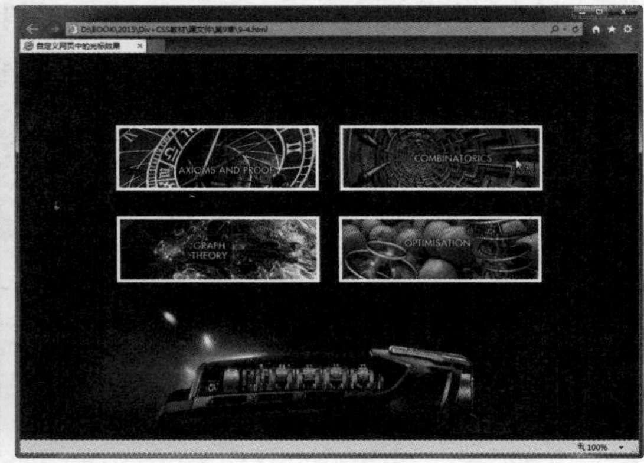

图 9-46

提示

CSS 样式不仅能够准确地控制及美化页面，而且还能定义鼠标指针的样式。当鼠标移至不同的 HTML 元素对象上时，鼠标会以不同形状显示。很多时候，浏览器调用的鼠标是操作系统的鼠标效果，因此同一浏览器之间的差别很小，但不同操作系统的用户之间还是存在差异的。

9.5 CSS3.0 新增的多列布局属性

网页设计者如果要设计多列布局，有两种方法：一种是浮动布局，另一种是定位布局。浮动布局比较灵活，但容易发生错位，需要添加大量的附加代码或无用的换行符，增加了不必要的工作量。定位布局可以精确地确定位置，不会发生错位，但是无法满足模块的适应能力。在 CSS 3.0 中新增了 column 属性，通过该属性可以轻松地实现多列布局。

9.5.1 列宽度 column−width 属性

column−width 属性可以定义多列布局中每一列的宽度，可以单独使用，也可以和其他多列布局属性组合使用。

column−width 属性的语法格式如下。

```
column-width: [<length> | auto];
```

可以设置 column−width 属性的属性值为固定的值，由浮点数和单位标识符组成的长度值，也可以设置 column−width 属性的属性值为 auto，如果设置属性值为 auto，则根据浏览器自动计算列宽。

9.5.2 列数 column−count 属性

使用 column−count 属性可以设置多列布局的列数，而不需要通过列宽度自动调整列数。

column−count 属性的语法格式如下。

```
column-count: <integer> | auto;
```

column−count 属性用于定义栏目的列数，取值为大于 0 的整数，不可以为负值。如果设置 column−count 属性的值为 auto，则根据浏览器自动计算列数。

9.5.3 列间距 column−gap 属性

在多列布局中，可以通过 column−gap 属性设置列与列之间的间距，从而可以更好地控制多列布局中的内容和版式。

column−gap 属性的语法格式如下。

```
column-gap: <length> | normal;
```

column−gap 的相关属性如表 9−2 所示。

表 9-2　column-gap 的相关属性

属　性	说　明
length	由浮点数和单位标识符组成的长度值，不可以为负值
auto	根据浏览器默认设置进行解析，一般为 1 em

column-gap 属性不能单独设置，只有通过 column-count 属性为元素进行分栏后，才可以使用 column-gap 属性设置列间距。column-gap 属性的属性值是由浮点数和单位标识符组成的长度值，不可以为负值。如果设置 column-gap 属性值为 auto，则根据浏览器默认设置进行解析，一般为 1 em。

9.5.4 列边框 column-rule 属性

边框是非常重要的 CSS 属性之一，通过边框可以划分不同的区域。在多列布局中，同样可以设置多列布局的边框，用于区分不同的列。通过 column-rule 属性可以定义列边框的颜色、样式和宽度等。

column-rule 属性的语法格式如下。

```
column-rule: <length> | <style> | <color>;
```

column-rule 属性的相关属性值如表 9-3 所示。

表 9-3 column-rule 的相关属性值

属性值	说　明
length	由浮点数和单位标识符组成的长度值，不可以为负值，用于设置边框的宽度
style	设置边框的样式
color	设置边框的颜色

65

自测 5

在网页中实现文本分栏效果

最终文件：云盘\最终文件\第 9 章\9-5-4.html

视　　频：云盘\视频\第 9 章\9-5-4.swf

STEP 1 执行“文件>打开”命令，打开页面“云盘\源文件\第 9 章\9-5-4.html”，效果如图 9-47 所示，切换所链接的外部 CSS 样式表文件中，找到名为#text 的 CSS 样式设置代码，如图 9-48 所示。

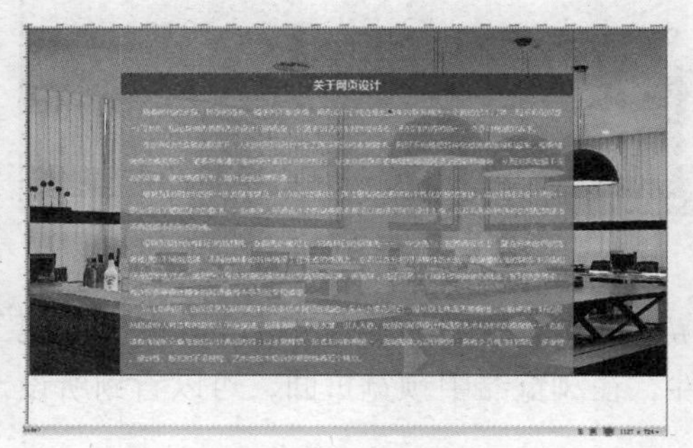

图 9-47

```
#text {
    width: 770px;
    height: auto;
    overflow: hidden;
    margin: 0px auto;
    background-color: rgba(123,201,30,0.8);
    padding: 15px;
}
```

图 9-48

STEP 2 在名为#text 的 CSS 样式中添加 column-width 属性设置，如图 9-49 所示。保存外部 CSS 样式表文件，在浏览器中预览页面，效果如图 9-50 所示。

```
#text {
    width: 770px;
    height: auto;
    overflow: hidden;
    margin: 0px auto;
    background-color: rgba(123,201,30,0.8);
    padding: 15px;
    column-width: 300px;
}
```

图 9-49

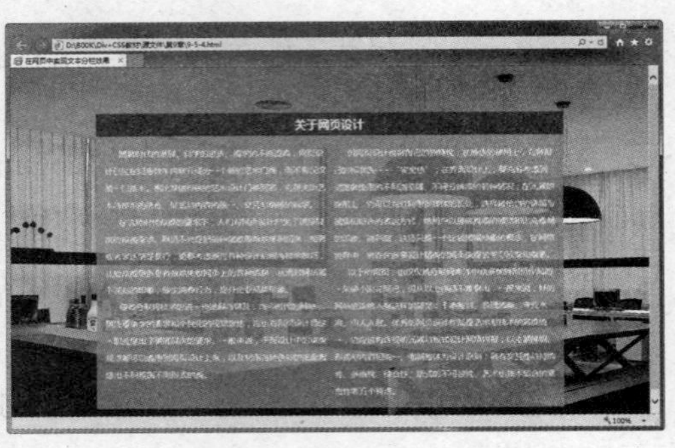

图 9-50

STEP 3 转换到外部 CSS 样式表文件中，在名为#text 的 CSS 样式中将 column-width 属性设置删除，添加 column-count 属性设置，如图 9-51 所示。保存外部 CSS 样式表文件，在浏览器中预览页面，可以看到将该 Div 中的文本分为 3 栏的效果，如图 9-52 所示。

```
#text {
    width: 770px;
    height: auto;
    overflow: hidden;
    margin: 0px auto;
    background-color: rgba(123,201,30,0.8);
    padding: 15px;
    column-count: 3;
}
```

图 9-51

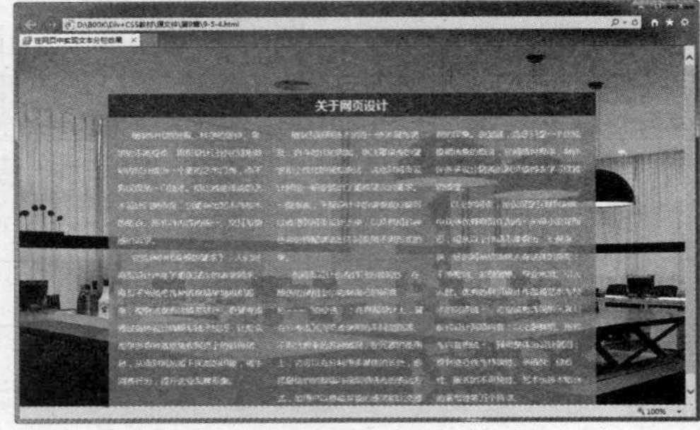

图 9-52

STEP 4 转换到外部 CSS 样式表文件中，在名为#text 的 CSS 样式中添加 column-gap 属性设置，如图 9-53 所示。保存外部 CSS 样式表文件，在浏览器中预览页面，可以看到设置的分栏间距的效果，如图 9-54 所示。

```
#text {
    width: 770px;
    height: auto;
    overflow: hidden;
    margin: 0px auto;
    background-color: rgba(123,201,30,0.8);
    padding: 15px;
    column-count: 3;
    column-gap: 20px;
}
```

图 9-53

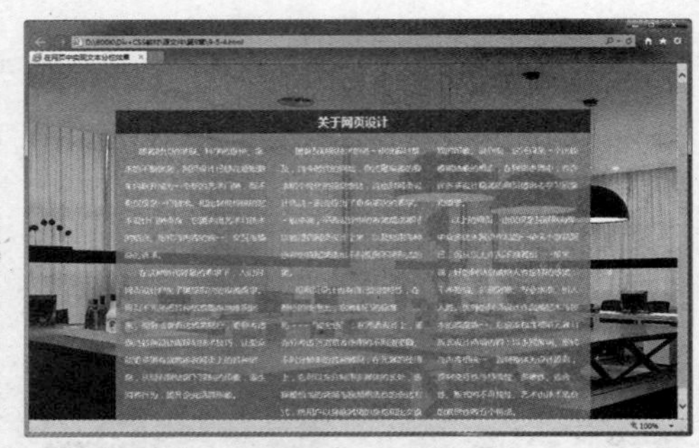

图 9-54

STEP 5 转换到外部 CSS 样式表文件中，在名为#text 的 CSS 样式中添加 column-rule 属性设置，如图 9-55 所示。保存外部 CSS 样式表文件，在浏览器中预览页面，可以看到所设置的分栏线的效果，如图 9-56 所示。

提示

如果用户在使用该属性时看不到分栏的效果，则说明浏览器版本较低，并不支持该属性，IE11 以下的浏览器并不支持 CSS 3.0 新增的 column 属性，但 Firefox、Chrome 和 Safari 浏览器都能够对 column 属性提供支持。

```
#text {
    width: 770px;
    height: auto;
    overflow: hidden;
    margin: 0px auto;
    background-color: rgba(123,201,30,0.8);
    padding: 15px;
    column-count: 3;
    column-gap: 20px;
    column-rule:dashed 1px #003300;
}
```

图 9-55

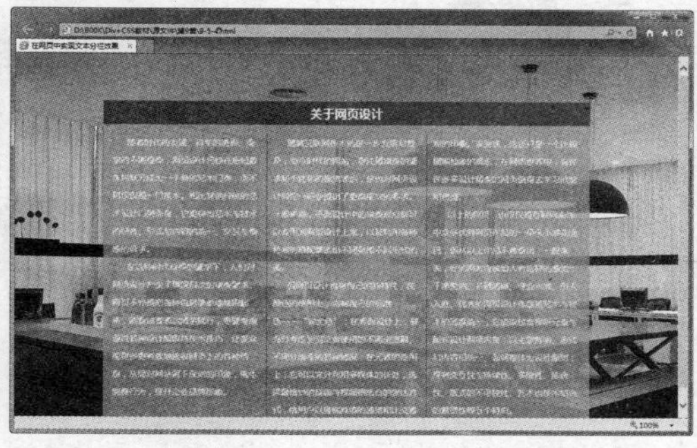

图 9-56

9.6 本章小结

超链接是网页中的基础，所以掌握超链接的设置方法是极其重要的。本章主要介绍了使用 CSS 样式设置超链接效果的常见方法，并且详细讲解了 CSS 3.0 新增的多列布局属性的相关知识。通过本章的学习，读者能够灵活掌握使用 CSS 样式设置超链接效果的方法，以便设计出丰富多彩的网页。

9.7 课后测试题

一、选择题

1. 如何在新窗口中打开链接页面？（　　）
   A. <a href="链接地址" new></a>
   B. <a href="链接地址" target= "blank"></a>
   C. <a href="链接地址" target= "_self"></a>
   D. <a href="链接地址" target= "_blank"></a>
2. a:hover 表示超链接在（　　）时的状态。
   A. 鼠标按下　　B. 鼠标经过
   C. 超链接默认状态　　D. 超链接访问过后
3. 如何去掉超级链接文字的下画线效果？（　　）
   A. a {text-decoration:no underline}　　B. a {underline:none}
   C. a {decoration:no underline}　　D. a {text-decoration:none}
4. 在网页中创建一个完整的超链接，需要由哪些部分组成。（　　）（多选）
   A. 超链接标签<a>　　B. href 属性
   C. 超链接地址　　D. 相对地址

二、判断题

1. 超链接只能在不同的网页之间进行跳转。（　　）
2. 超链接地址是指超链接所链接到的文件路径和文件名。（　　）
3. 网页中的超链接文本默认显示为蓝色并且有下画线，被单击过的超链接文本显示为紫色并且也有下画线。（　　）

三、简答题

1. 在网页中可以为多种网页元素设置超链接，按照使用对象的不同，超链接可以分为哪种类型？

2. 对于网页中超链接文本的修饰，通常可以采用CSS样式伪类，CSS样式中用于超链接的伪类有哪几种？

PART 10 第 10 章 使用 CSS 样式设置表单和表格效果

本章简介：

在 Web 上，表格和表单的应用越来越重要，本章主要介绍如何使用 CSS 样式对表单、表单元素及表格进行样式设置，讲解应用 CSS 样式设置表单和表格的方法和技巧。

本章重点：

- 了解表单元素和标签
- CSS 样式设置表单边框、背景和圆角文本字段等
- 认识表格标签与结构
- CSS 样式设置表格外观、边框和背景
- 使用 CSS 样式实现网页中的特殊效果

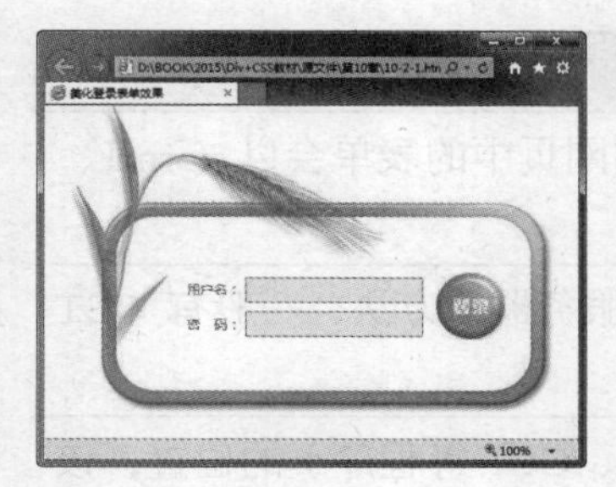

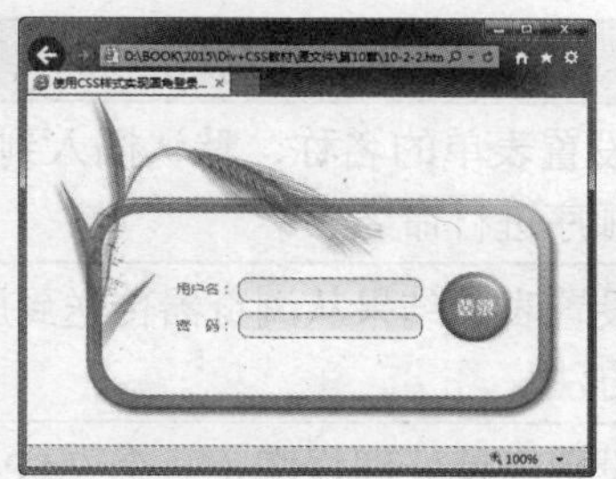

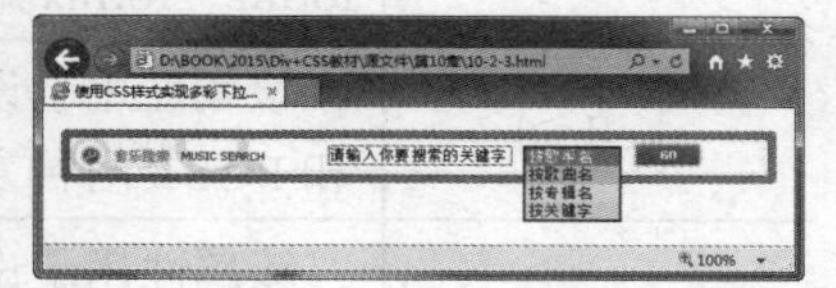

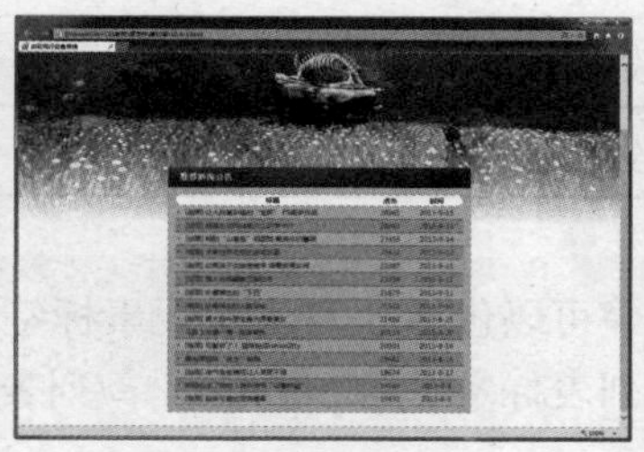

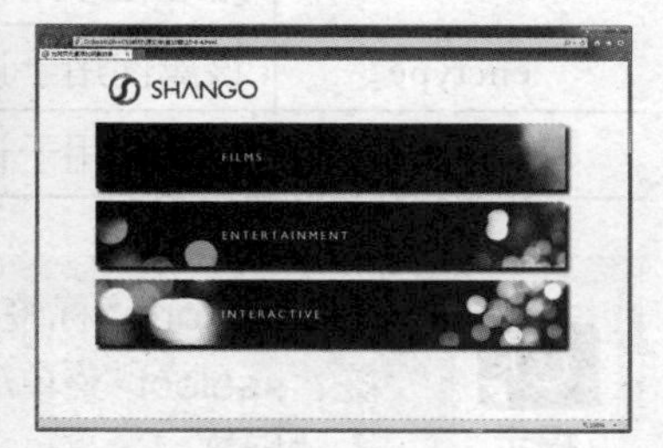

10.1 认识表单标签

表单是指在网页界面中所用到的各种控件，它由很多表单元素组成，包括文本框、按钮和标签等一些控件。大量的表单元素使得表单的功能更加强大，在网页界面中起到的作用也不容忽视。表单主要用于实现用户数据的采集，例如采集浏览者的姓名、邮箱地址和身份信息等数据。

10.1.1 表单标签<form>

表单是网页上的一个特定区域。这个区域是由一对<form>标签定义的。它有两方面的作用。

- 控制表单范围

通过<form>与</form>标签控制表单的范围，其他的表单对象都要插入到表单之中。单击“提交”按钮时，提交的也是表单范围之内的内容。

- 携带表单相关信息

表单的<form>标签还可以设置相应的表单信息，例如处理表单的脚本程序的位置和提交表单的方法等。这些信息对于浏览者是不可见的，但对于处理表单却有着决定性的作用。

表单<form>标签的应用代码如下。

```
<form name="form_name" method="method" action="URL" enctype="value" target="target_win">
……
</form>
```

<form>标签的相关属性如表 10-1 所示。

表 10-1 <form>标签相关属性

属　　性	说　　明
name	该属性用于设置表单的名称，默认插入到网页中的表单会以 form1、form2…formx 顺序进行命名
method	该属性用于设置表单结果从浏览器传送到服务器的方法，一般有 GET 和 POST 两种方法
action	该属性用于设置表单处理程序（一个 ASP、CGI 等程序）的位置，该处理程序的位置可以是相对地址也可以是绝对地址
enctype	该属性用于设置表单资料的编码方式
target	该属性用于设置返回信息的显示方式

在<form>标签中可以包括 4 种表单元素标签，分别是<input>表单输入标签、<select>菜单/列表标签、<option>菜单/列表项目标签和<textare>多行文本域标签。

10.1.2 输入标签<input>

输入标签<input>是网页中最常用的表单元素之一，其主要用于采集浏览者的相关信息。输入标签的语法格式如下所示。

```
<form id="form1" name="form1" method="post" action="">
    <input type="text" name="name" id="name" />
</form>
```

在上述语法结构中，type 属性用于设置输入标签的类型，而 name 属性则指的是输入域的名称。由于 type 的属性值有很多种，因此输入字段也具有多种形式，其中包括文本字段、单选按钮和复选框等。

type 属性的相关属性值说明如表 10-2 所示。

表 10-2 type 属性的相关属性值说明

属性值	说　明
text	单行文本域，是一种让浏览者自己输入内容的表单对象，通常用于填写单个字或者简短的回答，例如姓名和年龄等
password	密码域，是一种特殊文本框，主要用于输入密码，当浏览者输入文本时，文本会被隐藏，并且自动转换成用星号或者其他符号来代替
hidden	隐藏域，是用于收集或者发送信息的不可见元素
radio	单选按钮，是一种在一组选项中只能选择一种答案的表单对象
checkbox	复选框，是一种能够在待选项中选择一种以上的选项
file	文件域，用于上传文件
images	图像域，图片提交按钮
submit	提交按钮，用于将输入好的数据信息提交到服务器
reset	复位按钮，用于重置表单的内容
button	一般按钮，用于控制其他定义了处理脚本的处理工作

10.1.3 文本区域标签<textarea>

在通常情况下，文本域用在填写论坛的内容或者个人信息是需要输入大量的文本内容到网页中，文本域标签<textarea>在网页中就是用于生成多行文本域，从而使得浏览者能够在文本域输入多行文本内容，其语法格式如下。

```
<form id="form1" name="form1" method="post" action="">
   <textarea name="name" id="name" cols="value" rows="value" value="value" warp="value">
      ……文本内容
   </textarea>
</form>
```

文本域标签<textarea>的相关属性说明如表 10-3 所示。

表 10-3　<textarea>标签的相关属性说明

属　性	说　明
name	name 属性用于设置该文本域的名称
cols	cols 属性用于设置该文本域的列数，列数决定了该文本域一行能够容纳几个文本
rows	rows 属性用于设置该多行文本域的行数，行数决定该文本域容纳内容的多少，如果超出行数，则不予以显示
value	value 属性指的是在没有编辑时，文本域内显示所得到的内容
warp	warp 属性用于设置显示和输出时的换行方式。当值为 off 时不自动换行；当值为 hard 时按 Enter 键自动换行，并且换行标记会一同被发送到服务器。输出时也会换行，当值为 soft 时按 Enter 键自动换行，换行标记不会被发送到服务器，输出时仍然为一列

10.1.4　选择域标签<select>和<option>

通过选择域标签<select>和<option>可以在网页中建立一个列表或者菜单。在网页中，菜单可以节省页面的空间，正常状态下只能看到一个选项，单击下拉按钮打开菜单后，才可以看到全部的选项；列表可以显示一定数量的选项，如果超出这个数值，则会显示滚动条，浏览者便可以通过拖动滚动条来查看各个选项。

选择域标签<select>和<option>语法格式如下。

```
<form id="form1" name="form1" method="post" action="">
    <select name="name" id="name">
        <option>选项一</option>
        <option>选项二</option>
        <option>选项三</option>
    </select>
</form>
```

<select>标签的相关属性说明如表 10-4 所示。

表 10-4　<select>标签的相关属性说明

属　性	说　明
name	name 属性用于设置选择域的名称
size	size 属性用于设置列表的行数
value	value 属性用于设置菜单的选项值
multiple	multiple 属性表示以菜单的方式显示信息，省略则以列表的方式显示信息

10.1.5　其他表单元素

前面已经介绍了在<input>标签中设置 type 属性为不同的属性值，可以在网页中表现出多种表单元素，包括隐藏域、单选按钮、复选框、文件域、图像域和按钮等。下面对这些表单元素进行简单介绍。

● 隐藏域

隐藏域在页面中对于用户是看不见的，在表单中插入隐藏域的目的在于收集或发送信息，以利于被处理表单的程序所使用。浏览者单击发送按钮发送表单的时候，隐藏域的信息也被一起发送到服务器。隐藏域的代码如下。

```
<form id="form1" name="form1" method="post" action="">
  <input type="Hidden" name="Form_name" value="Invest">
</form>
```

● 单选按钮

单选按钮元素能够进行项目的单项选择，以一个圆框表示。单选按钮的代码如下。

```
<form id="form1" name="form1" method="post" action="">
  请选择你居住的城市：
  <input type="Radio" name"city" value="beijing" checked>北京
  <input type="Radio" name"city" value="shanghai">上海
  <input type="Radio" name"city" value="nanjing">南京
</form>
```

其中，每一个单选按钮的名称都是相同的，但都有其独立的值。checked 表示此项被默认选中。value 表示选中项目后传送到服务器端的值。

● 复选框

复选框能够进行项目的多项选择，以一个方框表示。复选框的代码如下所示。

```
<form id="form1" name="form1" method="post" action="">
  请选择你喜欢的音乐：
  <input type="Checkbox" name="m1" value="rock" checked>摇滚乐
  <input type="Checkbox" name="m2" value="jazz">爵士乐
  <input type="Checkbox" name="m3" value="pop">流行乐
</form>
```

其中，checked 表示此项被默认选中。value 表示选中项目后传送到服务器端的值。每一个复选框都有其独立的名称和值。

● 文件域

文件域可以让用户在域的内部填写文件路径，然后通过表单上传，这是文件域的基本功能。如在线发送 E-mail 时常见的附件功能。有的时候要求用户将文件提交给网站，例如 Office 文档、浏览者的个人照片或者其他类型的文件，这个时候就要用到文件域。文件域的代码如下所示。

```
<form id="form1" name="form1" method="post" action="">
    请上传附件：<input type="file" name"File">
</form>
```

● 图像域

图像域是指可以用在提交按钮位置上的图片，这幅图片具有按钮的功能。使用默认的按钮形式往往会让人觉得单调，如果网页使用了较为丰富的色彩，或稍微复杂的设计，再使用表单默认的按钮形式甚至会破坏整体的美感。这时可以使用图像域创建和网页整体效果相统一的图像提交按钮。图像域的代码如下所示。

```
<form id="form1" name="form1" method="post" action="">
  <input type="image"name="image"src="images/pic.gif">
</form>
```

- 按钮

单击提交按钮后，可以实现表单内容的提交。单击重置按钮后，可以清除表单的内容，恢复成默认的表单内容设定。按钮的代码如下所示。

```
<form id="form1" name="form1" method="post" action="">
  <input type="Submit"name="Submit"value="提交表单">
  <input type="Reset"name="Reset"value="重置表单">
</form>
```

10.1.6 <label>、<legend>和<fieldest>标签

标记单个表单控件的<label>标签是内联元素，它可以和任何其他内联元素一样设计 CSS 样式。<fieldset>标签是块元素，用来将相关元素（例如一组选项按钮）组合在一起，<legend>标签用于<fieldset>标签内部。<fieldset>标签创建围绕其包装的表单元素的边框，<legend>标签设置介绍性标题。

10.2 使用 CSS 样式设置表单元素

如果对插入到网页中的表单元素不加任何修饰，默认的表单元素外观比较简陋，并且很难符合页面整体设计风格的需要。通过 CSS 样式可以对网页中的表单元素外观进行设置，使其更加美观和大方，更能够符合网页整体风格。

10.2.1 设置表单元素的背景颜色和边框

在网页中默认的表单元素背景颜色为白色，边框为黑色，由于色调单一，不能满足网页设计者的设计需求和浏览者的视觉感受，因此可以通过 CSS 样式对表单元素的背景颜色和边框进行设置，从而表现出不一样的表单元素。

美化登录表单效果

最终文件：云盘\最终文件\第 10 章\10-2-1.html

视　　频：云盘\视频\第 10 章\10-2-1.swf

66

STEP 1 执行“文件>打开”命令，打开页面“云盘\源文件\第 10 章\10-2-1.html”，效果如图 10-1 所示。在浏览器中预览页面，可以看到页面中表单元素的默认效果，如图 10-2 所示。

所有表单元素都应该在该红色虚线的表单域内，否则表单实现不了提交的功能。红色虚线只是 Dreamweaver 为了便于制作在设计视图中提供的表单域显示方式，在浏览器中预览页面时，该红色虚线不会显示。

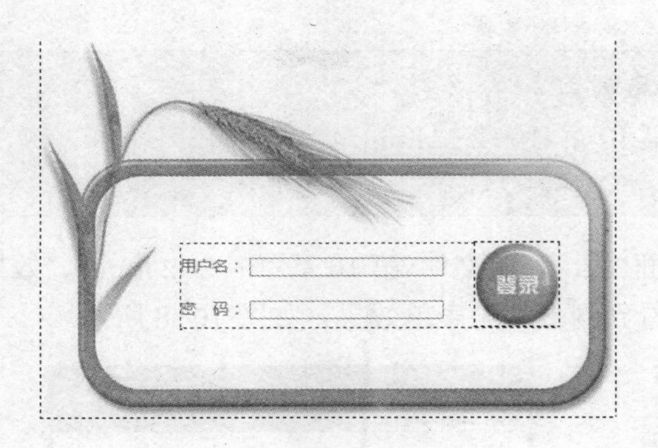

图 10-1

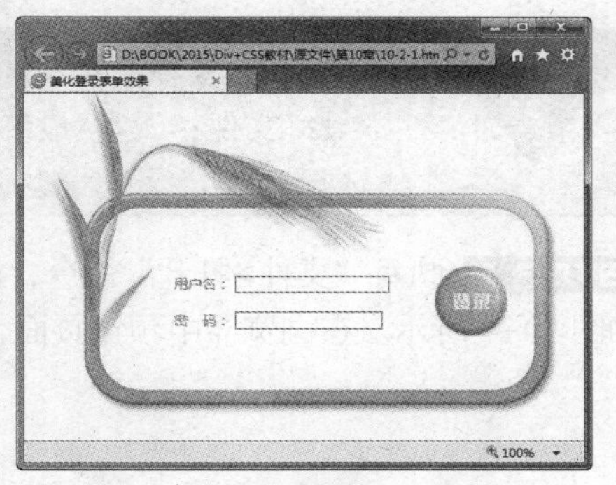

图 10-2

STEP 2 转换到该网页所链接的外部样式文件表中，创建名为.name01 的类 CSS 样式，如图 10-3 所示。返回网页设计视图，选中网页中的文本字段，在“属性”面板的 Class 下拉列表中选择刚定义的 CSS 样式 name01 应用，如图 10-4 所示。

```
.name01{
    width: 180px;
    height: 25px;
    margin-top: 3px;
    background-color: #F2FCC2;
    border: 1px solid #990;
}
```

图 10-3

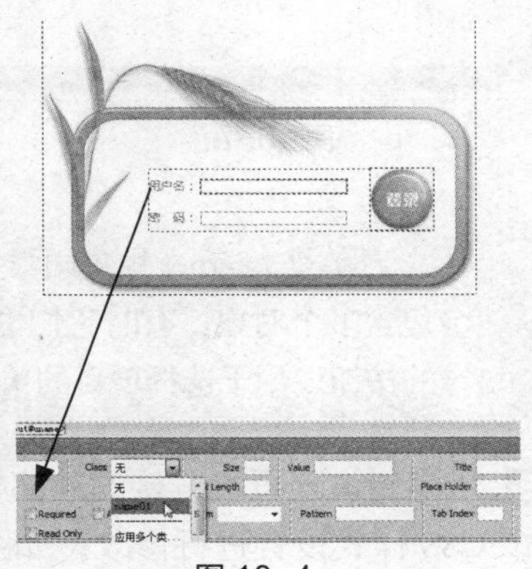

图 10-4

STEP 3 使用相同的制作方法，为另加一个文本字段应用名为 name01 的 CSS 样式，效果如图 10-5 所示。保存页面，并保存外部 CSS 样式表文件，在浏览器中预览页面，可以看到为表单元素设置背景颜色和边框的效果，如图 10-6 所示。

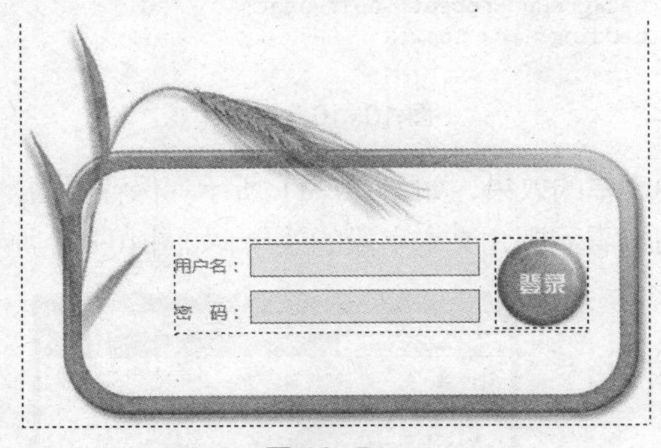

图 10-5

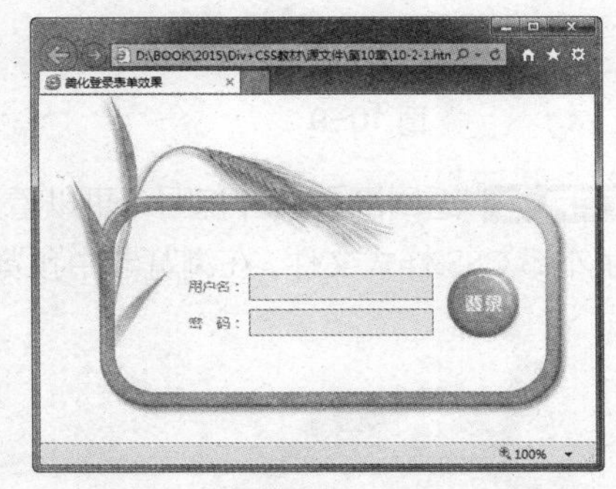

图 10-6

10.2.2 圆角文本域

网页中的文本字段默认都是矩形的，前面已经介绍了如何使用 CSS 样式对文本字段的背景颜色和边框进行设置。通过 CSS 样式还可以实现圆角的文本字段效果，从而给浏览者带来不一样的视觉效果。

使用 CSS 样式实现圆角登录框效果

最终文件：云盘\最终文件\第 10 章\10-2-2.html

视　　频：云盘\视频\第 10 章\10-2-2.swf

STEP 1 执行“文件>打开”命令，打开页面“云盘\源文件\第 10 章\10-2-2.html”，效果如图 10-7 所示。在浏览器中预览页面，可以看到网页中的表单效果，如图 10-8 所示。

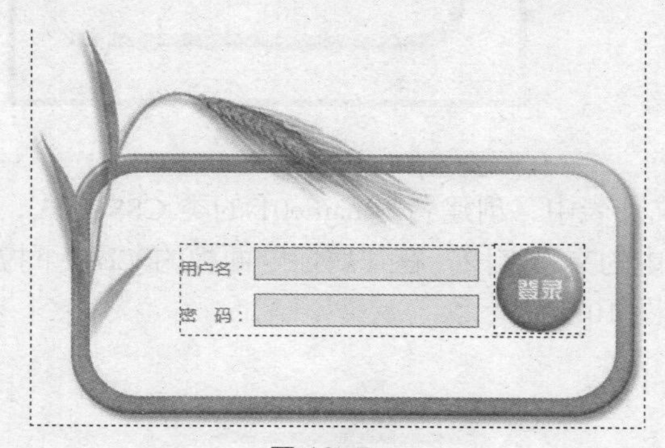

图 10-7

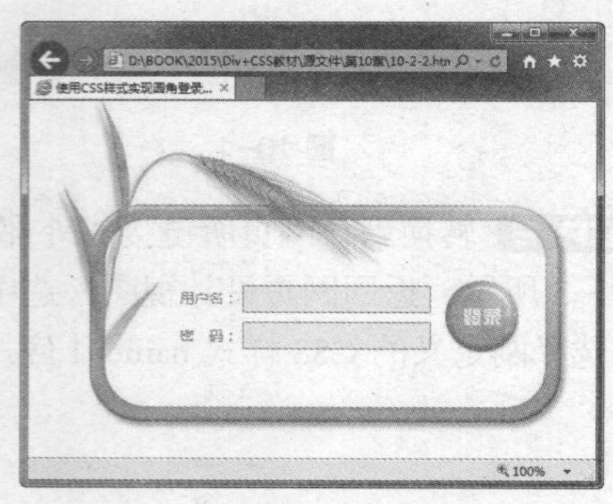

图 10-8

提示

表单是 Internet 用户同服务器进行信息交流的最重要工具。通常，一个不表单中会包含多个对象，有时它们也被称为控件，如用于输入文本的文本域、用于发送命令的按钮、用于选择项目的单选按钮和复选框以及用于显示选项列表的列表框等。

STEP 2 转换到该网页所链接的外部样式文件中，找到名为.name01 的 CSS 样式，如图 10-9 所示。对该 CSS 样式设置进行修改，如图 10-10 所示。

```
.name01{
    width: 180px;
    height: 25px;
    margin-top: 3px;
    background-color: #F2FCC2;
    border: 1px solid #990;
}
```

图 10-9

```
.name01{
    width: 160px;
    height: 25px;
    margin-top: 3px;
    border: none;
    background-image: url(../images/102201.png);
    background-repeat: no-repeat;
    padding: 0px 10px;
}
```

图 10-10

STEP 3 返回网页设计视图，可以看到网页中表单的效果，如图 10-11 所示。保存页面，并保存外部 CSS 样式文件，在浏览器中预览页面，可以看到圆角文本字段的效果，如图 10-12 所示。

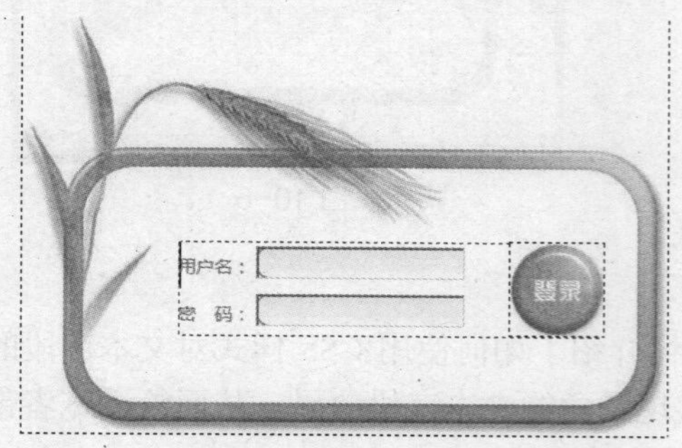

图 10-11

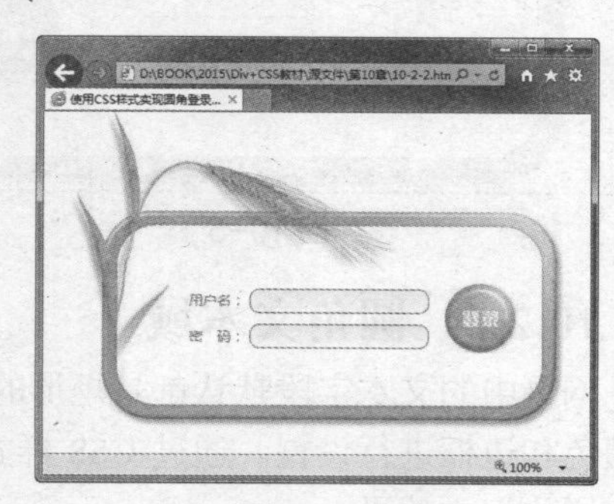

图 10-12

10.2.3 美化下拉列表

在 Dreamweaver 中，通过使用<select>标签包含一个或者多个<option>标签可以构成选择列表。如果没有给出 size 属性值，则选择列表是下拉列表框的样式；如果给出了 size 值，则选择列表将会是可滚动列表，并且通过 size 属性值的设置能够使列表以多行的形式显示。

使用 CSS 样式实现多彩下拉列表

最终文件：云盘\最终文件\第 10 章\10-2-3.html

视　　频：云盘\视频\第 10 章\10-2-3.swf

67

STEP 1 执行“文件>打开”命令，打开页面“云盘\源文件\第 10 章\10-2-3.html”，效果如图 10-13 所示。单击选中页面中的“选择”表单元素，转换到代码视图中，可以看到该表单元素的代码，如图 10-14 所示。

图 10-13

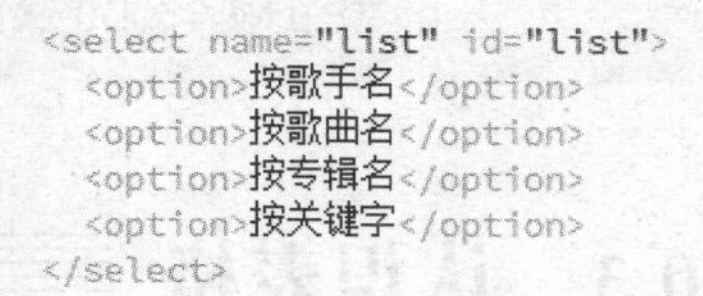

```
<select name="list" id="list">
  <option>按歌手名</option>
  <option>按歌曲名</option>
  <option>按专辑名</option>
  <option>按关键字</option>
</select>
```

图 10-14

STEP 2 在列表选项的<option>标签中添加 id 属性设置，如图 10-15 所示。转换到该网页所链接的外部样式表文件中，分别创建名为#color1、#color2、#color3 和#color4 的 CSS 样式，如图 10-16 所示。

```
<select name="list" id="list">
 <option id="color">按歌手名</option>
  <option id="color01">按歌曲名</option>
  <option id="color02">按专辑名</option>
  <option id="color03">按关键字</option>
</select>
```

图 10-15

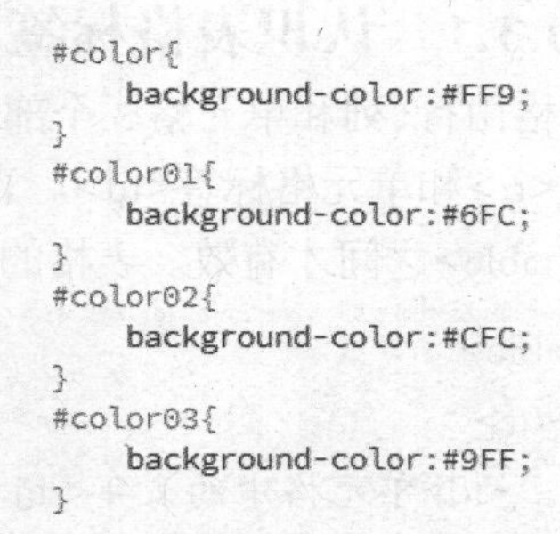

```
#color{
    background-color:#FF9;
}
#color01{
    background-color:#6FC;
}
#color02{
    background-color:#CFC;
}
#color03{
    background-color:#9FF;
}
```

图 10-16

STEP 3 返回设计视图中，保存页面，并保存外部 CSS 样式文件，在浏览器中预览页面，如图 10-17 所示。打开下拉列表，可以看到使用 CSS 样式对下拉列表进行设置的效果，如图 10-18 所示。

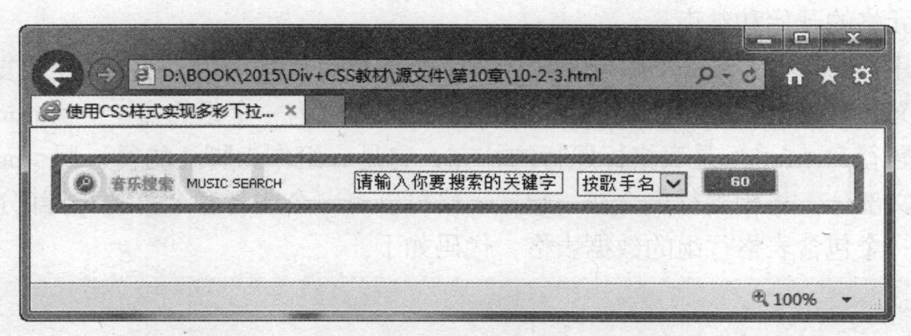

图 10-17

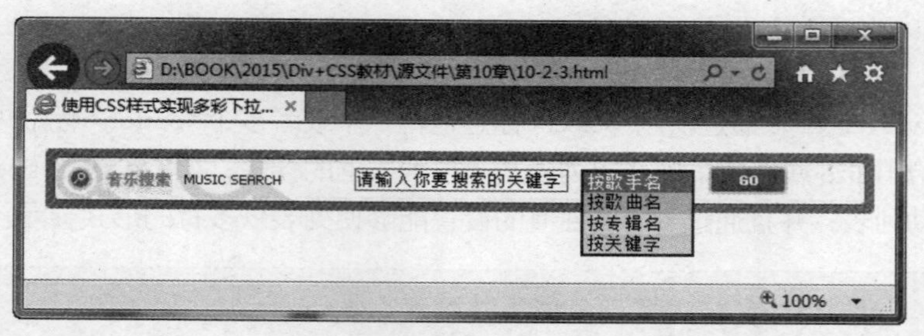

图 10-18

提示

表单域是表单中必不可少的元素之一，所有的表单元素只有在表单域中才会生效，因此，制作表单页面的第 1 步就是插入表单域。如果插入表单域后，在 Dreamweaver 设计视图中并没有显示红色的虚线框，执行“查看>可视化助理>不可见元素”命令，即可在设计视图中看到红色虚线的表单域。红色虚线的表单域在浏览器中浏览时是看不到的。

10.3 认识表格

HTML 中的数据表格是网页中常见的元素，表格在网页中用于显示二维关系数据。虽然表格也可以用于对网页进行排版布局，但在 Web 标准中不建议这样做，表格排版布局并不能实现内容与表现的分离。

10.3.1 认识表格标签和结构

表格由行、列和单元格 3 个部分组成，一般通过 3 个标签来创建，分别是表格标签<table>、行标签<tr>和单元格标签<td>。表格的各种属性都要在表格的开始标签<table>和表格的结束标签</table>之间才有效。表格的基本构成结构语法如下。

```
<table>
  <tr>
    <td>单元格中的文字</td>
  </tr>
</table>
```

在语法中，<table>和</table>标签分别表示表格的开始和结束，而<tr>和</tr>标签则分别表示行的开始和结束，在表格中包含一组<tr>…</tr>就表示该表格为一行，<td>和</td>标签表示单元格的开始和结束。

通过使用<thead>、<tbody>和<tfood>元素，将表格行聚集为组，可以构建更复杂的表格。每个标签定义包含一个或者多个表格行，并且将它们标识为一个组的盒子。<thead>标签用于指定表格标题行，<tfood>是表格标题行的补充，它是一组作为脚注的行，用<tbody>标签标记的表格正文部分，将相关行集合在一起，表格可以有一个或者多个<tbody>部分。

以下是一个包含表格行组的数据表格，代码如下。

```
<table>
  <caption>一周安排表</caption>
```

```
    <thead>
      <tr>
        <th></th>
        <th> 星期一</th>
        <th> 星期二</th>
        <th> 星期三</th>
        <th> 星期四</th>
        <th> 星期五</th>
      </tr>
     </thead>
     <tbody>
       <tr>
        <th>上午</th>
        <td>语文</td>
        <td>物理</td>
        <td>数学</td>
        <td>英语</td>
        <td>英语</td>
       </tr>
       <tr>
        <th>下午</th>
        <td>生物</td>
        <td>语文</td>
        <td>化学</td>
        <td>英语</td>
        <td>数学</td>
       </tr>
     </tbody>
  </table>
```

在浏览器中页面，可以看到网页中表格的效果，如图 10–19 所示。

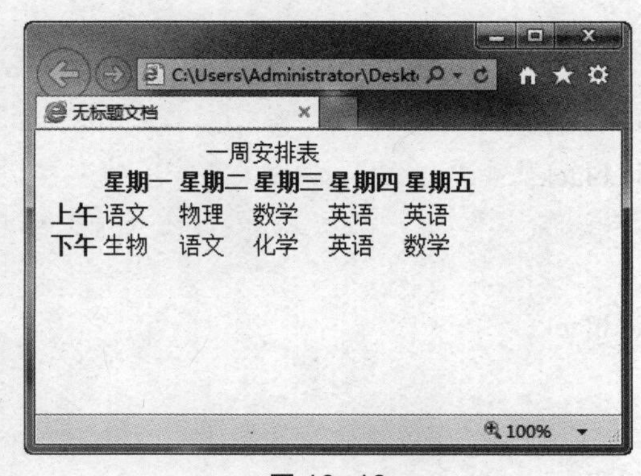

图 10–19

Web 浏览器通过基于浏览器对表格标记理解的默认样式设计显示表格。单元格之间或者表格周围通常没有边框；表格数据单元格使用普通文本，左对齐；表格标题单元格居中对齐，并设置为粗体字体；标题在表格中间。

10.3.2　表格标题<captain>标签

<caption>标签是表格标题标签，一般出现在<table>标签之间，作为第一个子元素，通常在表格之前显示。包含<caption>标签的显示盒子的宽度和表格本身宽度相同。

标题的位置并不是固定的，可以使用 caption-side 属性将标题放在表格盒子的不同边，只能对<caption>标签设置这个属性，默认值是 top。caption-side 属性有 3 个属性值，介绍如表 10-5 所示。

表 10-5　caption-side 属性的属性值说明

属性值	说　　明
top	设置 caption-side 属性为 top，则标题出现在表格之前
bottom	设置 caption-side 属性为 bottom，则标题出现在表格之后
inherit	设置 caption-side 属性为 inherit，则使用包含盒子设置的 caption-side 值

在大多数的浏览器中，<caption>标签的默认样式设计是默认字体，在表格上面居中显示。如果需要将标题从顶端移动到底端，并且对标题设置具体字体和相应的属性，CSS 样式设置如下。

```
table{
    table-layout: auto;
    width: 90%;
    border-collapse: separate;
    font-size: 12px;
    border: 6px double black;
    padding: 1em;
    margin-bottom: 0.5em;
}
td,th{
    width: 15%;
}
thead th{
    border: 0.10em solid black;
}
tbody th{
    border: 0.10em solid black;
}
td{
    border: 0.10em solid gray;
```

```
}
caption{
        caption-side: bottom;
        font-size:14px;
        font-style: italic;
        border: 6px double black;
        padding: 0.5em;
        font-weight: bold;
}
```

在浏览器中预览页面，可以看到该表格的效果，如图 10-20 所示。

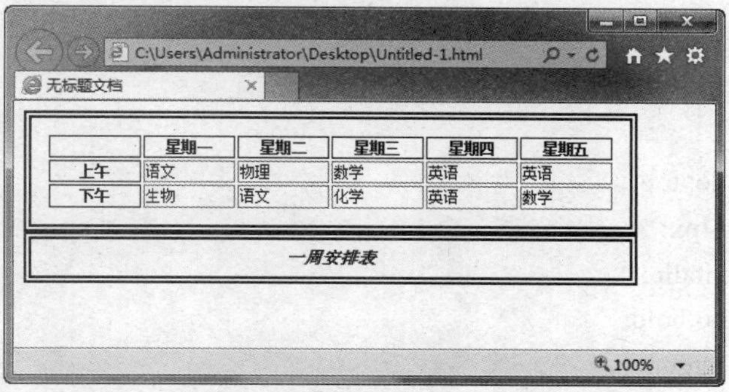

	星期一	星期二	星期三	星期四	星期五
上午	语文	物理	数学	英语	英语
下午	生物	语文	化学	英语	数学

一周安排表

图 10-20

10.3.3 表格列<colgroup>和<col>标签

表格中的每个单元格除了是行的一部分，还是列的一部分。如果需要对特定列应用一组CSS 样式有两种方法，一种是对该列中的每个单元格应用相同的类 CSS 样式，第二种方法是编写基于列的选择器。

要指定一列或者一组列，可以使用<col>和<colgroup>标签，紧邻<caption>标签之后，添加<colgroup>和<col>标签，扩展日程表标记，添加的代码如下所示。

```
<colgroup>
    <col id="time" >
  </colgroup>
  <colgroup id="days">
    <col id="mon" >
    <col id="tue" >
    <col id="wed" >
    <col id="thu" >
    <col id="fri" >
  </colgroup>
```

可以通过 id 选择器定义列的特别标识符，CSS 样式如下所示。

```
table{
   table-layout: auto;
```

```
        width: 90%;
        empty-cells: show;
        font-size: 12px;
        }
    td,th{
        width: 15%;
    }
    thead th{
        border-top: 2px solid black;
    }
    tbody th{
        border-top: 2px solid black;
    }
    caption{
            caption-side: top;
            font-size:14px;
            font-style: italic;
            font-weight: bold;
            text-align: right;
    }
    col #mon{background-color: #FC9;}
    col #tue{background-color: #9CF;}
    col #wed{background-color: #CF9;}
    col #thu{background-color: #C9F;}
    col #fri{background-color: #FF9;}
```

在浏览器中预览页面，可以看到对表格单元列进行样式设置的效果，如图 10-21 所示。

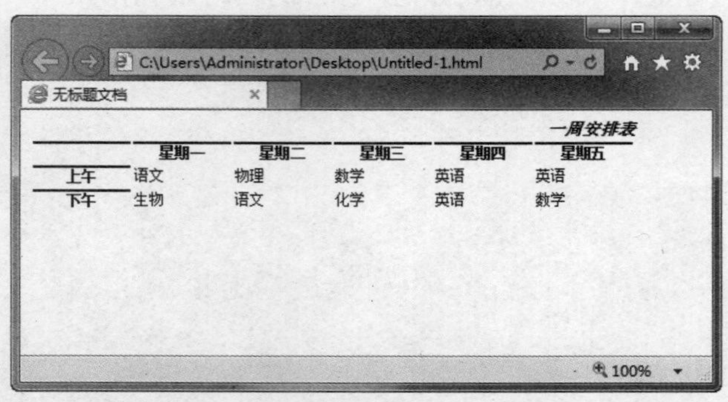

图 10-21

10.3.4 水平对齐和垂直对齐

表格单元格内部的内联元素的对齐可以通过 text-align 属性设置。使用 text-align 属性可以使单元格中的元素向左、向右或者居中排列，使表格更加容易阅读。根据前面的示例，修改相应的 CSS 样式代码。

```
caption{
        caption-side: top;
        font-size:14px;
        font-style: italic;
        font-weight: bold;
        text-align: left;
}
tbody th{text-align: right;}
tbody td{text-align: center;}
```

在浏览器中预览页面，可以看到设置的水平对齐效果，如图 10-22 所示。

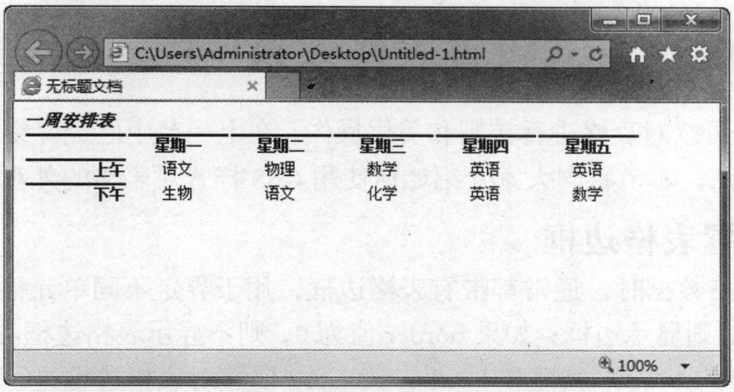

图 10-22

在默认情况下，表格单元格的垂直对齐方式是垂直居中对齐，可以使用 vertical-align 属性改变单元格的垂直对齐方式，vertical-align 属性相当于 HTML 文档中的 valign 属性。修改 CSS 样式，添加如下的样式表代码。

```
th{
    height: 30px;
    Vertical-align: middle;
    }
tbody th{
        text-align: right;
        height: 30px;
        vertical-align: middle;
    }
 tbody td{
        text-align:center;
        height: 30px;
        vertical-align:bottom;
        }
```

在浏览器中预览页面，可以看到所设置的垂直对齐效果，如图 10-23 所示。

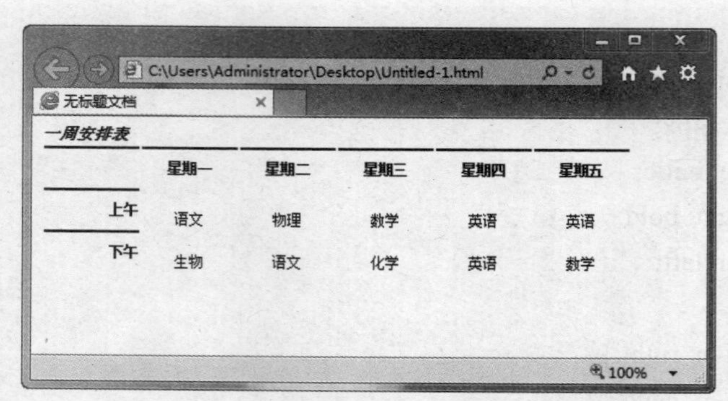

图 10-23

10.4 使用 CSS 样式设置表格效果

使用 CSS 样式可以对表格进行控制和美化操作。在上一节中已经介绍了使用 CSS 样式对表格进行控制的方法，本节将向大家介绍如何使用 CSS 样式对表格的外观样式进行设置。

10.4.1 设置表格边框

在显示一个表格数据时，通常都带有表格边框，用于界定不同单元格的数据。如果表格的 border 值大于 0，则显示边框；如果 border 值为 0，则不显示表格边框。边框显示之后，可以使用 CSS 样式中的 border 属性和 border-collapse 属性对表格边框进行修饰。其中 border 属性表示对边框进行样式、颜色和宽度的设置，从而达到美化边框效果的目的。

border-collapse 属性主要用于设置表格的边框是否被合并为一个单一的边框，还是像在标准的 HTML 中那样分开显示。

border-collapse 属性的语法格式如下。

border-collapse: separate | collapse;

border-collapse 属性的属性值说明如表 10-6 所示。

表 10-6 border-collapse 属性的属性值说明

属性值	说　明
separate	该属性为默认值，表示边框会被分开，不会忽略 border-spacing 和 empty-cells 属性
collapse	该属性值表示边框会合并为一个单一的边框，会忽略 border-spacing 和 empty-cells 属性

68

自测 4

使用 CSS 样式设置表格边框效果

最终文件：云盘\最终文件\第 10 章\10-4-1.html

视　　频：云盘\视频\第 10 章\10-4-1.swf

STEP 1 执行“文件>打开”命令，打开页面“云盘\源文件\第 10 章\10-4-1.html”，效果如图 10-24 所示。在浏览器中预览页面，可以看到页面中表格的显示效果，如图 10-25 所示。

图 10-24

图 10-25

STEP 2 转换到该网页所链接的外部样式表文件中，找到名为 table 的 CSS 样式设置代码，如图 10-26 所示。在 table 的 CSS 样式代码中添加边框的 CSS 样式设置，如图 10-27 所示。

```
table {
    width: 660px;
    margin: 500px auto 30px auto;
}
```

图 10-26

```
table {
    width: 660px;
    margin: 500px auto 30px auto;
    border: solid 1px #003366;
    border-collapse: collapse;
}
```

图 10-27

STEP 3 返回设计视图中，在实时视图中可以看到为表格添加的边框效果，如图 10-28 所示。转换到外部样式表文件中，在名为 caption 和 thead th 的 CSS 样式代码中添加边框的 CSS 样式设置，如图 10-29 所示。

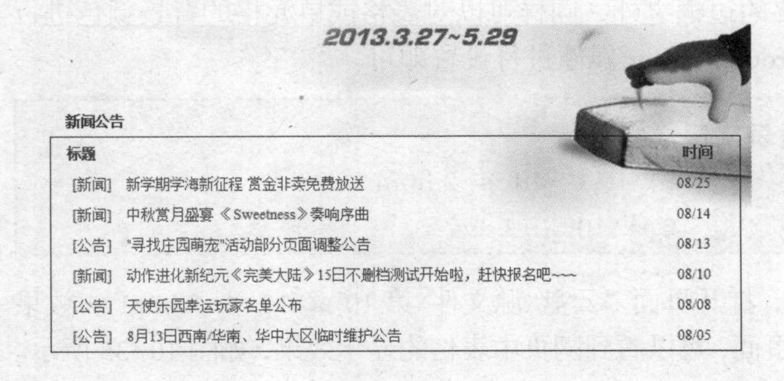

图 10-28

```
caption {
    font-size: 14px;
    color: #003366;
    font-weight: bold;
    text-align: left;
    padding-left: 15px;
    border-top:  solid 1px #003366;
    border-right:  solid 1px #003366;
    border-left:  solid 1px #003366;
}
thead th {
    font-weight: bold;
    color: #069;
    border: solid 1px #003366;
}
```

图 10-29

STEP 4 返回设计视图中，在实时视图中可以看到为表格标题和表格头添加的边框效果，如图 10-30 所示。转换到外部样式表文件中，在名为 td 的 CSS 样式代码中添加边框的 CSS 样式设置，如图 10-31 所示。

图 10-30

```
td {
    padding-left: 20px;
    border-bottom: dashed 1px #336699;
}
```

图 10-31

STEP 5 返回设计视图中，在实时视图中可以看到为表格中单元格添加的边框效果，如图 10-32 所示。保存页面，并保存外部 CSS 样式表文件，在浏览器中预览页面，效果如图 10-33 所示。

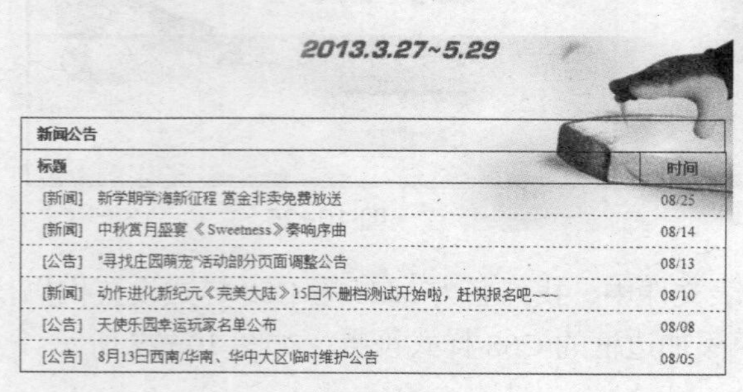

新闻公告	
标题	时间
[新闻] 新学期学海新征程 赏金非卖免费放送	08/25
[新闻] 中秋赏月盛宴《Sweetness》奏响序曲	08/14
[公告] "寻找庄园萌宠"活动部分页面调整公告	08/13
[新闻] 动作进化新纪元《完美大陆》15日不删档测试开始啦，赶快报名吧~~~	08/10
[公告] 天使乐园幸运玩家名单公布	08/08
[公告] 8月13日西南/华南、华中大区临时维护公告	08/05

图 10-32

图 10-33

在默认情况下，Web 浏览器通过基于浏览器对表格标记理解的默认样式设计显示表格，即单元格之间或者表格周围没有边框；表格数据单元格使用普通文本并且左对齐；表格标题单元格居中对齐，并设置为粗体字体；标题在表格中间。

10.4.2 设置表格背景颜色

通过 CSS 样式除了可以设置表格的边框之外，同样可以对表格或单元格的背景颜色进行设置，同样使用 CSS 样式中的 background-color 属性进行设置即可。

自测 5

使用 CSS 样式设置表格背景颜色

最终文件：云盘\最终文件\第 10 章\10-4-2.html

视　　频：云盘\视频\第 10 章\10-4-2.swf

STEP 1 执行"文件>打开"命令，打开页面"云盘\源文件\第 10 章\10-4-2.html"，效果如图 10-34 所示。在浏览器中预览该页面，可以看到网页中表格的显示效果，如图 10-35 所示。

图 10-34

图 10-35

STEP 2 转换到 CSS 样式表文件中，在名为 caption 和 thead th 的 CSS 样式代码中添加背景颜色的 CSS 样式设置，如图 10-36 所示。返回设计视图中，在实时视图中可以看到为表格标题和表格头设置背景颜色的效果，如图 10-37 所示。

```
caption {
    font-size: 14px;
    color: #003366;
    font-weight: bold;
    text-align: left;
    padding-left: 15px;
    border-top:  solid 1px #003366;
    border-right:  solid 1px #003366;
    border-left:  solid 1px #003366;
    background-color: #069;
    color: #FFF;
}
thead th {
    font-weight: bold;
    color: #069;
    border: solid 1px #003366;
    background-color: #9CF;
}
```

图 10-36

新闻公告

标题	时间
[新闻] 新学期学海新征程 赏金非卖免费放送	08/25
[新闻] 中秋赏月盛宴《Sweetness》奏响序曲	08/14
[公告] "寻找庄园萌宠"活动部分页面调整公告	08/13
[新闻] 动作进化新纪元《完美大陆》15日不删档测试开始啦，赶快报名吧~~~	08/10
[公告] 天使乐园幸运玩家名单公布	08/08
[公告] 8月13日西南/华南、华中大区临时维护公告	08/05

图 10-37

STEP 3 转换到 CSS 样式表文件中，在名为 td 的 CSS 样式代码中添加背景颜色的 CSS 样式设置，如图 10-38 所示。返回设计视图中，保存页面，并保存外部 CSS 样式表文件，在浏览器中预览该页面，效果如图 10-39 所示。

```
td {
    padding-left: 20px;
    border-bottom: dashed 1px #336699;
    background-color: #F0FFFF;
}
```

图 10-38

图 10-39

10.4.3 设置表格背景图像

网页中的表格元素与其他元素一样，使用 CSS 样式同样可以为表格设置相应的背景图像，通过 background-image 属性为表格相关元素设置背景图像，合理地应用背景图像可以使表格效果更加美观。

使用背景图像美化表格

最终文件：云盘\最终文件\第 10 章\10-4-3.html

视　　频：云盘\视频\第 10 章\10-4-3.swf

69

STEP 1 执行“文件>打开”命令，打开页面“云盘\源文件\第 10 章\10-4-3.html”，效果如图 10-40 所示。在浏览器中预览页面，可以看到网页中表格的显示效果，如图 10-41 所示。

STEP 2 转换到 CSS 样式表文件中，在名为 caption 的 CSS 样式代码中添加背景图像的 CSS 样式设置，如图 10-42 所示。返回设计视图中，保存页面，并保存外部 CSS 样式表文件，在浏览器中预览该页面，效果如图 10-43 所示。

图 10-40

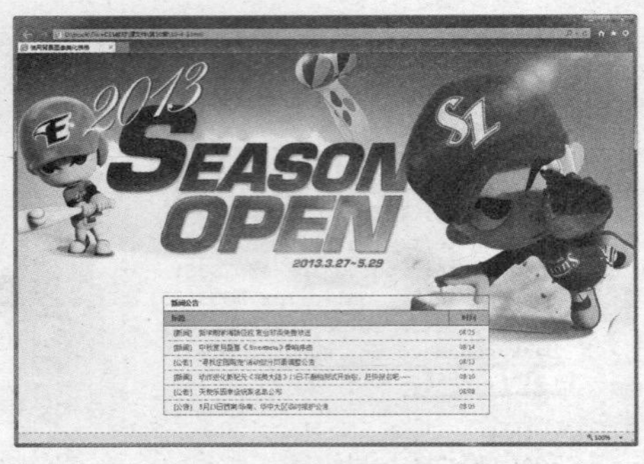

图 10-41

```
caption {
    font-size: 14px;
    color: #003366;
    font-weight: bold;
    text-align: left;
    padding-left: 15px;
    border-top:  solid 1px #003366;
    border-right:  solid 1px #003366;
    border-left:  solid 1px #003366;
    height: 40px;
    background-image: url(../images/104301.jpg);
    background-repeat: repeat-x;
    line-height: 40px;
}
```

图 10-42

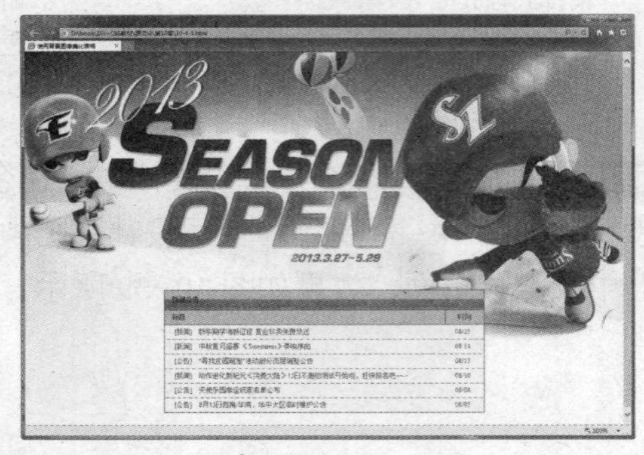

图 10-43

如果分别为表格和单元格设置了背景图像，则单元格中的背景图像会覆盖表格中所设置的背景图像进行显示，表格中所设置的属性可以被该表格中的行、列和单元格所设置的属性所覆盖。

10.5 使用 CSS 样式实现常见表格效果

网页中的表格主要用于显示表格式数据，有时数据量比较大，表格的行和列就比较多。网页中表格的特效很少见，主要都是为了使表格内容更加易读而添加了一些相应的效果。通过 CSS 样式，可以实现一些表格的特殊效果，从而使数据信息更加有条理，不至于非常凌乱。

10.5.1 设置单元行背景颜色

如果网页中的表格包含有大量的表格式数据，在默认情况下浏览者在查找相应的内容是会比较麻烦，并且容易读错。在网页中常用的处理方法是设置每个单元行拥有不同的背景颜色，以区分每一个表格的数据。

70

实现隔行变色表格

最终文件：云盘\最终文件\第 10 章\10-5-1.html

视　　频：云盘\视频\第 10 章\10-5-1.swf

STEP 1 执行“文件>打开”命令，打开页面“云盘\源文件\第 10 章\10-5-1.html”，效果如图 10-44 所示。在浏览器中预览该页面，可以看到页面中表格的显示效果，如图 10-45 所示。

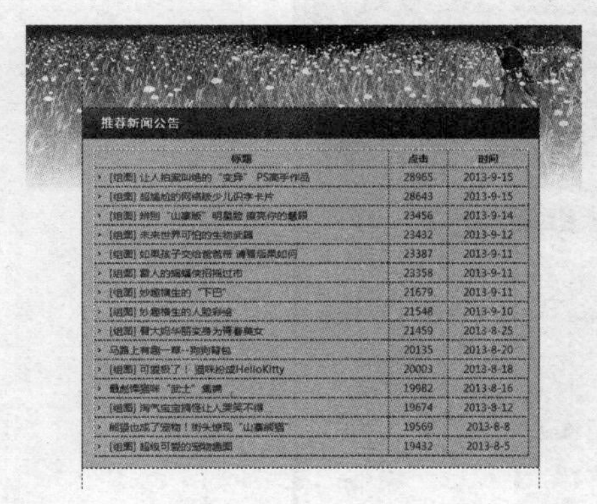

图 10-44

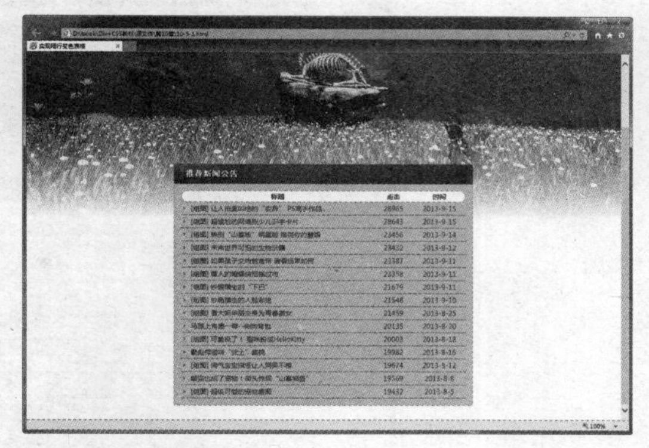

图 10-45

STEP 2 转换到该网页所链接的外部样式表文件中，创建名为.bg01的类CSS样式，如图10-46所示。返回网页的代码视图中，在隔行的<tr>标签中应用类CSS样式bg01，如图10-47所示。

```
.bg01 {
    background-color: #AFB8BA;
    color: #2C4552;
}
```

图 10-46

```
<tr>
  <td class="list01">[组图] 让人拍案叫绝的“变异” PS高手作品</td>
  <td class="font01">28965</td>
  <td class="font01">2013-9-15</td>
</tr>
<tr class="bg01">
  <td class="list01">[组图] 超尴尬的网络版少儿识字卡片</td>
  <td class="font01">28643</td>
  <td class="font01">2013-9-15</td>
</tr>
<tr>
  <td class="list01">[组图] 辨别“山寨版”明星脸 擦亮你的慧眼</td>
  <td class="font01">23456</td>
  <td class="font01">2013-9-14</td>
</tr>
<tr class="bg01">
  <td class="list01">[组图] 未来世界可怕的生物武器</td>
  <td class="font01">23432</td>
  <td class="font01">2013-9-12</td>
</tr>
<tr>
  <td class="list01">[组图] 如果孩子交给爸爸带 请看后果如何</td>
  <td class="font01">23387</td>
  <td class="font01">2013-9-11</td>
</tr>
```

图 10-47

提示

如果想实现隔行变色的单元格效果，首先需要在CSS样式表中创建设置了背景颜色的类CSS样式，其次，为了产生单元行背景色的交替效果，将新建的类CSS样式应用于数据表格中每一个偶数行即可。

STEP 3 保存页面，并保存外部CSS样式表文件，在浏览器中预览页面，可以看到隔行变化的表格效果，如图10-48所示。

提示

单元格会继承其所在单元行的属性设置，单元行内包含了单元格，单元格包含了表格的数据，通过行的对齐设置，可以控制整行数据在各自单元格内的对齐方式。例如，在本实例是设置了单元行标签<tr>的背景颜色，则该单元行中的所有单元格都会继承该属性。

图 10-48

10.5.2 使用:hover 伪类实现表格特效

:hover 伪类不仅可以应用于文本超链接 CSS 样式中，还可以应用网页中的其他元素中，包括表格元素。例如可以使用:hover 伪类实现表格背景颜色交替的效果等。

自测 8

实现交互变色的表格

最终文件：云盘\最终文件\第 10 章\10-5-2.html

视　　频：云盘\视频\第 10 章\10-5-2.swf

STEP 1 执行“文件>打开”命令，打开页面“云盘\源文件\第 10 章\10-5-2.html”，效果如图 10-49 所示。转换到该网页所链接的外部样式表文件中，创建名为 tbody tr:hover 的 CSS 样式，如图 10-50 所示。

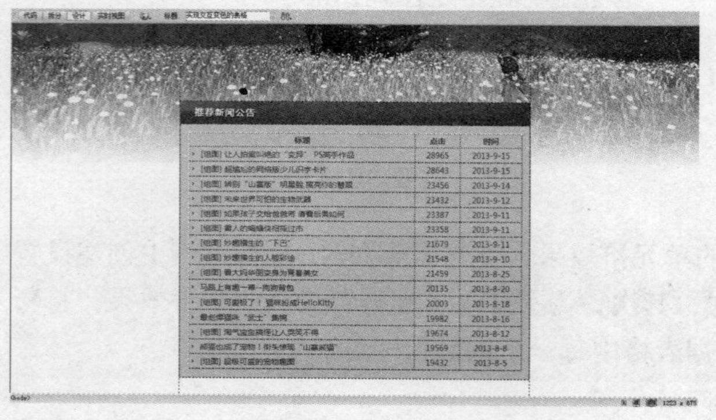

图 10-49

```
tbody tr:hover {
    background-color: #AFB8BA;
    color: #2C4552;
    cursor: pointer;
}
```

图 10-50

提示

变色表格的功能主要是通过 CSS 样式中的:hover 伪类来实现的，这里定义的 CSS 样式，是定义了<tbody>标签中的<tr>标签的 hover 伪类，定义了背景颜色和光标指针的形状。

STEP 2 返回设计视图中，保存页面，并保存外部 CSS 样式表文件，在浏览器中预览该页面，如图 10-51 所示。将光标移至页面中表格的任意一个单元行上，可以看到单元行变色的效果，如图 10-52 所示。

图 10-51

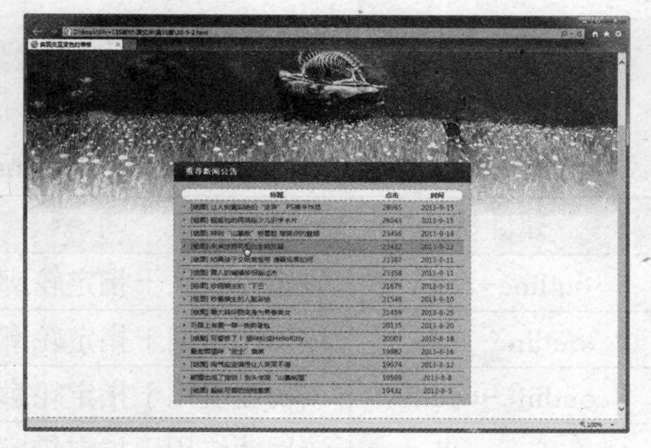

图 10-52

提示 表格由行、列和单元格 3 个部分组成，使用表格可以排列页面中的文本、图像及各种对象。表格的行、列和单元格都可以复制、粘贴。并且在表格中还可以插入表格，一层层的表格嵌套使设计更加灵活。

10.6 CSS3.0 新增其他属性

在 CSS 3.0 中还增加了其他的网页元素设置属性，主要包括 overflow 属性、outline 属性、resize 属性和 box-shadow 属性，下面分别对这 4 种新增的 CSS 属性进行介绍。

10.6.1 内容溢出处理 overflow 属性

当对象的内容超过其指定的高度及宽度时应该如何进行处理，在 CSS 3.0 中新增了 overflow 属性，通过该属性可以设置当内容溢出时的处理方法，overflow 属性的语法格式如下。

overflow: visible | auto | hidden | scroll;

overflow 属性的属性值说明如表 10-7 所示。

表 10-7 overflow 属性的属性值说明

属性值	说 明
visible	不剪切内容也不添加滚动条。如果显示声明该默认值，对象将被剪切为包含对象的 window 或 frame 的大小，并且 clip 属性设置将失效
auto	该属性值为 body 对象和 textarea 的默认值，在需要时剪切内容并添加滚动条
hidden	不显示超过对象尺寸的内容
scroll	总是显示滚动条

overflow 属性还有两个相关属性 overflow-x 和 overflow-y，分别用于设置水平方向上的溢出处理方式和垂直方向上的溢出处理方式。

10.6.2 轮廓外边框 outline 属性

outline 属性用于为元素周围绘制轮廓外边框，通过设置一个数值使边框边缘的外围偏移，可以起到突出元素的作用，outline 属性的语法格式如下。

```
outline: [outline-color] || [outline-style] || [outline-width] || [outline-offset] | inherit;
```

outline 属性的属性值说明如表 10-8 所示。

表 10-8　outline 属性的属性值说明

属性值	说　明
outline-color	该属性值用于指定轮廓边框的颜色
outline-style	该属性值用于指定轮廓边框的样式
outline-width	该属性值用于指定轮廓边框的宽度
outline-offset	该属性值用于指定轮廓边框偏移位置的数值
inherit	默认继承

outline 属性还有 4 个相关属性即 outline-style、outline-width、outline-color 和 outline-offset，用于对外边框的相关属性分别进行设置。

10.6.3　区域缩放调节 resize 属性

在 CSS 3.0 中新增了区域缩放调节的功能设置，通过新增的 resize 属性可以实现页面中元素的区域缩放操作，调节元素的尺寸大小，resize 属性的语法格式如下。

```
resize: none | both | horizontal | vertical | inherit;
```

resize 属性的属性值说明如表 10-9 所示。

表 10-9　resize 属性的属性值说明

属性值	说　明
none	不提供元素尺寸调整机制，用户不能操纵调节元素的尺寸
both	提供元素尺寸的双向调整机制，让用户可以调节元素的宽度和高度
horizontal	提供元素尺寸的单向水平方向调整机制，让用户可以调节元素的宽度
vertical	提供元素尺寸的单向垂直方向调整机制，让用户可以调节元素的高度
inherit	默认继承

10.6.4　元素阴影 box-shadow 属性

在 CSS 3.0 中新增了为元素添加阴影的 box-shadow 属性，通过该属性可以轻松地实现网页中元素的阴影效果，box-shadow 属性的语法格式如下。

```
box-shadow: <length> <length> <length> || <color>;
```

box-shadow 属性的属性值说明如表 10-10 所示。

表 10-10　box-shadow 属性的属性值说明

属性值	说　明
length	第 1 个 length 值表示阴影水平偏移值(可以取正负值)；第 2 个 length 值表示阴影垂直偏移值（可以取正负值）；第 3 个 length 值表示阴影模糊值。color 用于设置阴影的颜色
color	该属性值用于设置阴影的颜色

为网页元素添加阴影效果

最终文件：云盘\最终文件\第 10 章\10-6-4.html

视　　频：云盘\视频\第 10 章\10-6-4.swf

STEP 1 执行“文件>打开”命令，打开页面“云盘\源文件\第 10 章\10-6-4.html”，效果如图 10-53 所示。转换到该网页所链接的外部样式表文件中，创建名为.bg01 的类 CSS 样式，如图 10-54 所示。

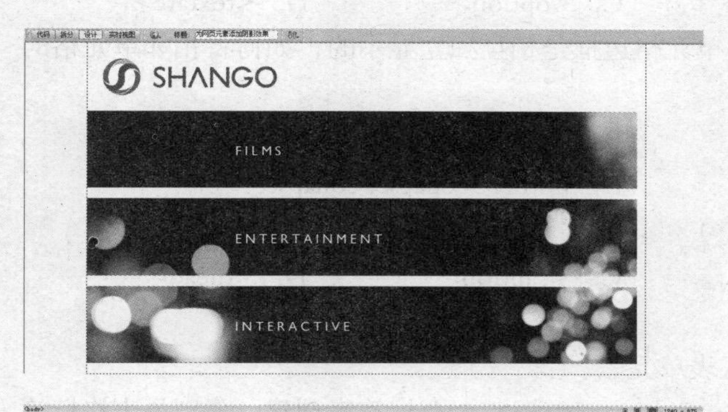

图 10-53

```
.bg01{
    box-shadow: 8px 9px 10px #000;
}
```

图 10-54

STEP 2 返回设计视图中，选中页面中的图像，在 Class 下拉列表中选择刚定义的类 CSS 样式 bg01 应用，如图 10-55 所示。保存页面，并保存外部 CSS 样式表文件，在浏览器中预览该页面，可以看到为图像添加的阴影效果，如图 10-56 所示。

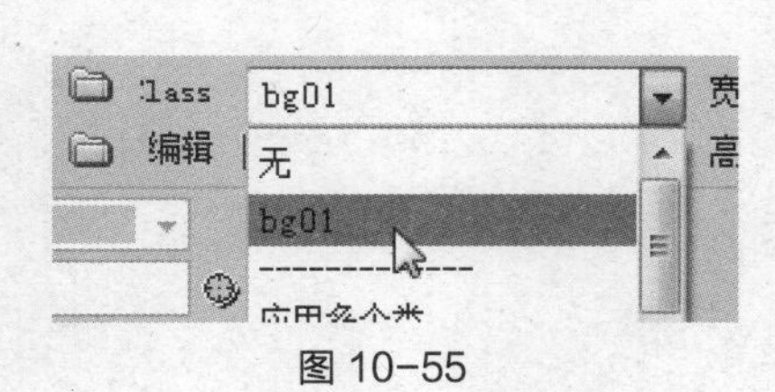

图 10-55

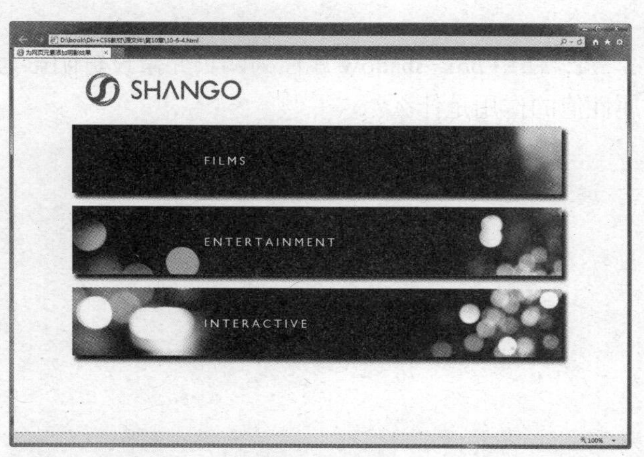

图 10-56

10.7　本章小结

本章主要介绍了在 Dreamweaver 中如何通过 CSS 属性对表单元素和数据表格的样式进行控制以及控制表单和表格样式的 CSS 属性及其作用。通过本章内容的学习以及一些实例的实际操作，相信读者已经掌握了使用 CSS 控制表单元素和数据表格的方法和技巧了；但读者要想在以后设计网页页面的时候能够得心应手，还需要多加练习。

10.8 课后测试题

一、选择题

1. 在<input>标签中设置 type 属性为 text，创建的是什么表单元素？（ ）

A. 文本区域　B. 密码域　C. 文本域　D. 隐藏域

2. 在表单<form>标签中可以包含的表单元素标签有哪些？（ ）（多选）

A. <input>　B. <select>　C. <option>　D. <textare>

3. 在标准的 HTML 中，表格中各单元格边框是相互独立显示的，如何将相邻单元格的边框合并？（ ）

A. border: 0px;　B. border: none;

C. border-collapse: separate;　D. border-collapse: collapse;

4. 表格标题的标签是什么？（ ）

A. <col>　B. <th>　C. <caption>　D. <thead>

二、判断题

1. 可以在网页中任意位置直接插入表单元素。（ ）

2. 表格由行、列和单元格 3 个部分组成，一般通过 3 个标签来创建，分别是表格标签<table>、表格头标签<thead>和表格主体标签<tbody>。（ ）

3. 通过 CSS 3.0 新增的 box-shadow 属性，可以为网页元素添加阴影效果。（ ）

三、简答题

1. 如何实现圆角的文本域效果？

2. 使用 box-shadow 属性为网页元素设置阴影为 box-shadow: 2px 2px 5px #333;，请问各属性值的作用是什么？

PART 11

第 11 章 商业网站实战

本章简介：

在前面的章节中分别介绍了 CSS 样式在网页设计制作各方面的应用，本章通过 3 个商业网站页面的制作，带领读者一起使用 Div+CSS 对网站页面进行布局制作，使读者能够更好地掌握使用 Div+CSS 布局制作网站页面的方法和技巧。

本章重点：

- 掌握使用 Div+CSS 布局页面的方法
- 熟练掌握各种 CSS 样式的设置和应用
- 熟练使用 Div+CSS 对各种类型的网站页面进行布局制作

11.1 制作设计工作室网站页面

设计工作室网站页面需要能够突出表现设计感和艺术感，给浏览者带来不同的视觉体验，可以采用一些比较个性化的风格设计，重要的是体现出高超的设计水平，能够让浏览者喜欢。

11.1.1 设计分析

本实例制作的是一个设计工作室网站页面，该网站页面的色彩丰富，构图新颖，页面的整体效果绚丽多彩，给浏览者带来一种轻松、舒适的视觉感受，整个网站页面能够体现出设计者具有较强的活跃思想。该网站页面的最终效果如图 11-1 所示。

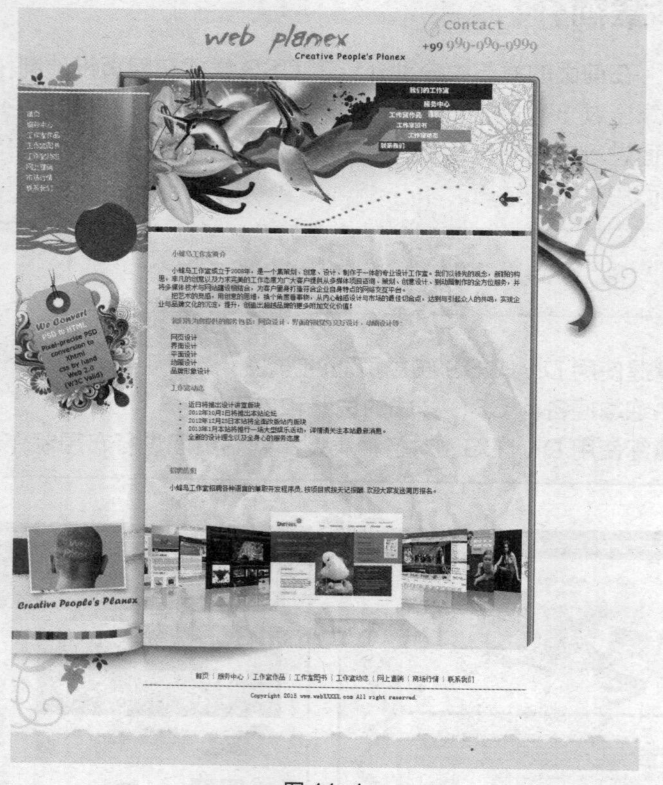

图 11-1

11.1.2 布局分析

该网站页面结构清晰，层次分明，标题放置于最平常的顶部位置，突出主题，内容从左到右，分为 3 个部分，使界面简单整洁，更容易吸引眼球，让浏览者快速捕捉到页面的内容，导航菜单放置于左上角和底部，前后呼应，更加便于浏览者浏览和操作页面。

11.1.3 制作步骤

72

STEP 1 执行“文件>新建”命令，新建一个 HTML 页面，如图 11-2 所示，将其保存为“云盘\源文件\第 11 章\11-1.html”。新建一个外部 CSS 样式表文件，将其保存为“云盘\源文件\第 11 章\style\11-1.css”。返回 11-1.html 页面中，链接刚创建的外部 CSS 样式表文件，如图 11-3 所示。

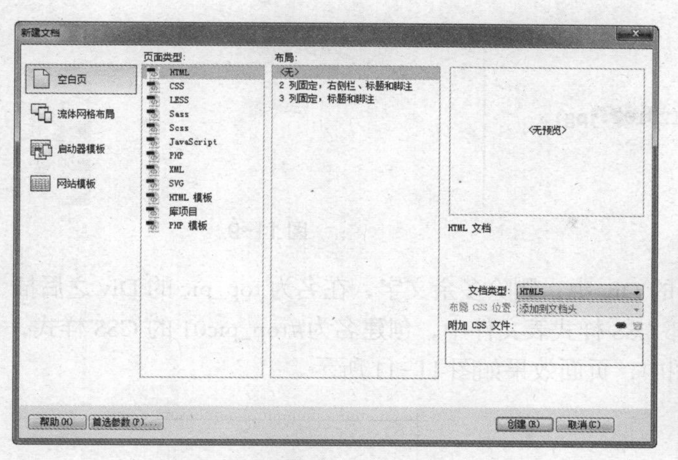

图 11-2

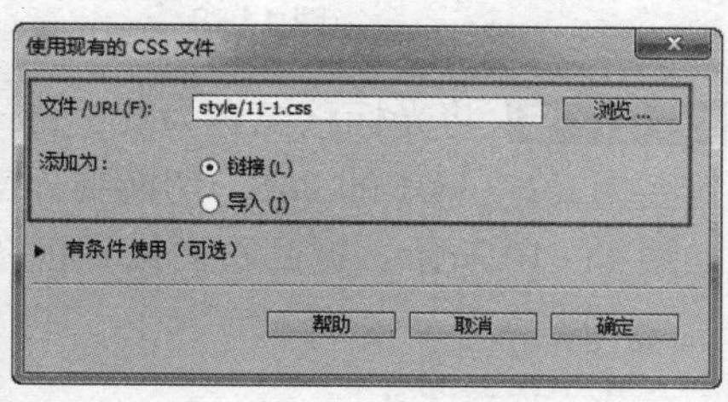

图 11-3

STEP 2 切换到外部 CSS 样式表文件中，创建名为*的通配符 CSS 样式和 body 标签的 CSS 样式，如图 11-4 所示。返回设计页面中，可以看到页面的效果，如图 11-5 所示。

```
*{
    border:0px;
    margin:0px;
    padding:0px;
}
body{
    font-family:"宋体";
    font-size:12px;
    color:#333333;
    background-image:url(../images/120101.jpg);
    background-repeat:no-repeat;
    background-position:950px 124px;
}
```

图 11-4

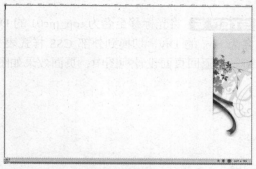

图 11-5

STEP 3 在页面中插入名为 top 的 Div，切换到外部 CSS 样式表文件中，创建名为#top 的 CSS 样式，如图 11-6 所示。返回页面设计视图中，页面效果如图 11-7 所示。

```
#top{
    width:100%;
    height:124px;
    background-color:#f8f1d5;
}
```

图 11-6

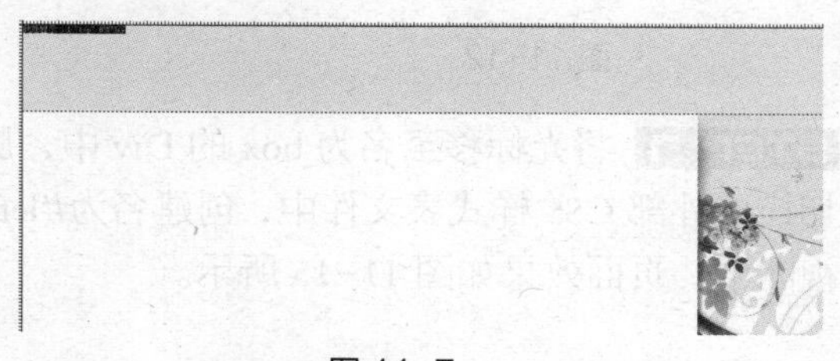

图 11-7

Div 标签只是一个标识，其作用是把内容标识成一个区域，并不负责其他事情。Div 只是 CSS 布局工作的第一步，需要通过 Div 将页面中的内容标识出来，而为内容添加样式则由 CSS 来完成。

STEP 4 将光标移至名为 top 的 Div 中，删除多余文字，在该 Div 中插入名为 top_pic 的 Div，切换到外部 CSS 样式表文件中，创建名为#top_pic 的 CSS 样式，如图 11-8 所示。返回页面设计视图中，页面效果如图 11-9 所示。

```
#top_pic{
    width:607px;
    height:99px;
    background-image:url(../images/120102.jpg);
    background-repeat:no-repeat;
    margin-left:343px;
}
```

图 11-8

图 11-9

STEP 5 将光标移至名为 top_pic 的 Div 中，删除多余文字，在名为 top_pic 的 Div 之后插入名为 top_pic01 的 Div，切换到外部 CSS 样式表文件中，创建名为#top_pic01 的 CSS 样式，如图 11-10 所示。返回页面设计视图中，页面效果如图 11-11 所示。

```
#top_pic01{
    width:343px;
    height:25px;
    background-image:url(../images/120103.jpg);
    background-repeat:no-repeat;
}
```

图 11-10

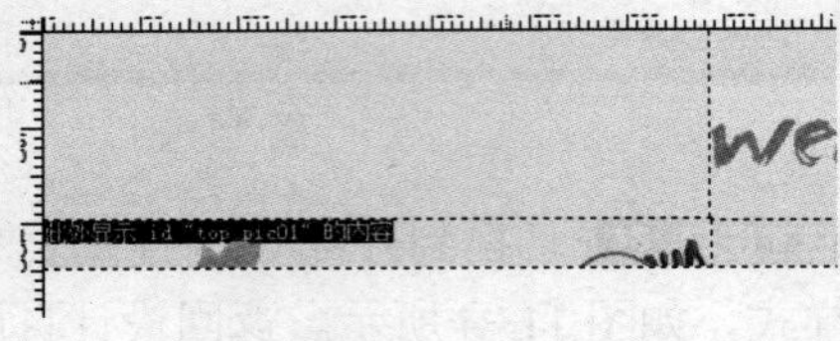

图 11-11

STEP 6 将光标移至名为 top_pic01 的 Div 中，删除多余文字，在名为 top 的 Div 之后插入名为 box 的 Div，切换到外部 CSS 样式表文件中，创建名为#box 的 CSS 样式，如图 11-12 所示。返回页面设计视图中，页面效果如图 11-13 所示。

```
#box{
    width:955px;
    height:1251px;
}
```

图 11-12

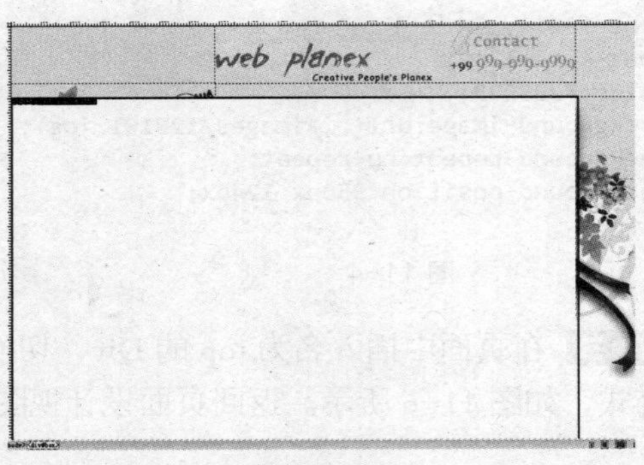

图 11-13

STEP 7 将光标移至名为 box 的 Div 中，删除多余文字，在该 Div 中插入名为 left 的 Div，切换到外部 CSS 样式表文件中，创建名为#left 的 CSS 样式，如图 11-14 所示。返回页面设计视图中，页面效果如图 11-15 所示。

```
#left{
    float:left;
    width:243px;
    height:1251px;
}
```

图 11-14

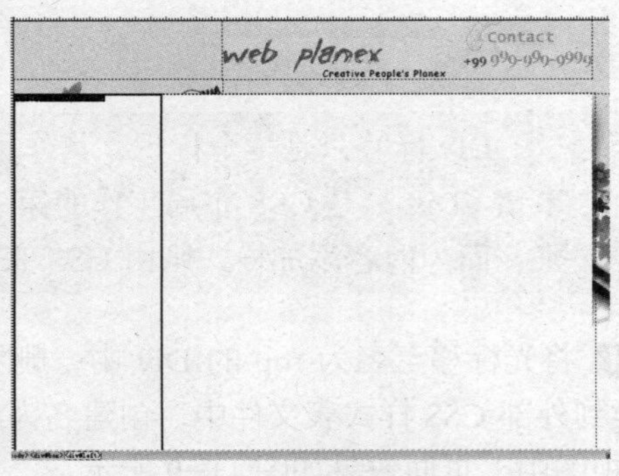

图 11-15

STEP 8 将光标移至名为 left 的 Div 中，删除多余文字，在该 Div 中插入相应的图像，如图 11–16 所示。光标移至刚插入的图像之后，插入名为 menu 的 Div，切换到外部 CSS 样式表文件中，创建名为#menu 的 CSS 样式，如图 11–17 所示。

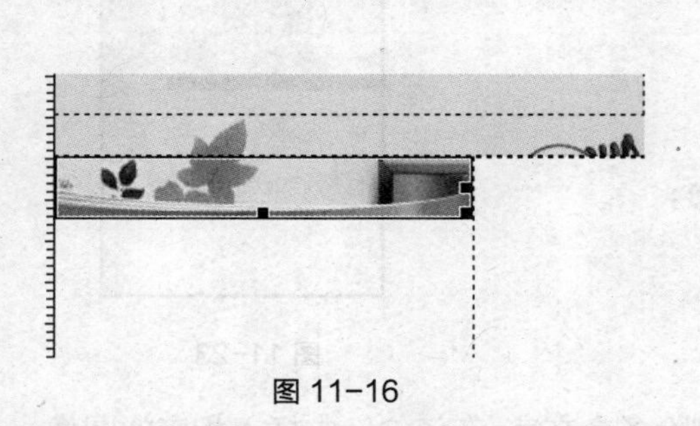

图 11–16

```
#menu{
    width:223px;
    height:290px;
    color:#FFF;
    background-image:url(../images/120104.jpg);
    background-repeat:no-repeat;
    padding-top:30px;
    padding-left:20px;
    line-height:20px;
}
```

图 11–17

STEP 9 返回页面设计视图，页面效果如图 11–18 所示。将光标移至名为 menu 的 Div 中，删除多余文字，在该 Div 中输入相应的文字内容，如图 11–19 所示。

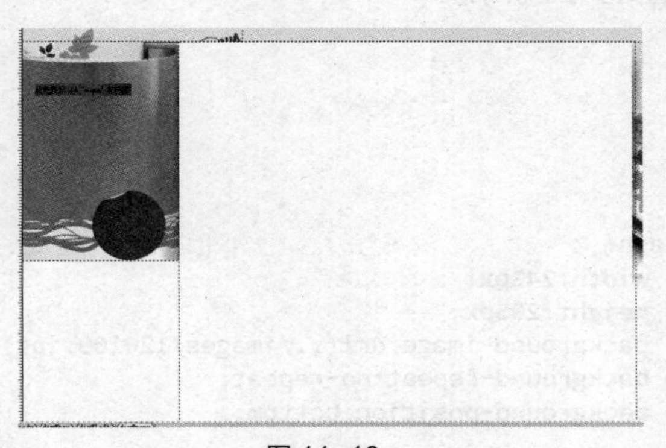

图 11–18

图 11–19

STEP 10 在名为 menu 的 Div 之后插入名为 left_pic 的 Div，切换到外部 CSS 样式表文件中，创建名为#left_pic 的 CSS 样式，如图 11–20 所示。返回页面设计视图中，页面效果如图 11–21 所示。

```
#left_pic{
    width:243px;
    height:309px;
    background-image:url(../images/120106.jpg);
    background-repeat:no-repeat;
}
```

图 11–20

图 11–21

STEP 11 将光标移至名为 left_pic 的 Div 中，删除多余文字，在名为 left_pic 的 Div 之后插入名为 left_pic01 的 Div，切换到外部 CSS 样式表文件中，创建名为#left_pic01 的 CSS 样式，如图 11–22 所示。返回页面设计视图中，页面效果如图 11–23 所示。

```
#left_pic01{
    width:243px;
    height:194px;
    background-image:url(../images/120107.jpg);
    background-repeat:repeat-y;
    padding-top:185px;
}
```

图 11-22

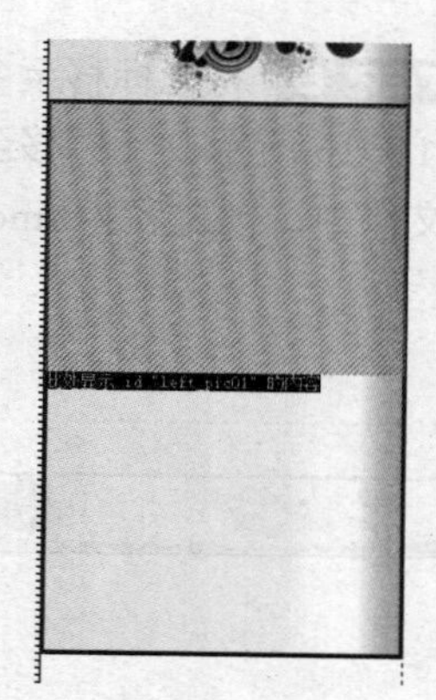

图 11-23

STEP 12 将光标移至名为 left_pic01 的 Div 中，删除多余文字，在该 Div 中插入相应的图像，如图 11-24 所示。在名为 left_pic01 的 Div 之后插入名为 flash 的 Div，切换到外部 CSS 样式表文件中，创建名为#flash 的 CSS 样式，如图 11-25 所示。

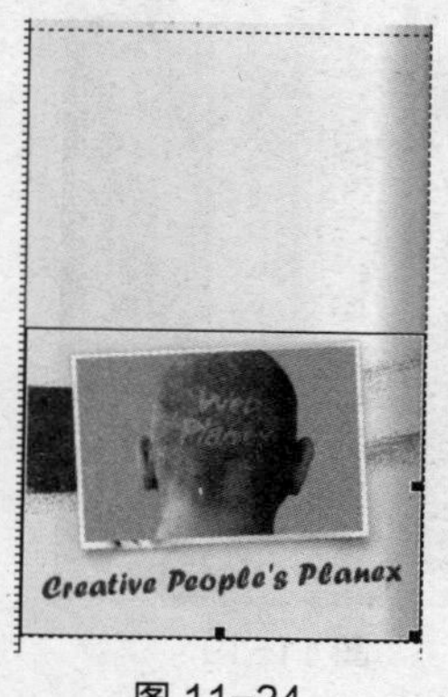

图 11-24

```
#flash{
    width:243px;
    height:205px;
    background-image:url(../images/120109.jpg);
    background-repeat:no-repeat;
    background-position:bottom;
}
```

图 11-25

STEP 13 返回页面设计视图，页面效果如图 11-26 所示。将光标移至名为 flash 的 Div 中，删除多余文字，在该 Div 中插入 flash 动画"文件\第 11 章\images\120110.swf"，如图 11-27 所示。

图 11-26

图 11-27

STEP 14 在名为 left 的 Div 之后插入名为 main 的 Div，切换到外部 CSS 样式表文件中，创建名为#main 的 CSS 样式，如图 11-28 所示。返回页面设计视图，页面效果如图 11-29 所示。

```
#main{
    float:left;
    width:700px;
    height:1251px;
    background-image:url(../images/120111.jpg);
    background-repeat:repeat-x;
    background-position:top;
}
```

图 11-28

图 11-29

STEP 15 将光标移至名为 main 的 Div 中，删除多余文字，在该 Div 中插入相应的图像，如图 11-30 所示。光标移至刚插入的图像之后，插入名为 flash01 的 Div，切换到外部 CSS 样式表文件中，创建名为#flash01 的 CSS 样式，如图 11-31 所示。

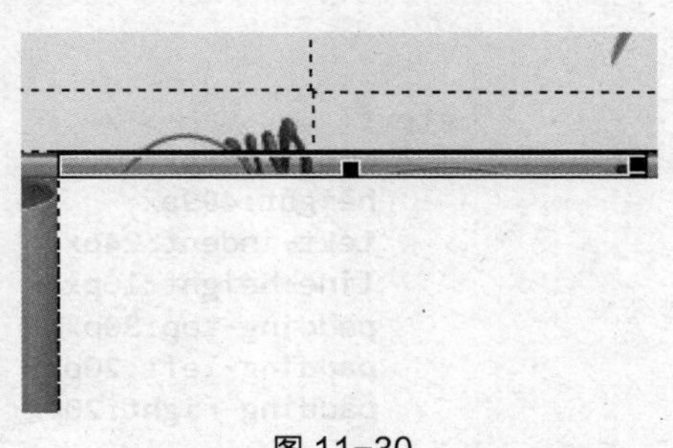

图 11-30

```
#flash01{
    width:700px;
    height:277px;
}
```

图 11-31

STEP 16 返回页面设计视图，页面效果如图 11-32 所示。将光标移至名为 flash01 的 Div 中，删除多余文字，在该 Div 中插入 flash 动画"文件\第 11 章\images\120113.swf"，如图 11-33 所示。

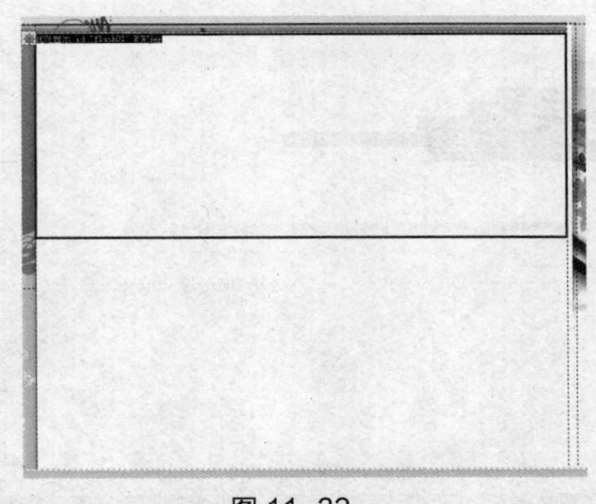

图 11-32

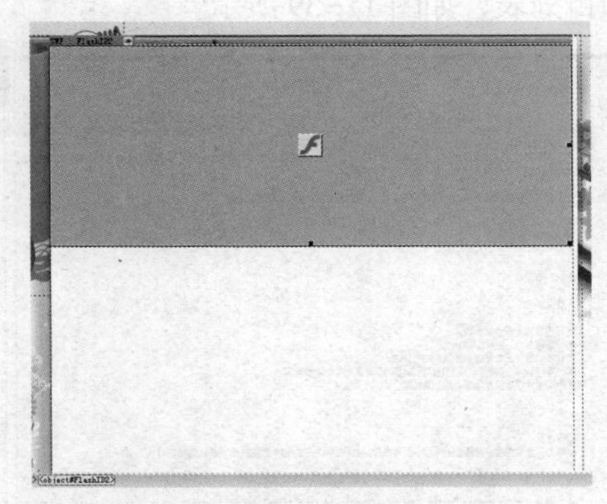

图 11-33

STEP 17 将光标移至名为 flash01 的 Div 之后，插入相应的图像，如图 11-34 所示。光标移至刚插入的图像之后，插入名为 content 的 Div，切换到外部 CSS 样式表文件中，创建名为#content 的 CSS 样式，如图 11-35 所示。

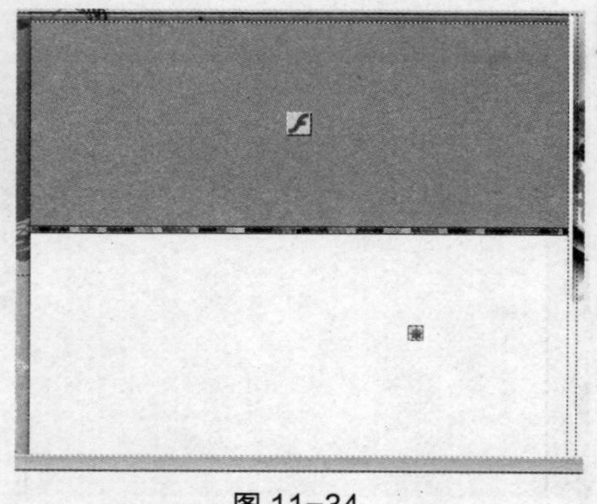

图 11-34

```
#content{
    width:700px;
    height:838px;
    background-image:url(../images/120115.jpg);
    background-repeat:no-repeat;
}
```

图 11-35

STEP 18 返回页面设计视图，页面效果如图 11-36 所示。将光标移至名为 content 的 Div 中，删除多余文字，在该 Div 中插入名为 text 的 Div，切换到外部 CSS 样式表文件中，创建名为#text 的 CSS 样式，如图 11-37 所示。

图 11-36

```
#text{
    width:660px;
    height:499px;
    text-indent:24px;
    line-height:16px;
    padding-top:30px;
    padding-left:20px;
    padding-right:20px;
}
```

图 11-37

STEP 19 返回页面设计视图，将光标移至名为 text 的 Div 中，删除多余文字，在该 Div 中输入相应的段落文字，如图 11-38 所示。选中相应的段落文字，将所选中的段落文字创建为项目列表，如图 11-39 所示。

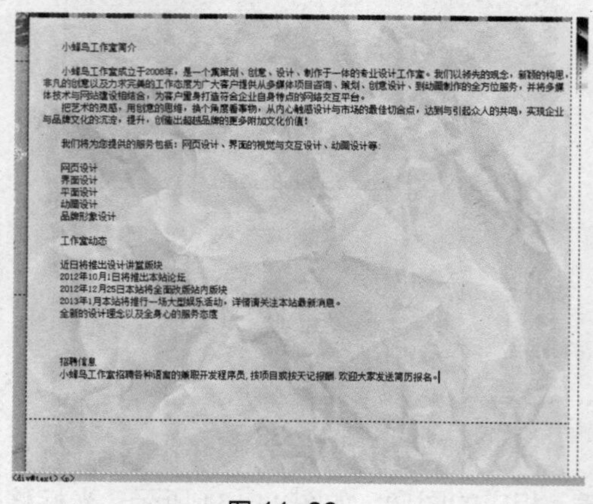

图 11-38

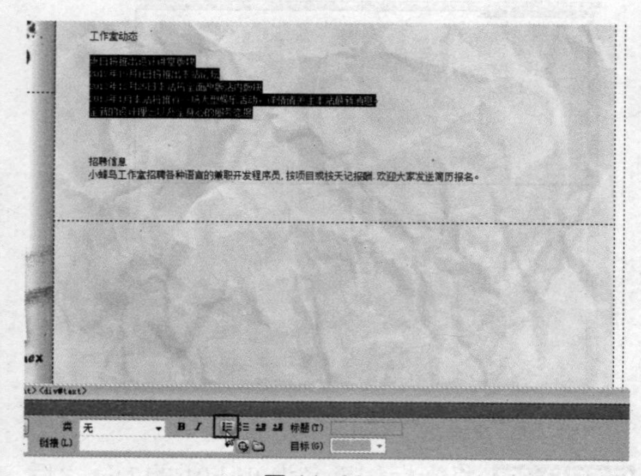

图 11-39

STEP 20 切换到外部 CSS 样式表文件中，创建名为#text li 的 CSS 样式，如图 11-40 所示。返回页面设计视图，页面效果如图 11-41 所示。

```
#text li{
    list-style-position: inside;
    margin-left:15px;
}
```

图 11-40

工作室动态

- 近日将推出设计讲堂版块
- 2012年10月1日将推出本站论坛
- 2012年12月25日本站将全面改版站内版块
- 2013年1月本站将推行一场大型娱乐活动，详情请关注本站最新消息。
- 全新的设计理念以及全身心的服务态度

图 11-41

STEP 21 切换到外部 CSS 样式表文件中，创建名为.font 的类 CSS 样式，如图 11-42 所示。返回页面设计视图，将相应文字内容应用刚创建的类 CSS 样式，如图 11-43 所示。

```
.font{
    font-weight:bold;
    color:#57B6A5;
}
```

图 11-42

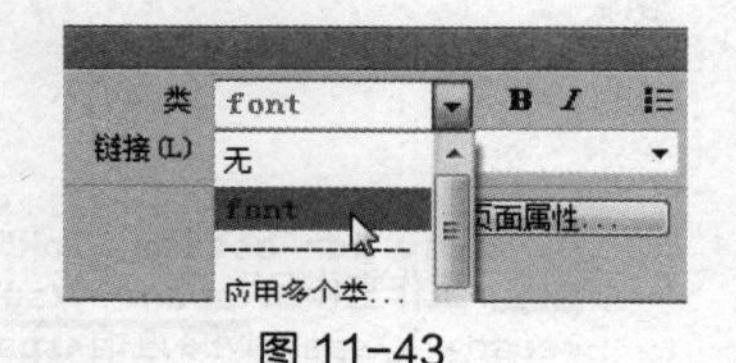

图 11-43

STEP 22 在设计视图中可以看到效果如图 11-44 所示。在名为 text 的 Div 之后插入名为 content_pic 的 Div，切换到外部 CSS 样式表文件中，创建名为#content_pic 的 CSS 样式，如图 11-45 所示。

小蜂鸟工作室简介

小蜂鸟工作室成立于2008年，是一个集策划、创意、设计、制作于一体的专业设计工作室。我们以领先的观念，新颖的构思，非凡的创意以及力求完美的工作态度为广大客户提供从多媒体项目咨询、策划、创意设计、到动画制作的全方位服务，并将多媒体技术与网站建设相结合，为客户量身打造符合企业自身特点的网络交互平台。

把艺术的灵感，用创意的思维，换个角度看事物，从内心触感设计与市场的最佳切合点，达到与引起众人的共鸣，实现企业与品牌文化的沉淀，提升，创造出超越品牌的更多附加文化价值！

我们将为您提供的服务包括：网页设计、界面的视觉与交互设计、动画设计等：

网页设计
界面设计
平面设计
动画设计
品牌形象设计

工作室动态

- 近日将推出设计讲堂版块
- 2012年10月1日将推出本站论坛
- 2012年12月25日本站将全面改版站内版块
- 2013年1月本站将推行一场大型娱乐活动，详情请关注本站最新消息。
- 全新的设计理念以及全身心的服务态度

招聘信息
小蜂鸟工作室招聘各种语言的兼职开发程序员，按项目或按天记报酬，欢迎大家发送简历报名。

图 11-44

```
#content_pic{
    width:700px;
    height:309px;
    background-image:url(../images/120116.jpg);
    background-repeat:no-repeat;
    background-position:bottom;
}
```

图 11-45

STEP 23 返回页面设计视图，将光标移至名为 content_pic 的 Div 中，删除多余文字，在该 Div 中插入相应的图像，如图 11-46 所示。在名为 content_pic 的 Div 之后插入名为 bottom_link 的 Div，切换到外部 CSS 样式表文件中，创建名为#bottom_link 的 CSS 样式，如图 11-47 所示。

图 11-46

```
#bottom_link{
    width:700px;
    height:24px;
    color:#dc1a57;
    text-align:center;
    border-bottom-width:thin;
    border-bottom-style:solid;
    border-bottom-color:#dc1a57;
}
```

图 11-47

STEP 24 返回页面设计视图，将光标移至名为 bottom_link 的 Div 中，删除多余文字，在该 Div 中输入相应的文字，如图 11-48 所示。切换到代码视图，在刚输入的文字中添加<span>标签，如图 11-49 所示。

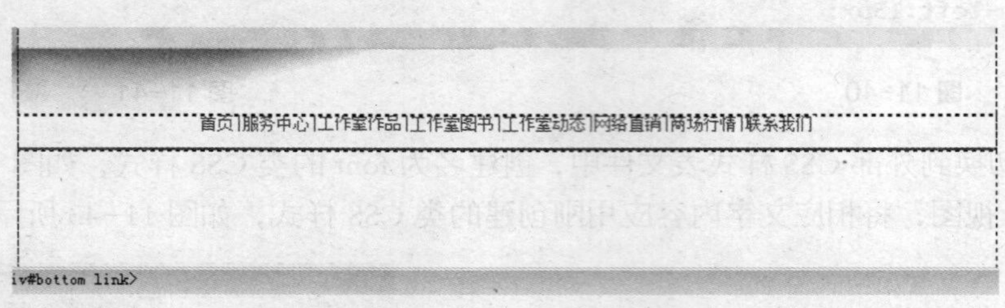

图 11-48

```
<div id="bottom_link">首页<span>|</span>服务中心<span>|</span>工作室作品<span>|</span>工作室图书<span>|</span>工作室动态<span>|</span>网络直销<span>|</span>商场行情<span>|</span>联系我们</div>
```

图 11-49

STEP 25 切换到外部 CSS 样式表文件中，创建名为#bottom_link span 的 CSS 样式，如图 11-50 所示。返回页面设计视图，页面效果如图 11-51 所示。

```
#bottom_link span{
    margin-left:5px;
    margin-right:5px;
}
```

图 11-50

图 11-51

STEP 26 在名为 bottom_link 的 Div 之后插入名为 bottom_text 的 Div，切换到外部 CSS 样式表文件中，创建名为#bottom_text 的 CSS 样式，如图 11-52 所示。返回页面设计视图，将光标移至名为 bottom_text 的 Div 中，删除多余文字，在该 Div 中输入相应的段落文字，如图 11-53 所示。

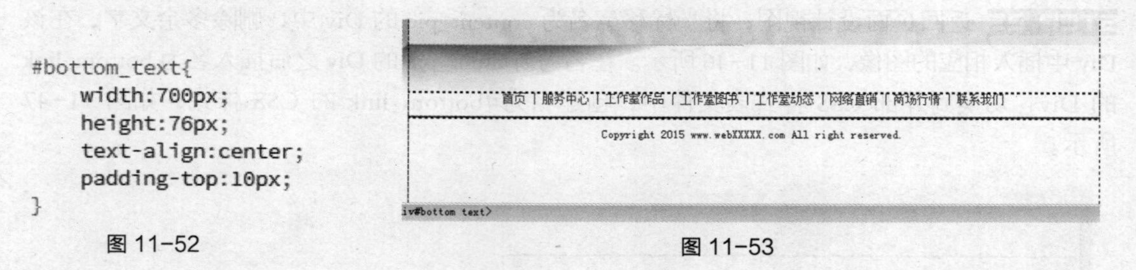

```
#bottom_text{
    width:700px;
    height:76px;
    text-align:center;
    padding-top:10px;
}
```


图 11-52

图 11-53

STEP 27 在名为 main 的 Div 之后插入名为 right 的 Div，切换到外部 CSS 样式表文件中，创建名为#right 的 CSS 样式，如图 11-54 所示。返回页面设计视图，将光标移至名为 right 的 Div 中，删除多余文字，在该 Div 中插入相应的图像，如图 11-55 所示。

STEP 28 在名为 box 的 Div 之后插入名为 bottom 的 Div，切换到外部 CSS 样式表文件中，创建名为#bottom 的 CSS 样式，如图 11-56 所示。返回页面设计视图，将光标移至名为 bottom 的 Div 中，删除多余文字，如图 11-57 所示。

```
#right{
    float:left;
    width:12px;
    height:1251px;
}
```

图 11-54

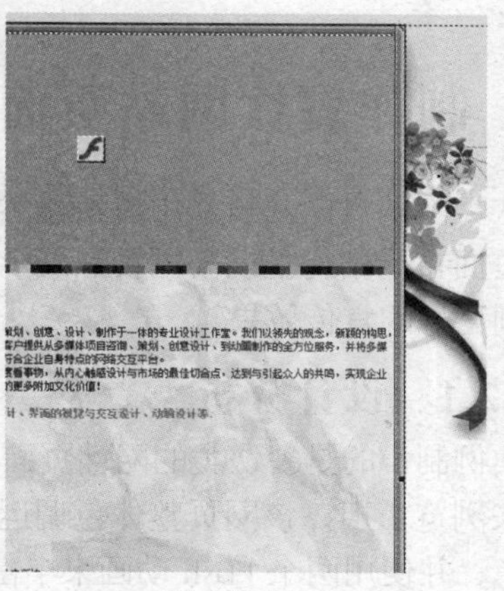

图 11-55

```
#bottom{
    width:100%;
    height:70px;
    background-color:#F8F1D5;
    background-image:url(../images/120119.jpg);
    background-repeat:repeat-x;
    clear:left;
}
```

图 11-56

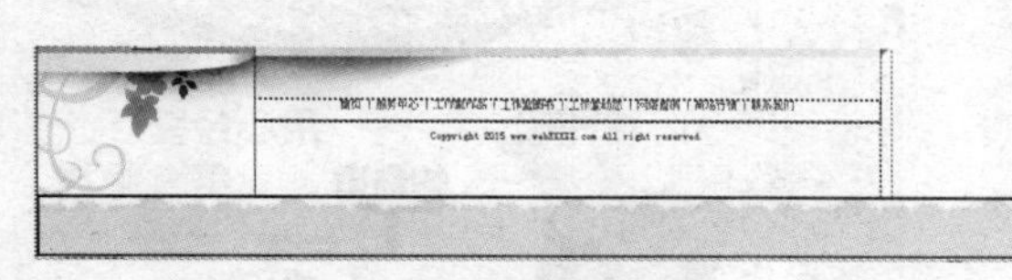

图 11-57

STEP 29 完成该设计工作室网站页面的制作，执行“文件>保存”命令，保存页面，在浏览器中预览页面，效果如图 11-58 所示。

图 11-58

11.1.4 案例小结

该设计工作室网站页面并不是特别复杂，只要思路清晰，有条理地划分页面中各部分内容进行制作即可。通过 Div+CSS 对网页进行布局制作，在制作的过程中需要注意学习如何对网页各部分内容进行控制和表现。

11.2 制作餐饮网站页面

餐饮类网站页面一般采用清新自然的色彩，营造了一副美好、清新的画面效果。该网站页面在页面布局结构上以公司食品展示为主，充分吸引浏览者的目光，勾起浏览者极大的食欲，达到良好的宣传效果。

11.2.1 设计分析

本实例制作的是餐饮类的网站页面，开头以一个卡通插画展示，让浏览者感到休闲自在，不会带来浏览负担，该网页整体色调运用清新的淡绿色，充分体现了该产品无污染、环保自然的特色，并使用两个 Flash 动画来丰富和活跃画面氛围，使得页面更加富有生机。该网站页面的最终效果如图 11-59 所示。

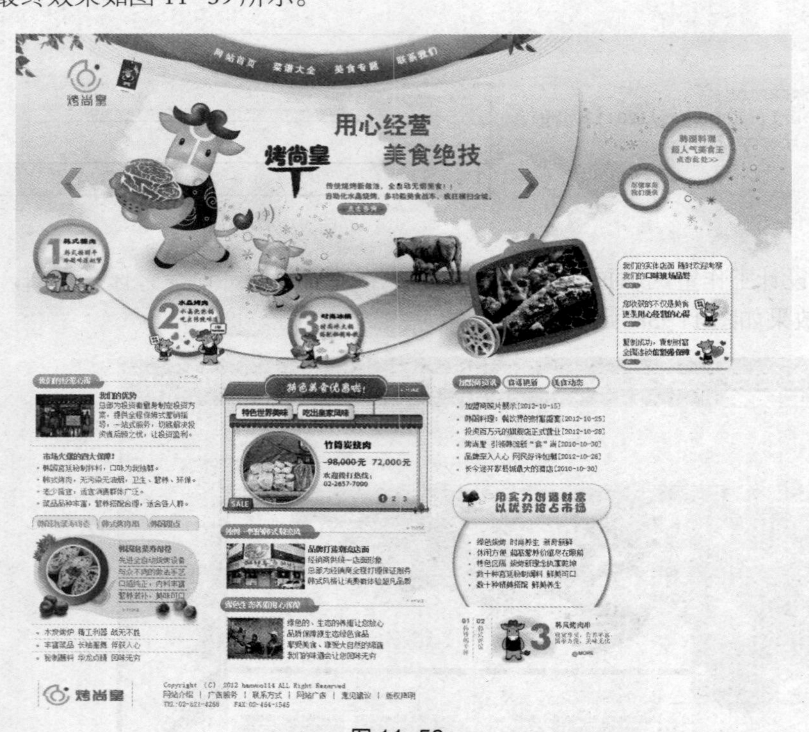

73

图 11-59

11.2.2 布局分析

本案例所设计的餐饮类网站页面，在第 1 屏部分使用大幅的 Flash 宣传动画来表现食品的新鲜和美味，给浏览者留下美好的印象。页面主体部分主要采用左、中、右的布局结构，在各部分中分栏目来介绍相关信息，采用图文结合的方式来介绍相关内容，网站页面给人整洁和统一的感觉。

11.2.3 制作步骤

STEP 1 执行“文件>新建”命令，新建一个 HTML 页面，如图 11-60 所示，将其保存为“云盘\源文件\第 11 章\11-2.html”。新建一个外部 CSS 样式表文件，将其保存为“云盘\源文件\第 11 章\style\11-2.css”。返回 11-2.html 页面中，链接刚创建的外部 CSS 样式表文件，如

图 11-61 所示。

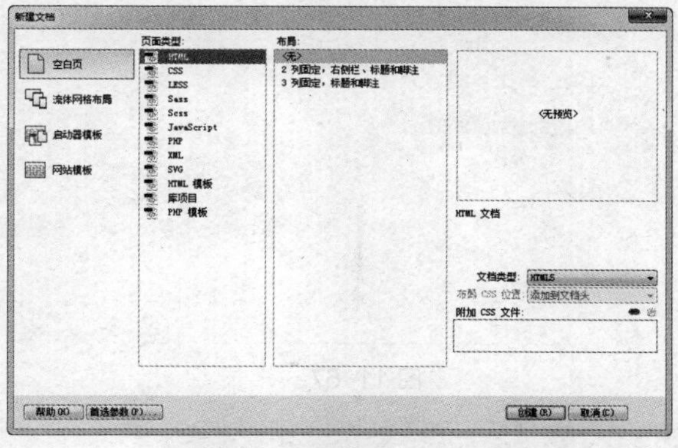

图 11-60

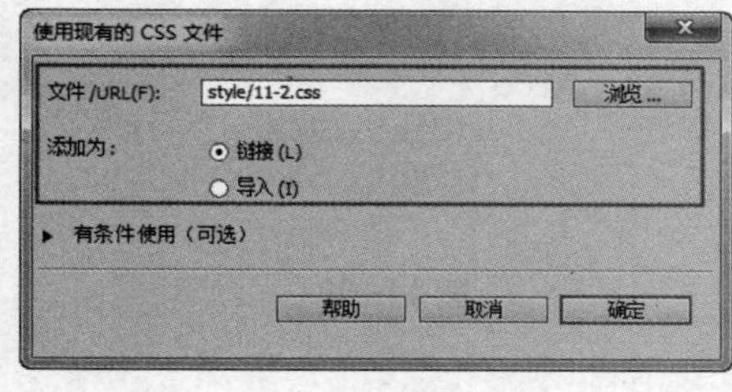

图 11-61

STEP 2 转换到 CSS 样式表文件中，创建名为*的通配符 CSS 样式和 body 标签 CSS 样式，如图 11-62 所示。返回设计视图中，可以看到网页的效果，如图 11-63 所示。

```
* {
    border: 0px;
    margin: 0px;
    padding: 0px;
}
body {
    font-family: "宋体";
    font-size: 12px;
    color: #000;
    background-image: url(../images/bg12201.png);
    background-repeat: no-repeat;
}
```

图 11-62

图 11-63

STEP 3 在网页中插入名为 box 的 Div，转换到外部 CSS 样式表文件中，创建名为#box 的 CSS 样式，如图 11-64 所示。返回设计视图中，可以看到页面的效果，如图 11-65 所示。

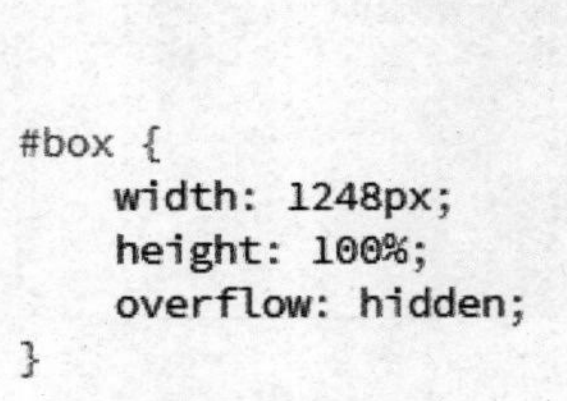

```
#box {
    width: 1248px;
    height: 100%;
    overflow: hidden;
}
```

图 11-64

图 11-65

STEP 4 将光标移至名为 box 的 Div 中，将多余的文字删除，在该 Div 中插入名为 top 的 Div，转换到外部 CSS 样式表文件中，创建名为#top 的 CSS 样式，如图 11-66 所示。返回设计视图中，可以看到页面的效果，如图 11-67 所示。

STEP 5 将光标移至名为 top 的 Div 中，将多余文字删除，插入名为 flash01 的 Div，转换到外部 CSS 样式表文件中，创建名为# flash01 的 CSS 样式，如图 11-68 所示。返回设计视图中，光标移至名为 flash01 的 Div 中，将多余的文字删除，插入 Flash 动画“光盘\源文件\第 11 章\images\main.swf”，如图 11-69 所示。

```
#top {
    width: 1248px;
    height: 565px;
}
```

图 11-66

图 11-67

```
#flash01 {
    width: 970px;
    height: 565px;
    float: left;
}
```

图 11-68

图 11-69

STEP 6 在名为 flash01 的 Div 之后插入名为 top_right 的 Div，转换到外部 CSS 样式表文件中，创建名为#top_right 的 CSS 样式，如图 11-70 所示。返回设计视图中，可以看到页面效果，如图 11-71 所示。

```
#top_right {
    width: 278px;
    height: 457px;
    float: left;
    margin-top: 108px;
}
```

图 11-70

图 11-71

STEP 7 将光标移至名为 top_right 的 Div 中，将多余的文字删除并在该 Div 中插入素材图像，如图 11-72 所示。在刚插入的图像后插入名为 list 的 Div，转换到外部 CSS 样式表文件中，创建名为#list 的 CSS 样式，如图 11-73 所示。

STEP 8 返回设计视图中，可以看到页面的效果，如图 11-74 所示。将光标移至名为 list 的 Div 中，将多余的文字删除，在该 Div 中插入名为 list01 的 Div，转换到外部 CSS 样式表文件中，创建名为#list01 的 CSS 样式，如图 11-75 所示。

图 11-72

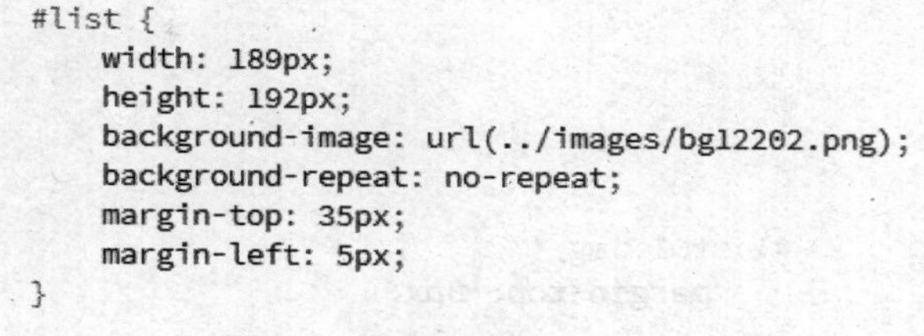

```
#list {
    width: 189px;
    height: 192px;
    background-image: url(../images/bg12202.png);
    background-repeat: no-repeat;
    margin-top: 35px;
    margin-left: 5px;
}
```

图 11-73

图 11-74

```
#list01 {
    width: 181px;
    height: 55px;
    padding-top: 8px;
    padding-left: 9px;
    border-bottom: solid 1px #ebf0d2;
    color: #717171;
    line-height: 17px;
}
```

图 11-75

STEP 9 返回设计视图中，将光标移至名为 list01 的 Div 中，将多余的文字删除，输入相应的文字，如图 11-76 所示。转换到外部 CSS 样式表文件中，创建一个名为.font 的类 CSS 样式，如图 11-77 所示。

图 11-76

```
.font {
    color: #53741d;
    font-weight: bold;
}
```

图 11-77

STEP 10 返回设计视图中，选中相应的文字，在“属性”面板上的“类”下拉列表中选择刚定义的类 CSS 样式 font 应用，效果如图 11-78 所示。按 Enter 键插入段落，插入相应的素材图像，如图 11-79 所示。

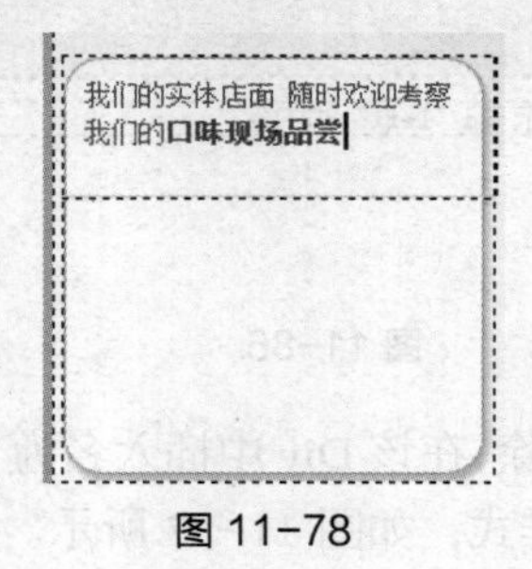

图 11-78

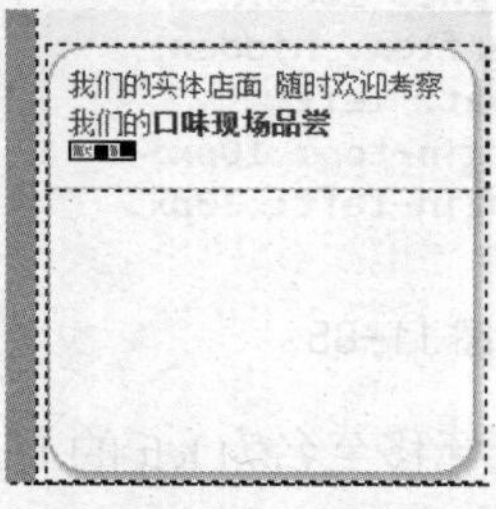

图 11-79

STEP 11 转换到外部 CSS 样式表文件中，创建名为#list01 img 的 CSS 样式，如图 11-80 所示。返回设计视图中，可以看到的效果，如图 11-81 所示。

```
#list01 img {
    margin-top: 3px;
}
```

图 11-80

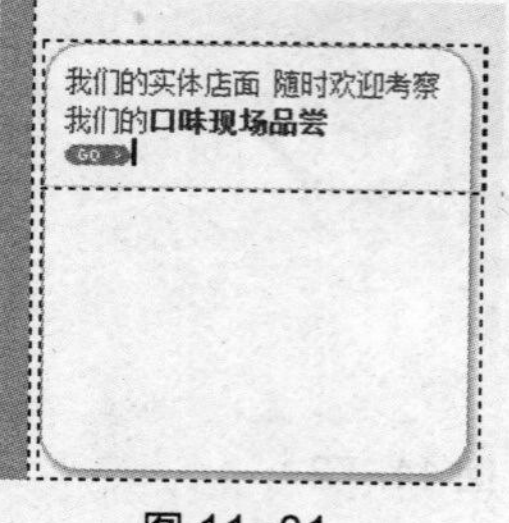

图 11-81

STEP 12 使用相同的制作方法，完成相似内容的制作，如图 11-82 所示。在名为 top 的 Div 之后插入名为 center 的 Div，转换到外部 CSS 样式表文件中，创建名为#center 的 CSS 样式，如图 11-83 所示。

图 11-82

```
#center {
    width: 970px;
    height: 100%;
    overflow: hidden;
}
```

图 11-83

STEP 13 返回设计视图中，可以看到页面的效果，如图 11-84 所示。

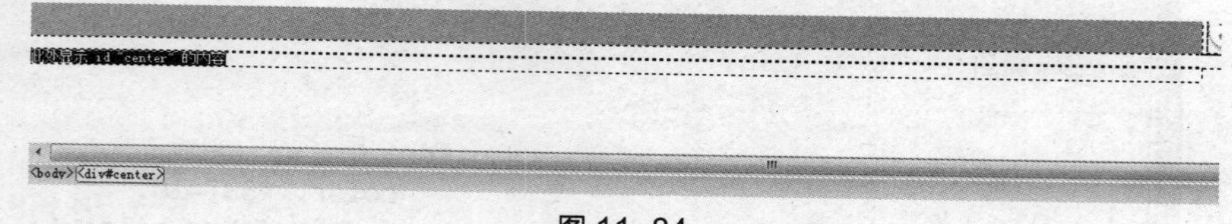

图 11-84

STEP 14 将光标移至名为 center 的 Div 中，将多余的文字删除，插入名为 left 的 Div，转换到外部 CSS 样式表文件中，创建名为#left 的 CSS 样式，如图 11-85 所示。返回设计视图中，可以看到的页面效果，如图 11-86 所示。

```
#left {
    width: 270px;
    height: 100%;
    overflow: hidden;
    float: left;
    margin-top: 10px;
    margin-left: 30px;
}
```

图 11-85

此处显示 id "left" 的内容

图 11-86

STEP 15 光标移至名为 left 的 Div 中，将多余的文字删除，在该 Div 中插入名为 title 的 Div，转换到外部 CSS 样式表文件中，创建名为#title 的 CSS 样式，如图 11-87 所示。返回设计视图中，可以看到页面的效果，如图 11-88 所示。

```
#title {
    width: 261px;
    height: 24px;
    color: #FFF;
    background-image: url(../images/bg12203.jpg);
    background-repeat: no-repeat;
    line-height: 24px;
    font-weight: bold;
    padding-left: 9px;
}
```

图 11-87

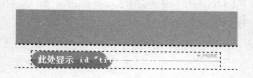

图 11-88

STEP 16 光标移至名为 title 的 Div 中，将多余的文字删除，输入相应的文字，如图 11-89 所示。在名为 title 的 Div 之后插入名为 news 的 Div，转换到外部 CSS 样式表文件中，创建名为#news 的 CSS 样式，如图 11-90 所示。

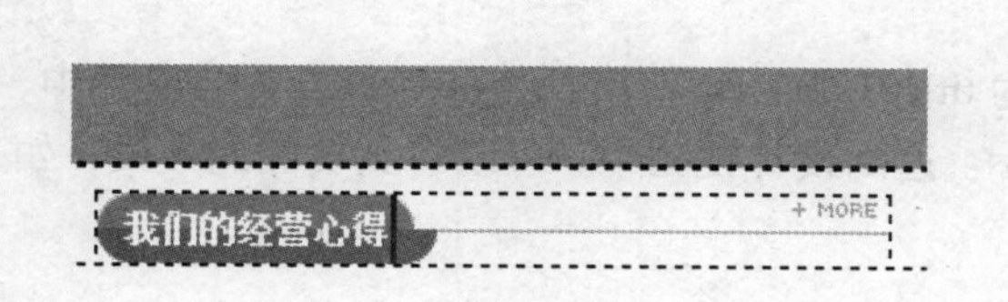

图 11-89

```
#news {
    width: 265px;
    height: 80px;
    color: #696969;
    line-height: 16px;
    padding-left: 5px;
    padding-top: 5px;
    padding-bottom: 10px;
    border-bottom: dashed 1px #add152;
}
```

图 11-90

STEP 17 返回设计视图中，光标移至名为 news 的 Div 中，将多余的文字删除，插入相应的图像并输入文字，如图 11-91 所示。转换到外部 CSS 样式表文件中，创建名为#news img 的 CSS 样式，如图 11-92 所示。

我们的经营心得 + MORE

我们的优势
总部为投资者量身制定投资方案，提供全程保姆式营销指导，一站式服务，切底解决投资者后顾之忧，让投资盈利。

图 11-91

```
#news img {
    margin-right: 8px;
    margin-top: 5px;
    float: left;
}
```

图 11-92

STEP 18 返回设计视图中，可以看到页面的效果，如图 11-93 所示。选中相应的文字，在“属性”面板上的“类”下拉列表中选择名为 font 的类 CSS 样式应用，效果如图 11-94 所示。

图 11-93

图 11-94

STEP 19 在名为 news 的 Div 之后插入名为 news01 的 Div，转换到外部 CSS 样式表文件中，创建名为#news01 的 CSS 样式，如图 11-95 所示。返回设计视图中，光标移至名为 news01 的 Div 中，将多余的文字删除，在该 Div 中插入相应的图像并输入文字，效果如图 11-96 所示。

```
#news01 {
    width: 265px;
    height: 99px;
    margin-top: 8px;
    color: #696969;
    line-height: 20px;
    padding-left: 5px;
}
```

图 11-95

图 11-96

STEP 20 在名为 news01 的 Div 之后插入名为 title01 的 Div，转换到外部 CSS 样式表文件中，创建名为#title01 的 CSS 样式，如图 11-97 所示。返回设计视图中，可以看到页面的效果，如图 11-98 所示。

```
#title01 {
    width: 262px;
    height: 17px;
    background-image: url(../images/bg12204.jpg);
    background-repeat: no-repeat;
    margin-top: 10px;
    color: #ef9453;
    font-weight: bold;
    padding-left: 8px;
    padding-top: 8px;
}
```

图 11-97

市场火爆的四大保障！
• 韩国宫廷秘制拌料，口味为我独尊。
• 韩式烤肉，无污染无油烟，卫生、营养、环保。
• 老少皆宜，适宜消费群体广泛。
• 菜品品种丰富，营养搭配合理，适合各人群。
此处显示 id "title01" 的内容

图 11-98

STEP 21 光标移至名为 title01 的 Div 中，将多余的文字删除，输入相应的文字，如图 11-99 所示。转换到外部 CSS 样式表文件中，创建名为.font01 的类 CSS 样式，如图 11-100 所示。

市场火爆的四大保障！
• 韩国宫廷秘制拌料，口味为我独尊。
• 韩式烤肉，无污染无油烟，卫生、营养、环保。
• 老少皆宜，适宜消费群体广泛。
• 菜品品种丰富，营养搭配合理，适合各人群。
韩国泡菜寿司卷　韩式烤肉串　韩国甜点

图 11-99

```
.font01 {
    color: #a29988;
}
```

图 11-100

STEP 22 返回设计视图中，选中相应的文字，在“属性”面板上的“类”的下拉列表中选择刚定义的类CSS样式font01应用，效果如图11-101所示。在名为title01的Div后插入名为news02的 Div，转换到外部 CSS 样式表文件中，创建名为#news02 的 CSS 样式，如图 11-102 所示。

STEP 23 返回设计视图中，可以看到页面的效果，如图11-103所示。将光标移至名为news02的 Div 中，将多余的文字删除，插入名为 pic 的 Div，转换到外部 CSS 样式表文件中，创建名为#pic 的 CSS 样式，如图 11-104 所示。

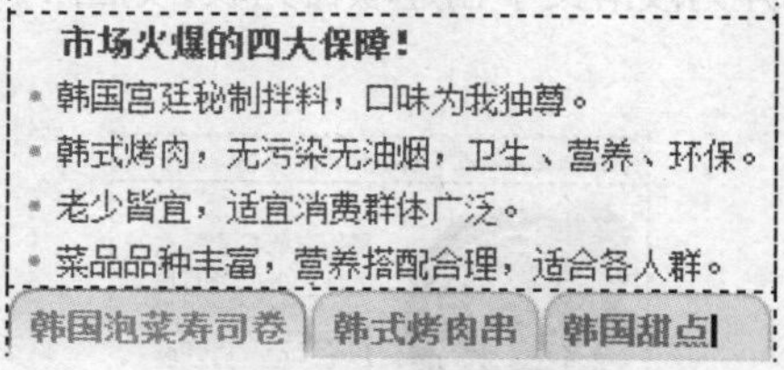

图 11-101

```
#news02 {
    width: 270px;
    height: 157px;
    border-bottom: solid 1px #f3dfcc;
}
```

图 11-102

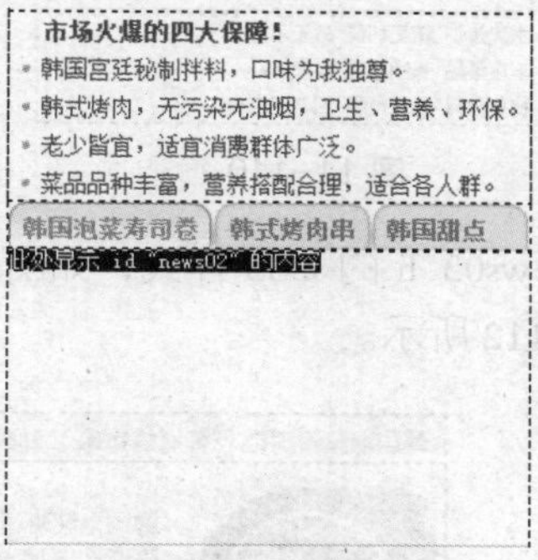

图 11-103

```
#pic {
    width: 140px;
    height: 157px;
    float: left;
}
```

图 11-104

STEP 24 返回设计视图中，光标移至名为 pic 的 Div 中，将多余的文字删除，插入相应的图像，如图 11-105 所示。在名为 pic 的 Div 之后插入名为 text 的 Div，转换到外部 CSS 样式表文件中，创建名为#text 的 CSS 样式，如图 11-106 所示。

图 11-105

```
#text {
    width: 130px;
    height: 135px;
    float: left;
    background-image: url(../images/bg12205.jpg);
    background-repeat: no-repeat;
    padding-top: 22px;
    line-height: 19px;
    color: #9e7232;
}
```

图 11-106

STEP 25 返回设计视图中，可以看到的效果，如图 11-107 所示。使用相同的制作方法，可以完成该部分内容的制作，效果如图 11-108 所示。

图 11-107

图 11-108

STEP 26 在名为 news02 的 Div 之后插入名为 news03 的 Div，转换到外部 CSS 样式表文件中，创建名为#news03 的 CSS 样式，如图 11-109 所示。返回设计视图中，光标移至名为 news03

的 Div 中，将多余的文字删除，输入相应的段落文字，并为段落文字创建项目列表，如图 11-110 所示。

```
#news03 {
    width: 270px;
    height: 60px;
    margin-top: 3px;
    color: #696969;
    line-height: 20px;
}
```

图 11-109

图 11-110

STEP 27 转换到外部 CSS 样式表文件中，创建名为#news03 li 的 CSS 样式，如图 11-111 所示。返回设计视图中，可以看到页面的效果，如图 11-112 所示。

```
#news03 li{
    list-style:none;
    background-image:url(../images/bg12205.png);
    background-repeat:no-repeat;
    background-position:5px center;
    padding-left:20px;
    border-bottom:#f3dfcc 1px solid;
}
```

图 11-111

图 11-112

STEP 28 使用相同的制作方法，完成其他部分内容的制作，效果如图 11-113 所示。在名为 center 的 Div 之后插入名为 bottom 的 Div，转换到外部 CSS 样式表文件中，创建名为#bottom 的 CSS 样式，如图 11-114 所示。

图 11-113

```
#bottom {
    width: 940px;
    height: 54px;
    overflow: hidden;
    margin-top: 20px;
    margin-left: 30px;
    line-height: 16px;
    color: #787878;
}
```

图 11-114

STEP 29 返回设计视图中，将光标移至名为 bottom 的 Div 中，将多余的文字删除，插入相应的图像并输入文字，效果如图 11-115 所示。转换到外部 CSS 样式表文件中，创建名为#bottom img 的 CSS 样式，如图 11-116 所示。

图 11-115

```
#bottom img {
    margin-left: 10px;
    margin-right: 50px;
    float: left;
    border-left: solid 1px #c1c1c1;
    border-right: solid 1px #c1c1c1;
}
```

图 11-116

STEP 30 返回设计视图中，可以看到页面版底信息部分的效果，如图 11-117 所示。

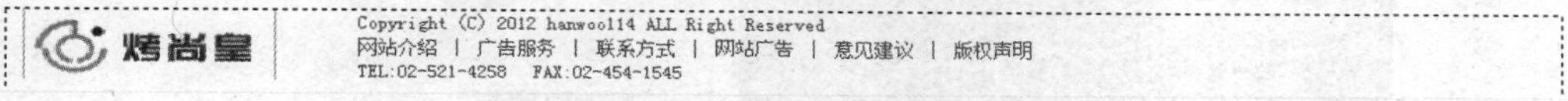

图 11-117

STEP 31 完成该餐饮网站页面的制作，执行“文件>保存”命令，保存页面，在浏览器中预览该页面，效果如图 11-118 所示。

图 11-118

11.2.4 案例小结

完成该网站页面的设计制作，读者需要能够掌握使用 Div+CSS 对网页页面进行布局制作的方法，并且能够灵活使用 CSS 样式中的各种属性对网页元素的位置和效果进行控制。

11.3 制作游戏网站页面

游戏网站一般使用比较鲜明的色彩，追求能够营造强烈愉快感觉的设计。无论是娱乐、游戏类网站，还是漫画、人物类的网站，重要的是网站的设计能够给浏览者带来趣味和快乐。游戏网站最重要的是适当地搭配能够唤起人们兴趣和好奇心的要素，使页面的构成不至于让浏览者产生厌烦感。

11.3.1 设计分析

本实例制作的是一个休闲游戏的网站页面，应用游戏的背景和游戏内容作为页面素材，使该网站页面更加真实有趣，给浏览者一种身临其境的感觉，网页中大量地运用游戏相关的元素，使页面内容更加丰富清楚。该网站页面的最终效果如图 11-119 所示。

74

图 11-119

11.3.2 布局分析

制作该游戏网站页面按照一贯的制作方法，从上到下、再从左到右依次制作。首先制作顶层导航菜单部分，再制作中间内容部分，中间内容部分的左栏是全面介绍该游戏的特点和相关信息，右栏是制作登录窗口和相关公告，最后制作出底层的该网页版权信息内容。

11.3.3 制作步骤

STEP 1 执行“文件>新建”命令，新建一个 HTML 页面，如图 11-120 所示，将其保存为“云盘\源文件\第 11 章\11-3.html”。新建外部 CSS 样式表文件，将其保存为“云盘\源文件\第 11 章\style\11-3.css”。返回 11-3.html 页面中，链接刚创建的外部 CSS 样式表文件，设置如图 11-121 所示。

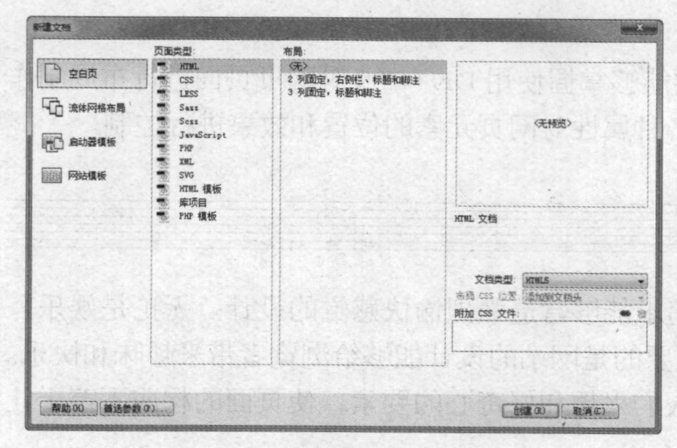

图 11-120

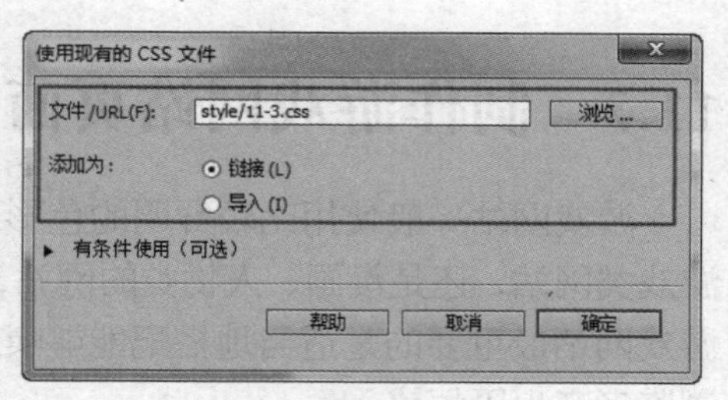

图 11-121

STEP 2 切换到外部 CSS 样式表文件中，创建名为*的通配符 CSS 样式和 body 标签的 CSS 样式，如图 11-122 所示。返回设计页面中，可以看到页面的效果，如图 11-123 所示。

```
*{
    margin:0px;
    padding:0px;
    border:0px;
}
body{
    font-family:"宋体";
    font-size:12px;
    color:#999;
    background-image:url(../images/120301.gif);
    background-repeat:repeat-x;
    background-color:#FDFEE4;
}
```

图 11-122

图 11-123

STEP 3 在页面中插入名为 bg 的 Div，切换到外部 CSS 样式表文件中，创建名为#bg 的 CSS 样式，如图 11-124 所示。返回页面设计视图中，页面效果如图 11-125 所示。

```
#bg{
    width:100%;
    height:100%;
    overflow:hidden;
    background-image:url(../images/120302.jpg);
    background-repeat:no-repeat;
    background-position:center top;
}
```

图 11-124

图 11-125

STEP 4 光标移至名为 bg 的 Div 中，删除多余文字，在该 Div 中插入名为 box 的 Div，切换到外部 CSS 样式表文件中，创建名为#box 的 CSS 样式，如图 11-126 所示。返回页面设计视图中，页面效果如图 11-127 所示。

```
#box{
    width:980px;
    height:100%;
    overflow:hidden;
    margin:0px auto;
}
```

图 11-126

图 11-127

STEP 5 将光标移至名为 box 的 Div 中，删除多余文字，在该 Div 中插入名为 top 的 Div，切换到外部 CSS 样式表文件中，创建名为#top 的 CSS 样式，如图 11-128 所示。返回页面设计视图中，页面效果如图 11-129 所示。

STEP 6 将光标移至名为 top 的 Div 中，删除多余文字，在该 Div 中插入名为 logo 的 Div，切换到外部 CSS 样式表文件中，创建名为#logo 的 CSS 样式，如图 11-130 所示。返回页面设计视图中，将光标移至名为 logo 的 Div 中，删除多余文字，在该 Div 中插入相应的图像，如图 11-131 所示。

```
#top{
    width:956px;
    height:155px;
    background-image:url(../images/120303.jpg);
    background-repeat:no-repeat;
    background-position:center -1px;
    padding-bottom:29px;
    padding-left:24px;
}
```

图 11-128

图 11-129

```
#logo{
    width:159px;
    height:70px;
    margin-left:30px;
    padding-top:25px;
}
```

图 11-130

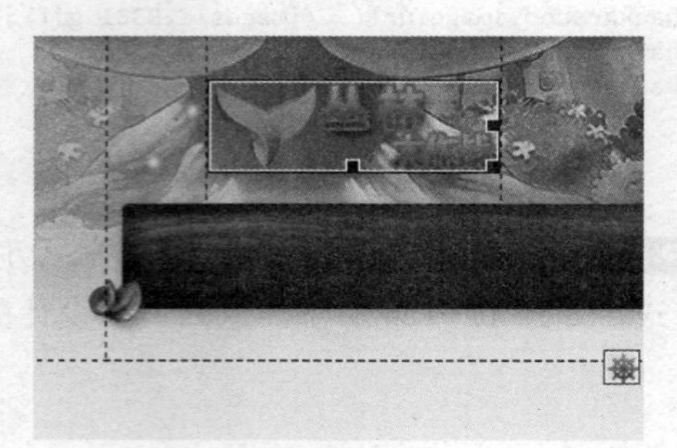

图 11-131

STEP 7 在名为 logo 的 Div 之后插入名为 menu 的 Div，切换到外部 CSS 样式表文件中，创建名为#menu 的 CSS 样式，如图 11-132 所示。返回页面设计视图中，页面效果如图 11-133 所示。

```
#menu{
    width:956px;
    height:60px;
}
```

图 11-132

图 11-133

STEP 8 将光标移至名为 menu 的 Div 中，删除多余文字，单击“插入”面板上的“鼠标经过图像”按钮，在弹出的对话框中进行设置，如图 11-134 所示。单击“确定”按钮，插入鼠标经过图像，如图 11-135 所示。

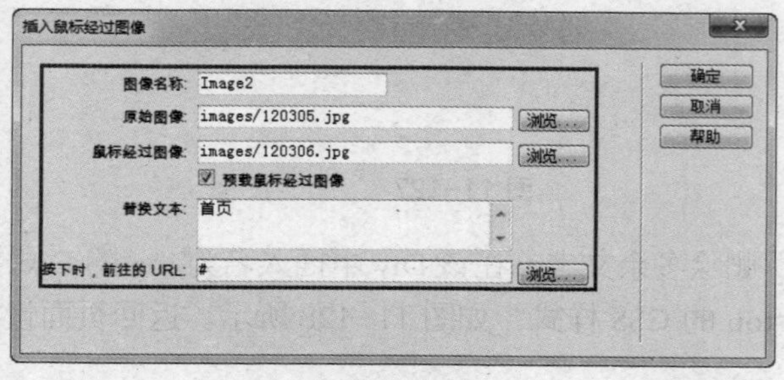

图 11-134

图 11-135

STEP 9 使用相同的制作方法，光标移至刚插入的鼠标经过图像之后，插入其他鼠标经过图像，如图 11-136 所示。切换到外部 CSS 样式表文件中，创建名为#top img 的 CSS 样式，如图 11-137 所示。

图 11-136

```
#top img{
    margin-right:2px;
}
```
图 11-137

STEP 10 返回页面设计视图中，页面效果如图 11-138 所示。在名为 top 的 Div 之后插入名为 main 的 Div，切换到外部 CSS 样式表文件中，创建名为#main 的 CSS 样式，如图 11-139 所示。

图 11-138

```
#main{
    width:964px;
    height:100%;
    overflow:hidden;
    background-repeat:repeat-x;
    margin:0px auto;
}
```
图 11-139

STEP 11 返回页面设计视图中，页面效果如图 11-140 所示。将光标移至名为 main 的 Div 中，删除多余文字，在该 Div 中插入名为 left 的 Div，切换到外部 CSS 样式表文件中，创建名为#left 的 CSS 样式，如图 11-141 所示。

图 11-140

```
#left{
    float:left;
    width:648px;
    height:100%;
    overflow:hidden;
    margin-bottom:20px;
}
```
图 11-141

STEP 12 返回页面设计视图中，页面效果如图 11-142 所示。将光标移至名为 left 的 Div 中，删除多余文字，在该 Div 中插入名为 flash 的 Div，切换到外部 CSS 样式表文件中，创建名为#flash 的 CSS 样式，如图 11-143 所示。

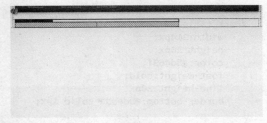
图 11-142

```
#flash{
    width:648px;
    height:365px;
    background-image:url(../images/120311.gif);
    background-repeat:no-repeat;
    background-position:center bottom;
}
```
图 11-143

STEP 13 返回页面设计视图中，页面效果如图 11-144 所示。将光标移至名为 flash 的 Div 中，删除多余文字，在该 Div 中插入 flash 动画“文件\第 11 章\images\120312.swf”，并在“属性”面板中设置该 flash 动画的 Wmode 属性为“透明”，如图 11-145 所示。

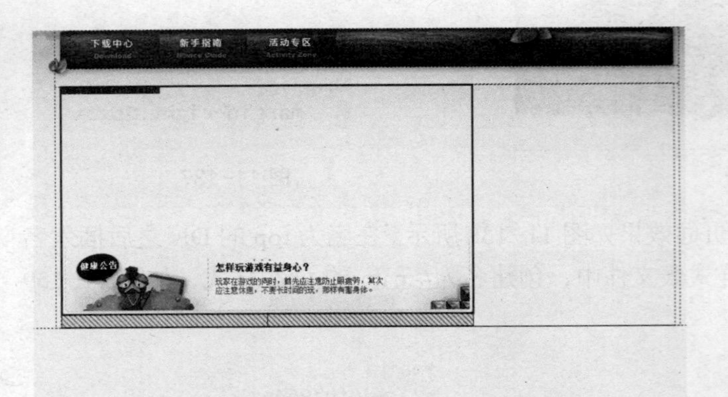

图 11-144

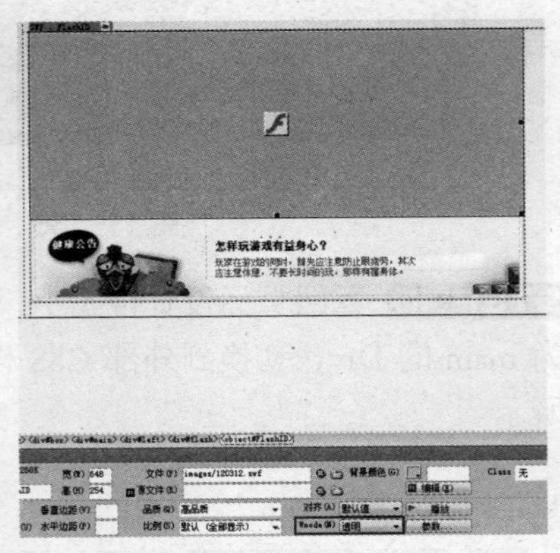

图 11-145

STEP 14 在名为 flash 的 Div 之后插入名为 rank 的 Div，切换到外部 CSS 样式表文件中，创建名为#rank 的 CSS 样式，如图 11-146 所示。返回页面设计视图中，页面效果如图 11-147 所示。

```
#rank{
    float:left;
    width:314px;
    height:218px;
    background-image:url(../images/120313.gif);
    background-repeat:no-repeat;
    background-position:center 15px;
    padding-top:50px
}
```

图 11-146

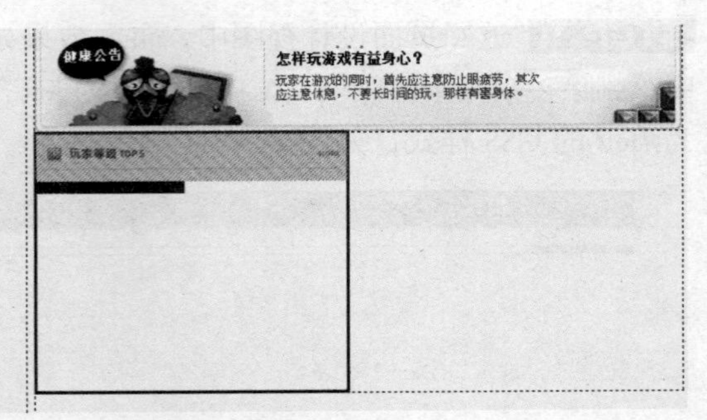

图 11-147

STEP 15 将光标移至名为 rank 的 Div 中，删除多余文字，在该 Div 中插入相应的图像，如图 11-148 所示。光标移至刚插入的图像之后，插入名为 rank_title 的 Div，切换到外部 CSS 样式表文件中，创建名为#rank_title 的 CSS 样式，如图 11-149 所示。

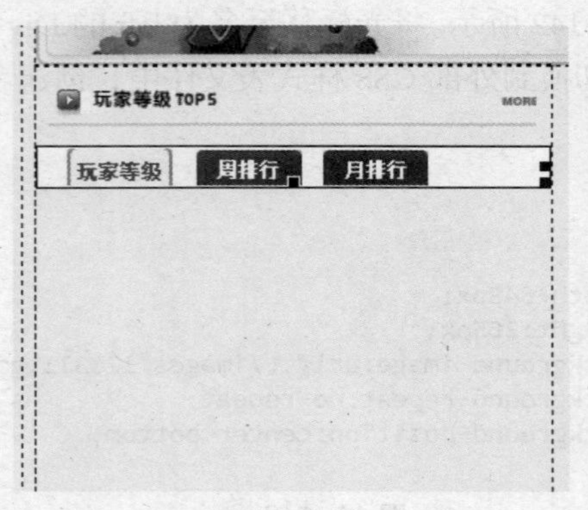

图 11-148

```
#rank_title{
    width:314px;
    height:30px;
    color:#5d463f;
    font-weight:bold;
    line-height:30px;
    border-bottom:#bde0da solid 1px;
}
```

图 11-149

STEP 16 返回页面设计视图，将光标移至名为 rank_title 的 Div 中，删除多余文字，在该 Div 中输入相应的文字，如图 11-150 所示。切换到代码视图中，在刚输入的文字中添加<span>标签，如图 11-151 所示。

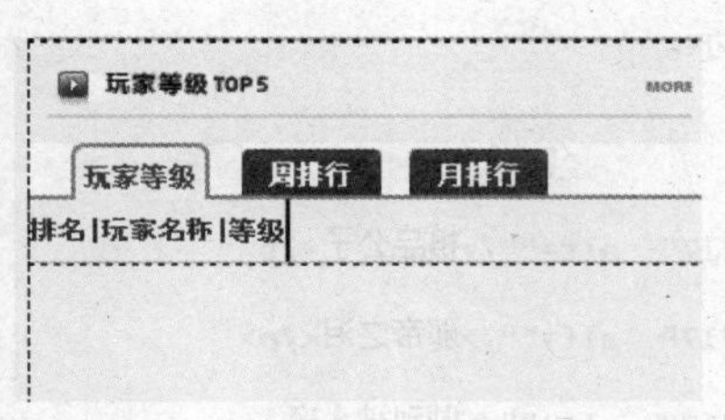

图 11-150

```
<div id="rank_title">排名<span>|</span>玩家名称
<span>|</span>等级</div>
```

图 11-151

STEP 17 切换到外部 CSS 样式表文件中，创建名为.a 和.b 的类 CSS 样式，如图 11-152 所示。返回页面设计视图，将相应文字内容应用刚创建的类 CSS 样式，如图 11-153 所示。

```
.a{
    color:#360;
    margin-left:5px;
    margin-right:5px;
    font-weight:normal;
}
.b{
    color:#360;
    margin-left:150px;
    margin-right:20px;
    font-weight:normal;
}
```

图 11-152

图 11-153

STEP 18 在名为 rank_title 的 Div 之后插入名为 rank_text 的 Div，切换到外部 CSS 样式表文件中，创建名为#rank_text 的 CSS 样式，如图 11-154 所示。返回页面设计视图中，页面效果如图 11-155 所示。

```
#rank_text{
    width:314px;
    height:155px;
    margin-top:5px;
    color:#8d7869;
}
```

图 11-154

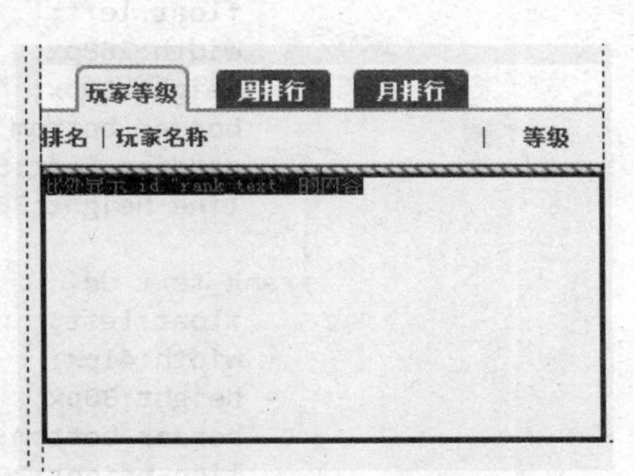

图 11-155

STEP 19 将光标移至名为 rank_text 的 Div 中，删除多余文字，在该 Div 中插入相应的图像并输入文字，如图 11-156 所示。切换到代码视图中，可以看到该部分的 HTML 代码，如图 11-157 所示。

STEP 20 将相应的段落<p>标签修改为定义列表的相关标签，并为相应文字添加<span>标签，如图 11-158 所示。切换到外部 CSS 样式表文件中，创建名为

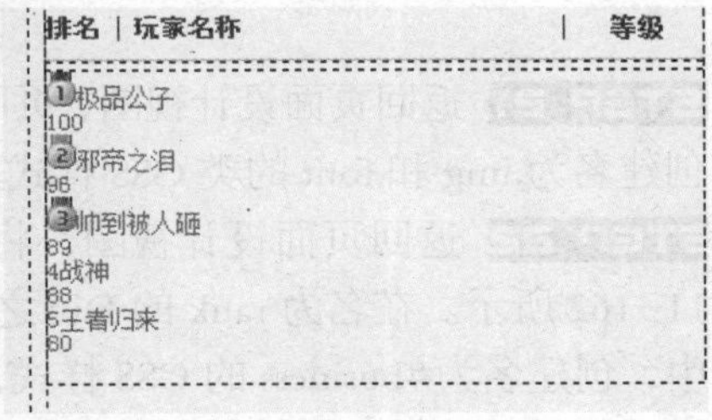

图 11-156

#rank_text dt 和#rank_text dd 的 CSS 样式，如图 11-159 所示。

```
<div id="rank_text">
  <p></p>
  <p><img src="images/120315.gif" width="14" height="17"  alt=""/>极品公子</p>
  <p>100</p>
  <p><img src="images/120316.gif" width="14" height="17"  alt=""/>邪帝之泪</p>
  <p>96</p>
  <p><img src="images/120317.gif" width="14" height="17"  alt=""/>帅到被人砸</p>
  <p>89</p>
  <p>4战神</p>
  <p>88</p>
  <p>5王者归来</p>
  <p>80</p>
</div>
```

图 11-157

```
<div id="rank_text">
  <p></p>
   <dl>
    <dt><img src="images/120315.gif" width="14" height="17"/>极品小公子</dt>
    <dd>100</dd>
    <dt><img src="images/120316.gif" width="14" height="17"/>邪帝之泪</dt>
    <dd>96</dd>
    <dt><img src="images/120317.gif" width="14" height="17"/>帅到被人砍</dt>
    <dd>89</dd>
    <dt><span>4</span>战神</dt>
    <dd>88</dd>
    <dt><span>5</span>王者归来</dt>
    <dd>80</dd>
  </dl>
  <p></p>
</div>
```

图 11-158

```
#rank_text dt{
    float:left;
    width:268px;
    height:30px;
    border-bottom:#bde0da dashed 1px;
    padding-left:5px;
    line-height:30px;
}
#rank_text dd{
    float:left;
    width:41px;
    height:30px;
    border-bottom:#bde0da dashed 1px;
    line-height:30px;
}
```

图 11-159

STEP 21 返回页面设计视图，页面效果如图 11-160 所示。切换到外部 CSS 样式表文件中，创建名为.img 和.font 的类 CSS 样式，如图 11-161 所示。

STEP 22 返回页面设计视图，将相应文字和图像应用刚创建的类 CSS 样式，效果如图 11-162 所示。在名为 rank 的 Div 之后插入名为 business 的 Div，切换到外部 CSS 样式表文件中，创建名为#business 的 CSS 样式，如图 11-163 所示。

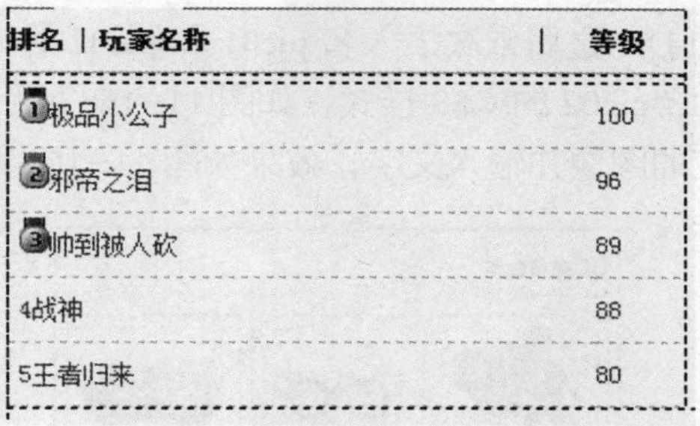

排名 | 玩家名称	等级
1极品小公子	100
2邪帝之泪	96
3帅到被人砍	89
4战神	88
5王者归来	80

图 11-160

```
.img{
    vertical-align:middle;
    margin-right:22px;
}
.font{
    font-weight:bold;
    font-size:14px;
    margin-left:3px;
    margin-right:25px;
}
```

图 11-161

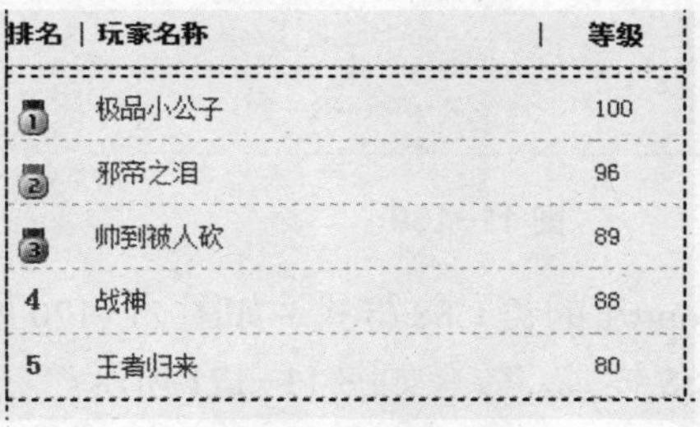

排名 | 玩家名称		等级
1	极品小公子	100
2	邪帝之泪	96
3	帅到被人砍	89
4	战神	88
5	王者归来	80

图 11-162

```
#business{
    float:left;
    width:312px;
    height:218px;
    margin-left:20px;
    background-image:url(../images/120318.jpg);
    background-repeat:no-repeat;
    background-position:center 15px;
    padding-top:50px;
    padding-left:2px;
}
```

图 11-163

STEP 23 返回页面设计视图，页面效果如图 11-164 所示。将光标移至名为 business 的 Div 中，删除多余文字，在该 Div 中插入名为 pic 的 Div，切换到外部 CSS 样式表文件中，创建名为#pic 的 CSS 样式，如图 11-165 所示。

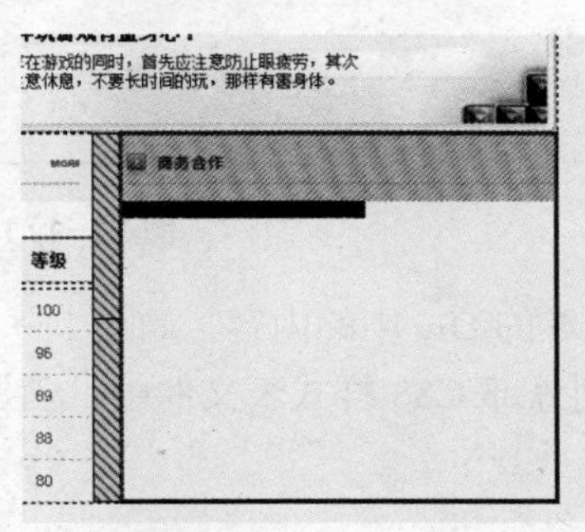

图 11-164

```
#pic{
    float:left;
    width:95px;
    height:118px;
    color:#3c3b3b;
    font-weight:bold;
    margin-left:4px;
    margin-right:4px;
    line-height:28px;
    text-align:center;
}
```

图 11-165

STEP 24 返回页面设计视图，页面效果如图 11-166 所示。将光标移至名为 pic 的 Div 中，删除多余文字，在该 Div 中插入相应的图像并输入文字，如图 11-167 所示。

图 11-166

图 11-167

STEP 25 使用相同的制作方法，在名为 pic 的 Div 之后依次插入名 pic01 和 pic02 的 Div，切换到外部 CSS 样式表文件中，创建名为#pic01,#pic02 的 CSS 样式，如图 11-168 所示。返回页面设计视图，删除多余文字，分别插入相应的图像并输入文字，效果如图 11-169 所示。

```
#pic01,#pic02{
    float:left;
    width:95px;
    height:118px;
    color:#3c3b3b;
    font-weight:bold;
    margin-left:4px;
    margin-right:4px;
    line-height:28px;
    text-align:center;
}
```

图 11-168

图 11-169

STEP 26 切换到外部 CSS 样式表文件中，创建名为.font01 的类 CSS 样式，如图 11-170 所示。返回页面设计视图，将相应文字应用刚创建的类 CSS 样式，效果如图 11-171 所示。

```
.font01{
    background-image:url(../images/120322.png);
    background-repeat:no-repeat;
    background-position:15px center;
}
```

图 11-170

图 11-171

STEP 27 使用相同的制作方法，完成名为 pic03 的 Div 中的内容，如图 11-172 所示。在名为 left 的 Div 之后插入名为 right 的 Div，切换到外部 CSS 样式表文件中，创建名为#right 的 CSS 样式，如图 11-173 所示。

图 11-172

```
#right{
    float:left;
    width:297px;
    height:100%;
    overflow:hidden;
    margin-left:19px;
}
```

图 11-173

STEP 28 返回页面设计视图，将光标移至名为 right 的 Div 中，删除多余文字，在该 Div 中插入名为 form 的 Div，切换到外部 CSS 样式表文件中，创建名为#form 的 CSS 样式，如图 11-174 所示。返回页面设计视图，页面效果如图 11-175 所示。

```
#form{
    width:277px;
    height:365px;
    background-image:url(../images/120324.jpg);
    background-repeat:no-repeat;
    padding:10px 10px;
}
```

图 11-174

图 11-175

STEP 29 将光标移至名为 form 的 Div 中，删除多余文字，在该 Div 中插入名为 login 的 Div，切换到外部 CSS 样式表文件中，创建名为#login 的 CSS 样式，如图 11-176 所示。返回页面设计视图，页面效果如图 11-177 所示。

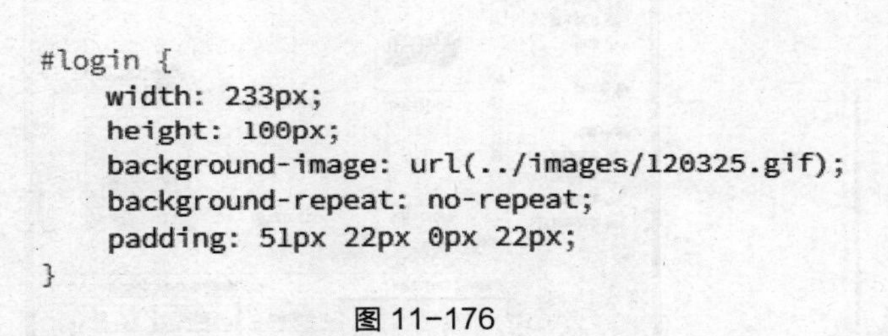

```
#login {
    width: 233px;
    height: 100px;
    background-image: url(../images/120325.gif);
    background-repeat: no-repeat;
    padding: 51px 22px 0px 22px;
}
```

图 11-176

图 11-177

STEP 30 将光标移至名为 login 的 Div 中，删除多余文字，单击“插入”面板上的“表单”选项卡中的“表单”按钮，插入表单域，如图 11-178 所示。光标移至表单域中，单击“插入”面板上的“表单”选项卡中的“文本”按钮，插入文本域，并删除文本域前的提示文字，如图 11-179 所示。

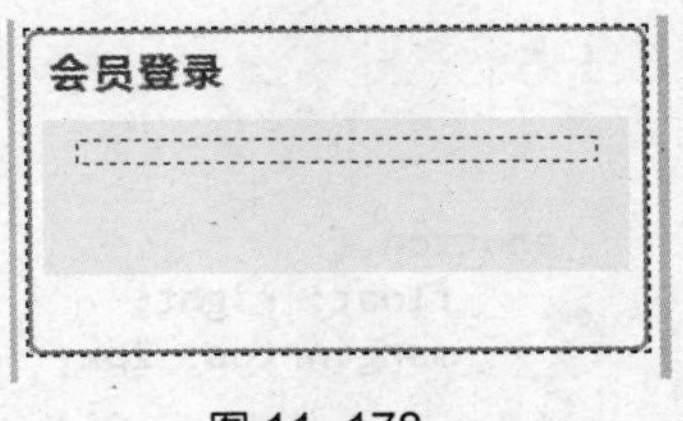

图 11-178

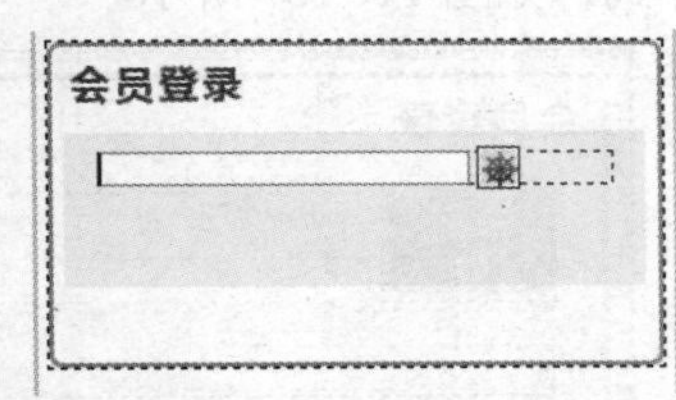

图 11-179

STEP 31 选中刚插入的文本域，在“属性”面板上设置 Name 属性为 uname，如图 11-180 所示。将光标移至刚插入的文本域后，按 Shift+Enter 组合键，插入换行符，单击“插入”面板上的“表单”选项卡中的“密码”按钮，插入密码域，并删除提示文字，如图 11-181 所示。

Name uname　Class 无
Disabled　Required　Auto Complete
Auto Focus　Read Only

图 11-180

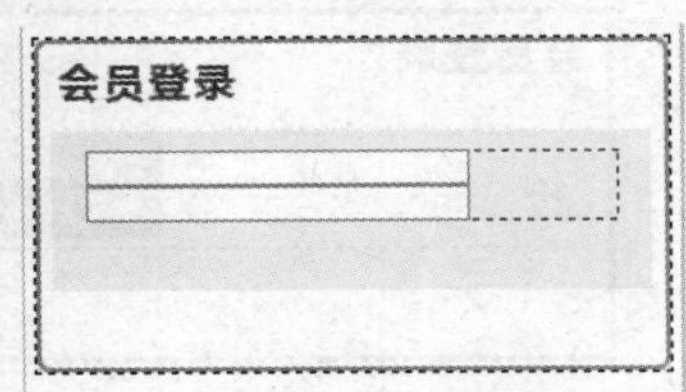

图 11-181

STEP 32 选中刚插入的密码域，在“属性”面板上设置 Name 属性为 upass，如图 11-182 所示。切换到外部 CSS 样式表文件中，创建名为#uname,#upass 的 CSS 样式，如图 11-183 所示。

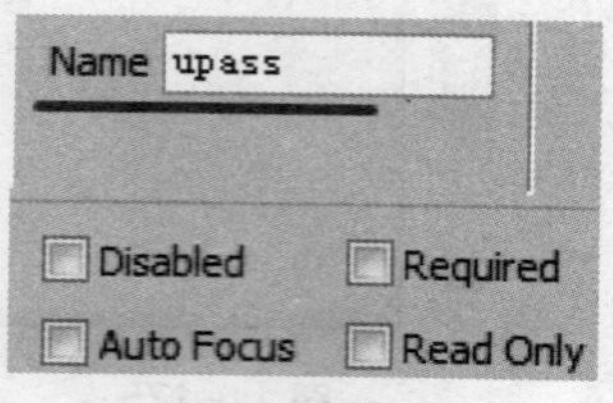

图 11-182

```
#uname,#upass {
    width: 150px;
    height: 18px;
    border: solid 1px #DDDDDD;
    color: #A3A687;
    margin-top: 3px;
    margin-bottom: 3px;
}
```

图 11-183

STEP 33 返回页面设计视图，页面效果如图 11-184 所示。将光标移至文本域前，单击“插入”面板上的“表单”选项卡中的“图像按钮”按钮，在弹出的对话框中选择需要作为图像域的图像，如图 11-185 所示。

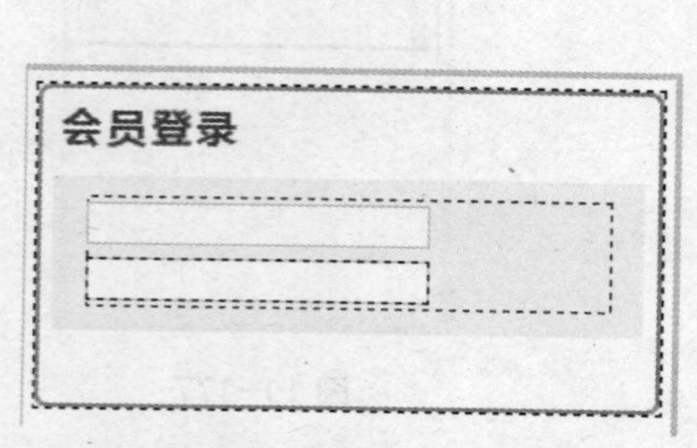

图 11-184

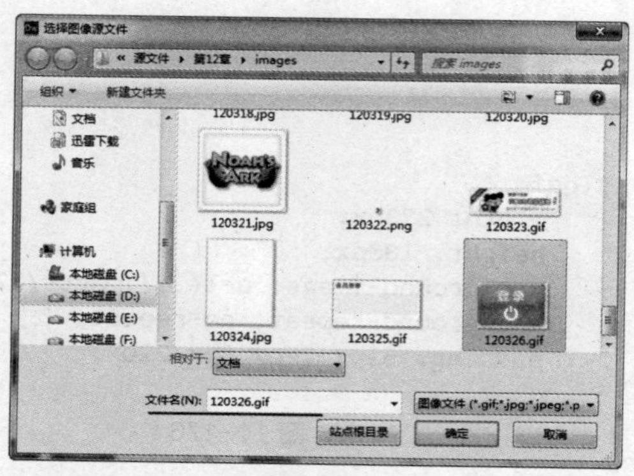

图 11-185

STEP 34 单击“确定”按钮，插入图像域，如图 11-186 所示。选中刚插入的图像域，在“属性”面板上的设置其 Name 属性为 button，切换到外部 CSS 样式表文件中，创建名为#button 的 CSS 样式，如图 11-187 所示。

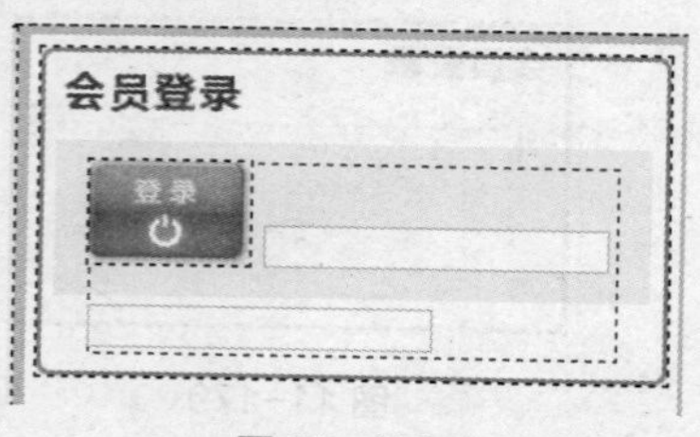

图 11-186

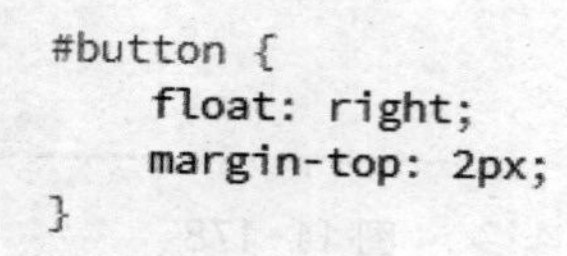

```
#button {
    float: right;
    margin-top: 2px;
}
```

图 11-187

STEP 35 返回页面设计视图，页面效果如图 11-188 所示。将光标移至表单域后，插入名为 login_pic 的 Div，切换到外部 CSS 样式表文件中，创建名为#login_pic 的 CSS 样式，如图 11-189 所示。

图 11-188

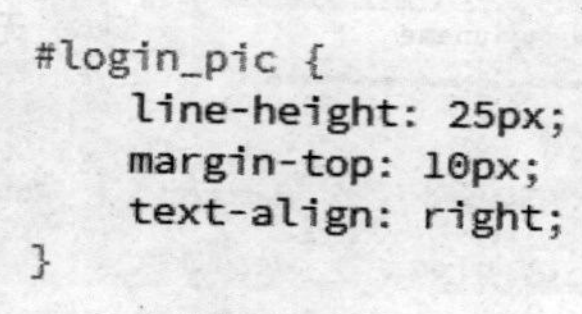

```
#login_pic {
    line-height: 25px;
    margin-top: 10px;
    text-align: right;
}
```

图 11-189

STEP 36 返回页面设计视图，将光标移至名为 login_pic 的 Div 中，删除多余文字，在该 Div 中插入相应的图像并输入文字，如图 11-190 所示。切换到外部 CSS 样式表文件中，创建名为#login_pic img 的 CSS 样式，如图 11-191 所示。

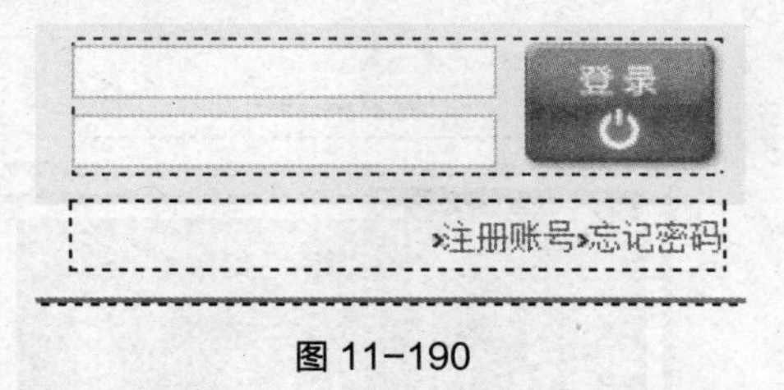

图 11-190

```
#login_pic img {
    margin-left: 15px;
    margin-right: 10px;
}
```

图 11-191

STEP 37 返回页面设计视图，页面效果如图 11-192 所示。使用相同的制作方法，完成相似部分内容的制作，如图 11-193 所示。

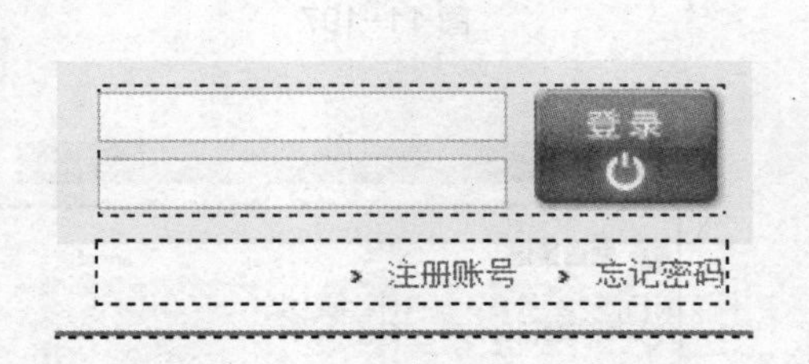

图 11-192

图 11-193

STEP 38 在名为 form 的 Div 之后插入名为 flv 的 Div，切换到外部 CSS 样式表文件中，创建名为#flv 的 CSS 样式，如图 11-194 所示。返回页面设计视图中，页面效果如图 11-195 所示。

```
#flv{
    width:277px;
    height:140px;
    background-image:url(../images/120328.jpg);
    background-repeat:no-repeat;
    padding:10px 10px;
    margin-top: 10px;
}
```

图 11-194

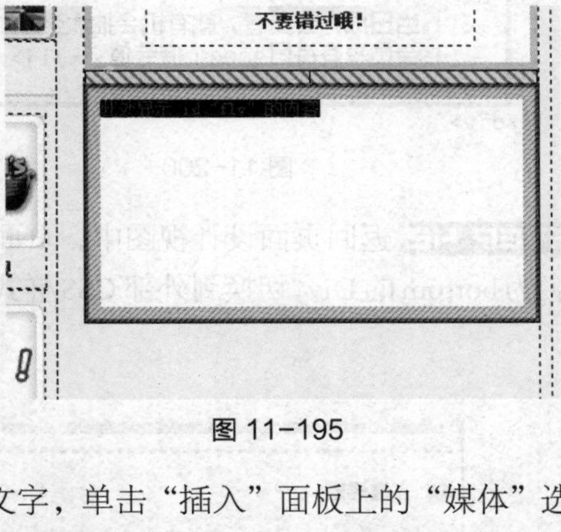

图 11-195

STEP 39 将光标移至名为 flv 的 Div 中，删除多余文字，单击“插入”面板上的“媒体”选项卡中的 Flash Video 按钮，在弹出的对话框中设置相关选项，如图 11-196 所示。单击“确定”按钮，插入 FLV 视频，效果图 11-197 所示。

STEP 40 在名为 flv 的 Div 之后插入名为 title01 的 Div，切换到外部 CSS 样式表文件中，创建名为#title01 的 CSS 样式，如图 11-198 所示。返回页面设计视图中，将光标移至名为 title01 的 Div 中，删除多余文字，在该 Div 中输入相应的段落文字，如图 11-199 所示。

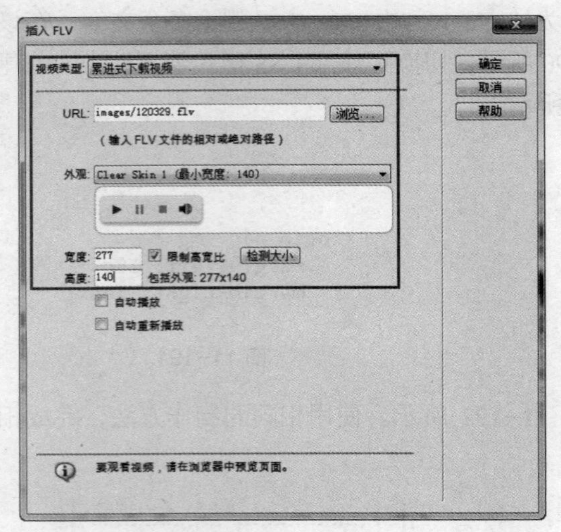

图 11-196

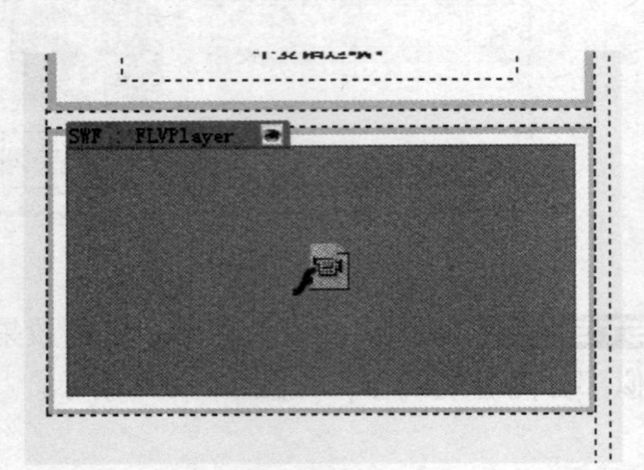

图 11-197

```
#title01{
    width:297px;
    height:36px;
    background-image:url(../images/120330.gif);
    background-repeat:no-repeat;
    background-position:center 15px;
    padding-top:40px;
}
```

图 11-198

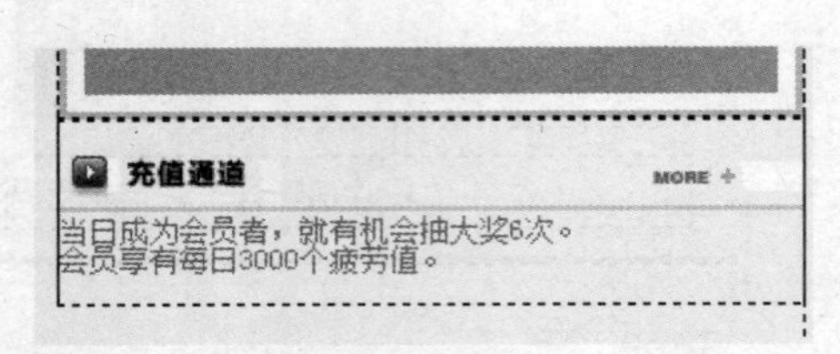

图 11-199

STEP 41 切换到代码视图中，为该部分文字添加相应的项目列表标签，如图 11-200 所示。切换到外部 CSS 样式表文件中，创建名为#title01 的 CSS 样式，如图 11-201 所示。

```
<div id="title01">
  <ul>
    <li>当日成为会员者，就有机会抽大奖6次。</li>
    <li>会员享有每日3000个疲劳值。</li>
  </ul>
</div>
```

图 11-200

```
#title01 li{
    padding-left: 7px;
    list-style-position: inside;
    line-height: 18px;
}
```

图 11-201

STEP 42 返回页面设计视图中，页面效果如图 11-202 所示。在名为 main 的 Div 之后插入名为bottom的Div，切换到外部CSS样式表文件中，创建名为#bottom的CSS样式，如图11-203 所示。

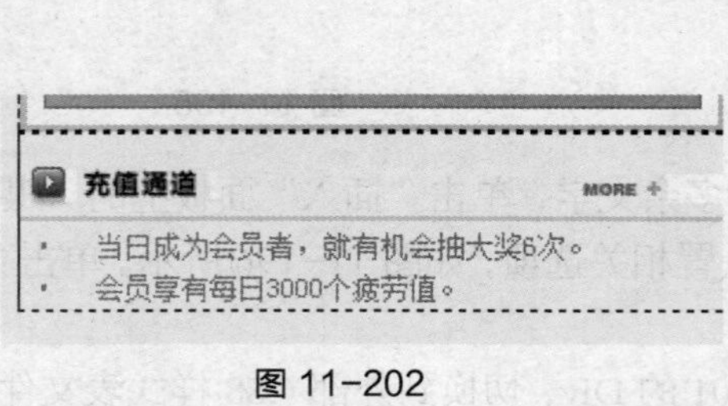

图 11-202

```
#bottom{
    width:980px;
    height:90px;
    color:#cfbfbf;
    line-height:20px;
    padding-top:10px;
}
```

图 11-203

STEP 43 使用相同的制作方法，完成页面版底信息部分内容的制作，效果如图 11-204 所示。

图 11-204

STEP 44 完成该游戏网站页面的制作，执行“文件>保存”命令，保存页面，在浏览器中预览页面，效果如图 11-205 所示。

图 11-205

11.3.4 案例小结

该游戏网站页面的制作步骤较多，充分使用 Div 进行多层次嵌套来实现复杂的网页排版，灵活地搭配 CSS 样式来使网页层次分明。通过本实例的制作学习，读者需要能够灵活地使用 CSS 样式对网页中的各种元素进行控制。

11.4 本章小结

本章通过 3 个具有典型代表的商业网站案例的制作，向读者详细地介绍了使用 Div+CSS 对网站页面进行布局制作的方法和技巧，在制作的过程中需要灵活地设置 CSS 样式中的各种属性，从而有效地对网页中的各元素进行控制。读者需要通过大量的网页制作练习来不断提高使用 Div+CSS 布局制作网页的技巧，从而早日成为网页设计制作高手。

11.5 课后测试题

一、选择题

1. 符合 Web 标签的网页布局方式是哪种？（ ）

A. table 表格布局　　B. Div+CSS 布局

C. 框架布局　　D. 以上都是

2. 在设置元素边距属性时写成 margin:10px 20px;形式，以下说法正确的是？（　　）

A. 只设置了该元素的上边距和左边距

B. 只设置了该元素的上边距和下边距

C. 第一个值为该元素的上边距和下边距，第二个值为该元素的左边距和右边距

D. 第一个值为该元素的左边距和右边距，第二个值为该元素的上边距和下边距

3. 如果需要将网页元素设置为相对定位，正确的 CSS 属性写法是？（　　）

A. position: absolute;　　B. position: fixed;

C. position: relative;　　D. float: left;

4. 如果需要对网页整体的背景和字体进行设置，需要定义什么 CSS 样式？（　　）

A. HTML　　B. body　　C. *　　D. head

二、判断题

1. ID 样式的命名必须以井号（#）开头，并且可以包含任何字母和数字组合。(　　)

2. <div>标签只是一个标识，作用是把内容标识一个区域，并不负责其他事情，Div 只是 CSS 布局工作的第一步，需要通过 Div 将页面中的内容元素标识出来，而为内容添加样式则由 CSS 来完成。(　　)

三、简答题

1. 在网页中使用 CSS 样式可以有哪几种方式？哪一种方式比较好？

2. 简要说要网页中的行内元素和块元素。